PROBLÈMES CORRIGÉS DES CONCOURS 2004

Enseignement des mathématiques

1. J.-Y. Ouvrard, *Probabilités I*
2. J. Hubbard, B. West, *Équations différentielles et systèmes dynamiques*
3. M. Cottrell, V. Genon-Catalot, Ch. Duhamel, Th. Meyre, *Exercices de probabilités*
4. F. Rouvière, *Petit guide de calcul différentiel à l'usage de la licence et de l'agrégation*
5. J.-Y. Ouvrard, *Probabilités II*
6. G. Zémor, *Cours de cryptographie*
7. A. Szpirglas, *Exercices d'algèbre*
8. B. Perrin-Riou, *Algèbre, arithmétique et Maple*

10-14. S. Francinou, H. Gianella, S. Nicolas, *Exercices de mathématiques – Oraux X-ENS*

15. H. Krivine, *Exercices de mathématiques pour physiciens*
16. J. Jacod, Ph. Protter, *Les bases de la théorie des probabilités*
17. M. Willem, *Analyse fonctionnelle élémentaire*
18. É. Amar, É. Matheron, *Analyse complexe*
19. B. Randé, *Problèmes corrigés. Concours 2002 et 2003 (MP)*
20. L. Di Menza, *Résolution numérique des équations aux dérivées partielles*
21. S. Fabre, J.-M. Morel, Y. Gousseau, *Analyse fonctionnelle et applications*
22. B. Randé, *Problèmes corrigés. Concours 2004 (MP)*

Bernard Randé

PROBLÈMES CORRIGÉS DES ÉCRITS DE CONCOURS 2004

X MINES-PONTS CENTRALE CCP

MATHÉMATIQUES MP

CASSINI

Bernard Randé est ancien élève de l'École normale supérieure de Saint-Cloud et agrégé de mathématiques. Il a soutenu en 1991 une thèse sur les séries formelles à coefficients engendrés par automate. Il est professeur en classe de spéciales MP* au lycée Louis-Le-Grand.

Il a publié aux éditions Cassini *les Carnets indiens de Srinivasa Ramanujan* ainsi que *Problèmes corrigés, concours 2002 et 2003 (MP)*.

ISBN 2-84225-084-2

Table des matières

2004 – École polytechnique
Première épreuve 1
Deuxième épreuve 19

2004 – Concours commun Mines-Ponts
Première épreuve 39
Deuxième épreuve 55

2004 – Concours commun Centrale-Supélec
Première épreuve 79
Deuxième épreuve 113

2004 – Concours communs polytechniques (ENSI)
Première épreuve 135
Deuxième épreuve 155

Mode d'emploi

On trouvera dans ce fascicule les huit problèmes de mathématiques posés en 2004 dans la filière MP aux concours suivants : Polytechnique, Centrale, Mines-Ponts, Concours communs polytechniques. Chacun des problèmes correspond à un chapitre, découpé selon le schéma suivant.

• **L'énoncé.** Pour des raisons de présentation et d'esthétique, l'énoncé a été recomposé, mais est entièrement conforme à l'énoncé original, y compris dans ses erreurs et ses fautes mathématiques. Tout juste y a-t-on corrigé quelques fautes d'orthographe. La typographie actuelle peut être légèrement différente de l'originale, mais en respecte le principe (gras, italique, etc.).

• **L'appréciation du problème.** Elle fait la liste des prérequis, situe schématiquement la difficulté du problème et, lorsqu'il peut être posé en classe de Sup, le précise.

• **Le corrigé détaillé.** Il est constitué de la partie gauche du texte. Il est conforme à la rédaction qu'un candidat pourrait fournir le jour du concours. La marge de droite contient des informations qui ne sont pas censées être placées dans la copie. Ces informations commentent très brièvement la rédaction, ou bien donnent les références des théorèmes utilisés.

• **Les indications.** Elles suivent le corrigé et ne sont là que pour permettre à l'étudiant, arrêté dans une question, de ne pas avoir le seul choix de la sauter ou de se référer au corrigé détaillé. Bien entendu, ces indications ne sont pas destinées à être lues préalablement à la recherche personnelle.

• **Les commentaires.** Ils reprennent le sujet d'un point de vue pédagogique, en dégagent les objectifs ou synthétisent les résultats obtenus, proposent des variantes de rédaction et les comparent, insistent sur des difficultés cachées, analysent les erreurs d'énoncé. En règle générale, ils ne contiennent pas de véritables prolongements au problème. *Ils signalent les changements du programme.*

• **Les théorèmes utilisés.** Ce sont les théorèmes référencés en marge, dont on donne un libellé correspondant au programme de la filière MP. *On affecte du symbole † ceux de ces énoncés qui ont disparu des programmes et qui ne sont donc pas au programme des concours* 2005.

Pour davantage d'informations sur l'esprit qui a présidé à la rédaction de cet ouvrage, on se référera à l'introduction.

Introduction

Puisque ce recueil des problèmes 2004 fait suite à celui des problèmes 2002 et 2003, paru aux mêmes éditions, il paraît bon de commencer cette introduction par l'évolution des programmes de la filière MP. Les nouveaux programmes se sont appliqués en classe de MPSI à la rentrée 2003, vont s'appliquer en MP et en MP* à la rentrée de septembre 2004, et seront donc en vigueur lors des concours de 2005. Ce n'est pas ici le lieu de procéder à une analyse détaillée des changements intervenus et de leur influence sur les contenus eux-mêmes. Cependant, dans la mesure où l'élève qui lit ce livre est intéressé, non seulement par sa substance scientifique, mais aussi par son efficacité en termes de préparation aux concours, j'ai pris le parti de tenir compte de cette évolution. En songeant aux redoublants, j'ai signalé, partout où une modification du programme l'exigeait, la version nouvelle du théorème utilisé en commentant brièvement le changement, *le commentaire étant composé en italiques.* J'ai aussi signalé lors des commentaires (toujours en italiques) la façon dont il aurait fallu traiter la question dans le cadre du nouveau programme. Parfois, les modifications sont de pure forme. Mais il peut arriver, notamment lorsque des familles sommables sont en jeu, que le changement soit considérable. En effet, la notion de famille sommable a disparu du programme (c'est probablement une erreur, car il s'agit d'une notion simple et efficace). Il suffit de se pencher sur la deuxième épreuve de Centrale pour se rendre compte de l'artificielle complication qu'introduit la nouvelle mouture du programme. Cependant, tous les problèmes présentés ici admettent une solution raisonnable dans le cadre des nouveaux programmes.

Puisqu'à l'occasion de la parution des corrigés 2002 et 2003 certains ont souhaité voir un travail analogue effectué pour d'autres filières, PC par exemple, je tiens à signaler ce fait assez évident que, du point de vue de l'apprentissage, traiter un problème de la filière PC alors que l'on est soi-même en MP peut être fort instructif. Cependant, comme professeur dans cette dernière filière, j'ai songé que mes compétences, en termes de connaissance du programme de PC notamment, n'étaient pas assez affirmées pour que je m'attelle à cette tâche. D'autre part, à qualités mathématiques égales, un énoncé MP sera toujours plus efficace qu'un énoncé PC pour préparer un candidat aux concours MP. Bien entendu, ces remarques laissent entière la question d'ouvrages analogues destinés aux élèves de filières PC et PSI.

Dans l'ordre des critiques, on a pu me reprocher d'insister un peu lourdement sur les défauts de certains sujets. Il me semble pourtant que le candidat doit en être averti, d'une part pour surmonter les difficultés parfois artificielles qui en résultent, d'autre part pour avoir les idées plus claires sur leur contenu mathématique.

Enfin, je voudrais insister sur le fait qu'ayant cherché à fournir un corrigé tel que sans doute le correcteur l'attendait du candidat idéal, j'ai rejeté dans les commentaires, de marge ou de fin de chapitre, tout ce qui pouvait aider le candidat à comprendre certaines démarches restées un peu mystérieuses pour lui. Le correcteur d'une copie de concours connaît le sujet et les réponses aux questions, tandis que l'élève qui lira ce livre cherche aussi à apprendre. Aussi la rédaction que j'ai fournie reste-t-elle celle que le correcteur peut attendre du candidat, et peut sembler dans quelques rares cas abrupte au lecteur : les commentaires sont là pour pallier cette difficulté.

Il y a certainement deux circonstances lors desquelles un étudiant composera sur un sujet de concours : lors de ses années de préparation, et le jour du concours. L'objectif de cet ouvrage est donc double : faire travailler le candidat, à un moment où il ne l'est encore que virtuellement.

Les sujets qui sont proposés ici sont les sujets réels posés en 2004, avec leurs imperfections et leurs erreurs. Bien entendu, le fait que l'énoncé ait été recomposé lui retranche ce qui fait sa saveur matérielle : les sujets recto-verso de Centrale, aux couleurs violentes et inphotocopiables, l'élégante présentation des textes de l'École polytechnique, les épais fascicules du Concours Mines-Ponts disparaissent derrière l'uniformité de la mise en page. Malgré tout, comme lors d'un concours réel, l'étudiant aura à tenir compte de possibles erreurs, que j'ai signalées seulement dans les indications ou dans le corrigé détaillé.

Les enseignants pourront trouver intérêt à confronter leurs solutions et leurs points de vue à ceux proposés dans ce livre. J'espère que les étudiants en tireront un profit substantiel.

En général, un étudiant vise une certaine catégorie d'écoles et trouvera dans ce livre matière à s'y préparer. En effet, la tendance actuelle est au regroupement des concours (l'ENSAE, par exemple, utilise à présent le concours Mines-Ponts). Les concours d'entrée à l'École polytechnique, aux Mines, à Centrale et aux ENSI rassemblent de fait une majorité des écoles d'ingénieur. Les autres ont des niveaux voisins. Un élève qui présente E3A y sera préparé par les Concours communs polytechniques, un autre qui tente les Écoles normales supérieures aura évidemment traité des sujets de l'École polytechnique. Néanmoins, des écoles recrutant leurs élèves à l'aide de questionnaires à choix multiples devraient être préparées à l'aide d'autres textes.

Au-delà de la valeur mathématique de l'énoncé, il reste important pour le futur candidat d'avoir quelqu'idée d'un concours donné. Les jurys changent, les années se suivent sans se ressembler absolument, la politique de recrutement subit des inflexions. La spécificité actuelle de chaque concours est une réalité, à laquelle on est d'autant mieux préparé que les millésimes sont récents. Cette spécificité concerne, non pas, évidemment, le thème abordé, qu'il est aussi vain de chercher à prévoir que le temps de l'année prochaine, mais les attentes du jury, les qualités testées, le niveau d'exigence.

Quelle que soit l'école, le candidat devra adopter des règles générales. Il est bon d'avoir une idée globale de l'énoncé en le lisant dès le début de l'épreuve, au moins dans ses grandes lignes. Cela permet en effet de définir une stratégie. Rien n'est pire, par exemple, que d'aborder la première question à l'aide de techniques qui feront l'objet de la troisième partie, ou de tenter de démontrer de prime abord un résultat intermédiaire qui est en réalité le but du problème. Des questions ultérieures peuvent, parfois, donner des indications sur la réponse à une question ouverte de l'énoncé. On peut aussi mesurer l'indépendance des questions, détecter celles qu'il est absolument nécessaire de traiter, ou au contraire celles que l'on peut admettre. La règle est en effet qu'il est loisible de considérer comme acquis un résultat fourni par l'énoncé, quand bien même on ne l'aurait pas traité, à condition bien entendu de ne pas l'utiliser avec effet rétroactif : admettre la troisième question pour traiter la deuxième sera toujours considéré comme un possible cercle vicieux.

La longueur apparente du problème est un élément important d'appréciation, quoique parfois délicat à utiliser. Dans ce recueil, la première épreuve de Centrale 2004, par exemple, est impossible à traiter, dans une rédaction quelque peu soignée, durant les quatre heures du concours, rappelant, en plus interminable, la première épreuve de Centrale 2002. Comment établir un compromis efficace entre le nombre des questions traitées et la qualité de la rédaction ? Le rapport du jury fournira certainement des éclaircissements à ce sujet. Ce rapport est d'ailleurs, dans tous les cas, un élément important d'information pour le taupin qui devra, lors de sa parution, le mettre en regard avec les corrigés présentés dans cet ouvrage.

Le jour du concours, les erreurs d'énoncé, une fois repérées, devront être signalées explicitement, et le candidat devra à cet égard faire preuve d'initiative. Si l'on met à part des coquilles ou des inadvertances qui peuvent être spontanément rectifiées par le candidat, on n'en trouve guère dans les sujets de l'année 2004, et c'est heureux : le candidat a peu de ressources face à un sujet négligé, et doit prendre son mal en patience en répondant au mieux aux questions posées.

Se pose la question cruciale de la rédaction. Puisqu'une bonne partie du travail en classes préparatoires est consacrée à son apprentissage, il n'est pas utile que je m'y étende. Cependant, je dois signaler que le corrigé détaillé, tel qu'il est proposé, a pour vocation à être un modèle (cela ne signifie pas qu'il réalise cette vocation). En d'autres termes, il contient tout ce qu'il me semble nécessaire de mettre, et rien de ce qui me paraît inutile. Ce n'est donc pas une rédaction succincte, où seules seraient présentées les idées ou les preuves non triviales, pas plus qu'un discours sur le thème du problème. Néanmoins, il faut préciser ce point de vue un peu absolu. Pratiquement, le candidat est conduit à viser à la plus grande efficacité. Je n'ai donc pas cherché à fournir à tout prix la solution la plus élégante, dont la brièveté apparente cache la durée d'élaboration. Pour permettre à l'étudiant une vraie réflexion sur son travail, les commentaires détaillés qui suivent le corrigé explorent certaines alternatives, et les évaluent. L'étudiant pourra plus aisément trouver un point de vue sur la méthode qu'il a choisie, lorsque choix il y a.

Chaque concours a sa propre langue, qui s'exprime aussi bien dans les locutions que dans les notations. Il convient de s'y prêter, afin de ne pas se trouver dans une situation équivoque. J'ai pris le parti de m'y adapter, aussi longtemps que cela n'interdisait pas une rédaction convenable. Dans certains cas, ce sont des détails mineurs. Certains concours utilisent le symbole ∞ là où certains autres écrivent $+\infty$: j'ai respecté ce choix. Dans d'autres, des questions de fond peuvent être en jeu : la notation $\int_a^b f(t)\,dt$ peut désigner aussi bien une intégrale impropre que l'intégrale d'une fonction intégrable, tandis que $\int_{[a,b[} f(t)\,dt$ désigne toujours l'intégrale d'une fonction intégrable. Il faut, le cas échéant, justifier le changement de notation. Si, le jour du concours, on est conduit à utiliser telle ou telle notation, tournure ou encore davantage abréviation qui ne serait peut-être pas dans le lexique implicite du jury, mieux vaut le signaler avec trop de détails que pas assez : rien n'interdit de prévoir, en début de copie par exemple, un endroit où, au fur et à mesure des besoins, on précisera ces idiotismes. Je m'empresse de ne pas suivre ce conseil, ou plutôt de le suivre à l'échelle de l'ouvrage tout entier, en indiquant d'ores et déjà que je me sers du symbole $\{u_n\}_{n\geqslant n_0}$ pour abréger l'expression « la série de terme général u_n, défini pour $n \geqslant n_0$ ». De même, je note $\sum\limits_{n=0}^{+\infty} u_n$ la somme de la série $\{u_n\}_{n\geqslant 0}$, réservant la notation $\sum\limits_{n\geqslant 0} u_n$ à la somme d'une série absolument convergente (cette notation est héritée des familles sommables). D'autre part, j'utilise la notation A^T pour désigner la transposée de la matrice A. Cette notation anglo-saxonne me paraît plus commode que la française car son idéographie a la même latéralisation que celle de l'adjointe d'une matrice (A^*). Or les deux objets coïncident dans le cas où la matrice est réelle.

Il va de soi que la présentation manuscrite ne prend pas la même forme que la présentation imprimée, et l'usage de l'encadré ou du souligné est tout à fait légitime, et souvent même fort utile.

La rédaction proposée ici est probablement trop soutenue pour un jour de concours, où les articulations logiques peuvent se limiter à des « donc » et des « or ». Cependant, la trame logique, l'appel des hypothèses, la mise en évidence des conclusions doivent être respectés, et de ce point de vue le corrigé fourni n'en fait pas trop.

Reste à définir le degré de détail dans les preuves. Celui que je propose vise à être largement suffisant. Mon point de vue a été celui que devrait avoir un candidat, à savoir adapter la minutie des arguments au niveau de l'épreuve. De la seconde épreuve des Concours communs polytechniques, assez facile, la rédaction est plus pointilleuse que celle de la première épreuve de Centrale. Cela ne signifie absolument pas qu'elle est plus rigoureuse dans le premier cas que dans le second, mais que certaines vérifications évidentes sont faites dans celui-là, et pas dans celui-ci. Ces questions méritent une réflexion préalable, en liaison avec l'énoncé lui-même. Si celui-ci pose une question facile, il faut y répondre en détail, car à quoi sert de répondre à une question facile en disant que c'est évident ? En revanche, si une vérification du même ordre intervient au milieu d'une question ardue, s'en dispenser peut être acceptable, à condition toutefois de signaler l'existence de cette vérification. Dans le même ordre d'idée, le degré de détail dans les réponses peut diminuer au fur et à mesure que l'on avance dans l'énoncé, ne fût-ce que parce que le candidat aura déjà prouvé sa capacité à utiliser les techniques les plus élémentaires au cours des premières questions. Enfin, il faut tenir compte de l'esprit de l'énoncé : la deuxième épreuve de l'École polytechnique est une épreuve de géométrie qui à mon avis prend quelques libertés avec la rigueur. Le candidat doit accepter avec simplicité ce point de vue.

Les notes marginales (qui ne font pas partie du corrigé) visent simplement à commenter, au fil du texte, quelques points simples. Elles servent aussi à donner les références des théorèmes invoqués, dont l'énoncé intégral figure dans la dernière rubrique du chapitre. J'ai décidé d'appeler théorème ce que le programme signale comme une connaissance exigible précisément délimitée, et qui possède une certaine profondeur. La formulation est celle imposée ou suggérée par le programme.

Les indications fournies, destinées à n'être lues qu'en cas de blocage, sont normalement adaptées au niveau attendu des candidats. Il pourra donc s'en trouver davantage dans un problème facile que dans un problème difficile. Il faut bien reconnaître que donner une bonne indication est souvent plus difficile que fournir un bon sujet, car cela suppose une connaissance précise de la psychologie du candidat standard. Or existe-t-il un candidat standard ? Les lecteurs voudront bien être indulgents à l'égard de l'auteur sur ce point particulier.

L'objectif des commentaires est de permettre à l'étudiant de consolider ses connaissances mathématiques et de répondre efficacement aux attentes du jury. Ces commentaires sont aussi l'occasion de signaler les problèmes de terminologie, les erreurs de l'énoncé et certaines variantes de démonstration. On y trouvera enfin une mise en perspective du contenu mathématique de l'épreuve.

Si l'ouvrage est bon, on le devra à des amis qui ont relu attentivement le manuscrit : Jean-Denis Eiden, Jean-Louis Grappin, Jacques Simon, Nicolas Tosel. S'il est beau, on en remerciera un Artiste Amical. L'auteur endosse avec résignation la responsabilité du reste.

Polytechnique 2004. Première épreuve

ÉCOLE POLYTECHNIQUE **FILIÈRE MP**

CONCOURS D'ADMISSION 2004

PREMIÈRE COMPOSITION DE MATHÉMATIQUES

(Durée : 4 heures)

L'utilisation des calculatrices n'est pas autorisée pour cette épreuve.

⋆⋆⋆

Solutions périodiques d'équations différentielles

On se propose, dans ce problème, d'étudier les solutions de certaines équations différentielles, et, en particulier, leurs solutions périodiques.

On désigne par T un nombre réel > 0, par P l'espace vectoriel des fonctions définies sur $\mathbb{R}$, réelles, continues et T-périodiques, et enfin par a un élément de P. On pose

$$A = \int_0^T a(t)\,dt\,, \qquad g(t) = \exp\Big(\int_0^t a(u)\,du\Big)\ ;$$

on munit P de la norme définie par

$$\|x\| = \sup_{t\in\mathbb{R}} |x(t)|.$$

Première partie

1. Dire pour quelle(s) valeur(s) de A l'équation différentielle

$$x'(t) \;=\; a(t)x(t) \tag{E1}$$

admet des solutions T-périodiques non identiquement nulles.

On désigne maintenant par b un élément de P, et on s'intéresse à l'équation différentielle

$$x'(t) \;=\; a(t)x(t) + b(t). \tag{E2}$$

2.a) Décrire l'ensemble des solutions maximales de (E2) et préciser leurs intervalles de définition.

2.b) Décrire l'ensemble des solutions maximales de (E2) qui sont T-périodiques, en supposant d'abord A non nul, puis A nul.

3. On suppose que $T = 2\pi$ et que la fonction a est une constante k.

3.a) Supposant k non nul, exprimer les coefficients de Fourier $\hat{x}(n)$, $n \in \mathbb{Z}$, d'une solution x de (E2) appartenant à P, en fonction de k et des coefficients de Fourier de b. Préciser le mode de convergence de la série de Fourier de x.

3.b) Que se passe-t-il lorsque $k = 0$?

Deuxième partie

Dans cette partie on désigne par H une fonction réelle, de classe $\mathcal{C}^1$, définie sur $\mathbb{R}^2$, et on s'intéresse à l'équation différentielle

$$x'(t) = a(t)x(t) + H(x(t), t). \tag{E3}$$

4. Vérifier qu'une fonction x est solution de (E3) si et seulement si elle satisfait la condition

$$x(t) = g(t)\big(x(0) + \int_0^t g(s)^{-1} H(x(s), s)\, ds\big).$$

5. On suppose que H est T-périodique par rapport à la seconde variable, et que A est non nul. Montrer que, pour toute fonction $x \in P$, la formule

$$(U_H x)(t) = \frac{e^A}{1 - e^A} g(t) \int_t^{t+T} g(s)^{-1} H(x(s), s)\, ds$$

définit effectivement une fonction $U_H x$ de P, et que x est solution de (E3) si et seulement si l'on a $U_H x = x$.

Dans la suite du problème, on désigne par F une fonction réelle, de classe $\mathcal{C}^1$, définie sur $\mathbb{R}^2$, T-périodique par rapport à la seconde variable ; pour tout $\varepsilon > 0$ on pose $H_\varepsilon = \varepsilon F$ et $U_\varepsilon = U_{H_\varepsilon}$ de sorte que l'équation différentielle s'écrit

$$x'(t) = a(t)x(t) + \varepsilon F(x(t), t). \tag{E4}$$

On suppose $A \neq 0$. Pour tout $r > 0$ on note B_r la boule fermée de centre 0, de rayon r dans l'espace normé P. On se propose de démontrer l'assertion suivante : pour tout $r > 0$ il existe $\varepsilon_1 > 0$ tel que, pour tout $\varepsilon \leqslant \varepsilon_1$, l'équation différentielle (E4) admette une unique solution x appartenant à B_r ; on la notera x_ε.

On note α_r (resp. β_r) la borne supérieure de l'ensemble des nombres $|F(v, s)|$ (resp. $\left|\frac{\partial F}{\partial v}(v, s)\right|$) où $v \in [-r, r]$ et $s \in [0, T]$.

6.a) Déterminer un réel $\varepsilon_0 > 0$ tel que, pour tout $\varepsilon \leqslant \varepsilon_0$, on ait $U_\varepsilon(B_r) \subset B_r$.

6.b) Déterminer un réel $\varepsilon_1 \leqslant \varepsilon_0$ tel que, pour tout $\varepsilon \leqslant \varepsilon_1$, la restriction de U_ε à B_r soit une contraction de B_r.

6.c) Conclure.

7. Étudier le comportement de la fonction x_ε lorsque ε tend vers 0, le nombre r étant fixé.

8. On suppose maintenant que la fonction a est une constante $k \neq 0$ et que la fonction F est de la forme $F(v,s) = f(v)$. Déterminer la solution x_ε de (E4). [On pourra mettre en œuvre la méthode des itérations successives en partant d'une fonction constante $x_0(t) = c_0$].

9. On prend maintenant $T = 1$, $k = -1$ et $f(v) = v^2$; l'équation différentielle (E4) s'écrit

$$x'(t) = -x(t) + \varepsilon x(t)^2. \tag{E5}$$

9.a) Indiquer des valeurs possibles pour ε_0 et ε_1.

9.b) Déterminer la solution x_ε de (E5).

9.c) Soit α un nombre réel. Démontrer qu'il existe une unique solution maximale φ_α de (E5) telle que $\varphi_\alpha(0) = \alpha$. Déterminer précisément cette solution. Représenter quelques-unes de ces solutions sur un même graphique.

Troisième partie

Dans cette partie, on s'intéresse à l'équation différentielle

$$x'(t) = kx(t) + \varepsilon f(x(t)) \tag{E6}$$

en supposant $k < 0$, f de classe $\mathcal{C}^1$ et nulle en 0 ; on pose

$$\lambda = \sup_{u \in [-1,1]} |f'(u)|$$

et on suppose $\varepsilon\lambda < -k$.

On se propose de démontrer le résultat suivant : si x est une solution maximale de (E6) telle que $| x(0) | < 1$, alors elle est définie sur $[0, +\infty[$ et on a, pour tout $t \geqslant 0$

$$| x(t) | \leqslant | x(0) | \, e^{(k+\varepsilon\lambda)t} .$$

On pourra admettre ce qui suit : soit φ une fonction positive continue sur un intervalle $[0, \theta]$ satisfaisant une inégalité de la forme

$$\varphi(t) \leqslant \eta + \zeta \int_0^t \varphi(s)\, \mathrm{d}s,$$

où η est un réel et $\zeta \geqslant 0$; alors

$$\varphi(t) \leqslant \eta e^{\zeta t} .$$

10. Dans cette question, on suppose que l'ensemble des t pour lesquels $|x(t)| > 1$ est non vide et on note θ sa borne inférieure. Montrer que, pour tout $t \in [0, \theta]$, on a

$$| x(t) | \leqslant |x(0)| e^{(k+\varepsilon\lambda)t} .$$

11. Conclure.

N.B. Ce résultat exprime ce que l'on appelle la « stabilité » et la « stabilité asymptotique » de la solution nulle de l'équation différentielle (E6).

Appréciation du problème

Cette épreuve d'analyse, qui porte sur le programme de seconde année, est largement consacrée aux équations différentielles linéaires, mais touche aussi à quelques autres secteurs de l'analyse. Elle suppose connues

– les équations différentielles linéaires d'ordre 1, le théorème de Cauchy & Lipschitz dans le cas non linéaire ;

– les séries de Fourier ;

– la topologie, notamment les espaces de Banach et la convergence uniforme.

Elle n'est guère difficile.

Corrigé détaillé

1. On sait que la solution générale de l'équation (E1) s'exprime sous la forme

$$x(t) = Cg(t),$$

où C est une constante réelle arbitraire. Il existe une solution non nulle et T-périodique si et seulement si g est elle-même T-périodique. Or

$$\begin{aligned} g(t+T) &= \exp\Big(\int_0^{t+T} a(u)\,du\Big) \\ &= \exp\Big(\int_0^{t} a(u)\,du\Big)\exp\Big(\int_t^{t+T} a(u)\,du\Big). \end{aligned}$$

Mais $\int_t^{t+T} a(u)\,du = \int_0^T a(u)\,du = A$ car a est T-périodique. Finalement,

$$g(t+T) = e^A g(t).$$

Il en résulte que g est T-périodique si et seulement si $e^A = 1$, soit $A = 0$, qui est donc l'unique valeur de A convenable.

On utilise [1].

Une fonction T-périodique a la même intégrale sur tous les segments de longueur T.

On utilise le fait que A est réel.

2.a. Puisque (E2) est une équation différentielle linéaire (non homogène) d'ordre un à coefficients continus sur $\mathbb{R}$, on sait que ses solutions sont définies sur $\mathbb{R}$. Ces solutions sont donc maximales. Elles sont obtenues par la méthode de variation de la constante.

Posant donc $x(t) = C(t)g(t)$, on obtient $C'(t)g(t) = b(t)$, soit $C(t) = \displaystyle\int_0^t b(u)g(u)^{-1}\,du + D$, où D est une constante réelle.

Finalement,

$$x(t) = g(t)\Big(D + \int_0^t b(u)g(u)^{-1}\,du\Big).$$

Notons que $D = x(0)$.

On utilise à nouveau [1].

Il est préférable de retrouver la solution générale plutôt que de la donner sans démonstration.

2.b. Soit x une solution de (E2). Posons $y(t) = x(t+T)$. Alors $y'(t) = a(t)y(t) + b(t)$ puisque a et b sont T-périodiques. Par conséquent, y est aussi solution de (E2). On a $y = x$ sur $\mathbb{R}$ si et seulement si $y(0) = x(0)$, donc si et seulement si $x(T) = x(0)$, ce qui s'écrit

$$g(T)x(0) + g(T)\int_0^T b(u)g(u)^{-1}\,du = x(0)$$

ou, comme $g(T) = e^A$,

$$x(0)(1-e^A) = e^A \int_0^T b(u)g(u)^{-1}\,du.$$

▷ Supposons tout d'abord $A \neq 0$. La condition précédente s'écrit

$$x(0) = \frac{e^A}{1-e^A}\int_0^T b(u)g(u)^{-1}\,du,$$

ce qui montre qu'il existe exactement une solution T-périodique.

▷ Supposons à présent $A = 0$.

La condition s'écrit $\displaystyle\int_0^T b(u)g(u)^{-1}\,du = 0$. Si elle est réalisée, toutes les solutions de (E2) sont périodiques et, dans le cas contraire, aucune ne l'est.

Il existe une unique solution de l'équation (E2) prenant en un point donné une valeur donnée. On utilise à nouveau **[1]**, ou bien **[2]**.

3.a. Si x est solution de (E2), elle est de classe $\mathcal{C}^1$, donc elle est somme de sa série de Fourier, la convergence de celle-ci étant uniforme. En outre,

$$\begin{aligned}\widehat{x'}(n) &= \frac{1}{2\pi}\int_0^{2\pi} x'(t)e^{-int}\,dt \\ &= \frac{1}{2\pi}\left[x(t)e^{-int}\right]_0^{2\pi} + \frac{in}{2\pi}\int_0^{2\pi} x(t)e^{-int}\,dt = in\hat{x}(n).\end{aligned}$$

Par linéarité de l'application $x \mapsto \hat{x}$,

$$in\hat{x}(n) = \widehat{x'}(n) = k\hat{x}(n) + \hat{b}(n).$$

Puisque $k \neq 0$, le complexe $in - k$ n'est nul pour aucune valeur de n et donc

$$\hat{x}(n) = \frac{\hat{b}(n)}{in-k}.$$

On utilise **[3]**.

Calcul habituel conduisant à la relation entre les coefficients de Fourier d'une fonction et ceux de sa dérivée.

Dire que $k \neq 0$, c'est dire dans le cas où a est constante que $A \neq 0$.

3.b. Si $k = 0$, le problème se résume à chercher une condition nécessaire et suffisante pour que b admette une primitive T-périodique. Le calcul précédent reste inchangé sauf lorsque $n = 0$, cas qui conduit à la condition nécessaire $\hat{b}(0) = 0$. Cette condition est suffisante d'après la question **2.b**. Bien entendu, dans ce cas, toutes les primitives de b sont T-périodiques.

4. La question **2.a** nous montre que, si l'on pose $b(t) = H\big(x(t),t\big)$, on peut exprimer x sous la forme

$$x(t) = g(t)\Big(x(0) + \int_0^t g(u)^{-1} b(u)\,du\Big).$$

Cette égalité est la condition demandée.

Le fait que b dépende de x n'a pas d'incidence.

5. Considérons l'équation différentielle

$$v'(t) = a(t)v(t) + H\big(x(t),t\big), \qquad \text{(E3bis)}$$

où $x \in P$. La fonction définie par $b(t) = H\big(x(t),t\big)$ appartient alors à P. Comme $A \neq 0$, il existe d'après **2.b** une unique solution T-périodique, à savoir la fonction v définie par

$$v(t) = g(t)\Big(\frac{e^A}{1-e^A}\int_0^T b(u)g(u)^{-1}\,du + \int_0^t b(u)g(u)^{-1}\,du\Big).$$

Donc

$$\begin{aligned}(1-e^A)v(t) &= g(t)\Big(e^A\int_0^T b(u)g(u)^{-1}du + (1-e^A)\int_0^t b(u)g(u)^{-1}du\Big)\\ &= g(t)\Big(e^A\int_t^T b(u)g(u)^{-1}du + \int_0^t b(u)g(u)^{-1}du\Big).\end{aligned}$$

On utilise la relation de Chasles.

Or $g(u)^{-1} = e^A g(u+T)^{-1}$ comme on l'a vu en **1**. Donc

$$\begin{aligned}(1-e^A)v(t) &= g(t)e^A\Big(\int_t^T b(u)g(u)^{-1}\,du + \int_0^t b(u)g(u+T)^{-1}\,du\Big)\\ &= g(t)e^A\Big(\int_t^T b(u)g(u)^{-1}\,du + \int_T^{t+T} b(w)g(w)^{-1}\,dw\Big)\\ &= g(t)e^A\int_t^{t+T} b(u)g(u)^{-1}\,du = (1-e^A)U_H x(t).\end{aligned}$$

La deuxième égalité utilise la T-périodicité de b.

Finalement, $v = U_H x$. Il en résulte que $v = U_H x$ appartient à P et est solution de l'équation différentielle (E3bis). Si donc $U_H x = x$, x est solution de (E3) et si x est solution de (E3), elle est aussi solution de (E3bis) et donc égale à $U_H x$, puisque (E3bis) a une seule solution dans P.

On n'a pas utilisé le fait que H est de classe $\mathcal{C}^1$.

6.a. On a évidemment, pour tout réel $t \in [0,T]$, toute fonction x de B_r et tout $\varepsilon > 0$,

$$|U_\varepsilon x(t)| \leqslant \frac{Te^A\varepsilon\alpha_r}{|1-e^A|}\|g\|_{[0,T]}\|g^{-1}\|_{[0,2T]}$$

et donc

$$\|U_\varepsilon x\| \leqslant \frac{Te^A\varepsilon\alpha_r}{|1-e^A|}\|g\|_{[0,T]}\|g^{-1}\|_{[0,2T]} = K_1\varepsilon.$$

Par conséquent, si $\varepsilon \leqslant \frac{r}{K_1} = \varepsilon_0$, on a $U_\varepsilon(B_r) \subset B_r$.

Ici, g^{-1} désigne $\frac{1}{g}$.

Puisque $U_\varepsilon x$ est T-périodique, $\|U_\varepsilon x\| = \|U_\varepsilon x\|_{[0,T]}$.

6.b. Si x et y sont dans B_r, on a, pour tout réel t dans $[0,T]$ et tout $\varepsilon > 0$,

$$|U_\varepsilon x(t) - U_\varepsilon y(t)| \leqslant \frac{Te^A\varepsilon\beta_r}{|1-e^A|}\|g\|_{[0,T]}\|g^{-1}\|_{[0,2T]}\|x-y\|,$$

car $|F(x(t),t) - F(y(t),t)| \leqslant \beta_r|x(t)-y(t)|$, grâce à l'inégalité des accroissements finis et à la T-périodicité de F, donc de $\frac{\partial F}{\partial v}$, par rapport à la seconde variable. L'inégalité précédente est encore vraie pour tout réel t puisque $U_\varepsilon x$ et $U_\varepsilon y$ sont T-périodiques.

Si f' est bornée par M sur $[a,b]$, $\|f(b)-f(a)\| \leqslant M|b-a|$.

Par passage au supremum, on en déduit que

$$\|U_\varepsilon x - U_\varepsilon y\| \leqslant \frac{Te^A\varepsilon\beta_r}{|1-e^A|}\|g\|_{[0,T]}\|g^{-1}\|_{[T,2T]}\|x-y\| = K_2\varepsilon\|x-y\|.$$

On constate que, si $\varepsilon \leqslant \max\left(\frac{1}{2K_2}, \varepsilon_0\right) = \varepsilon_1$, U_ε, qui va bien de B_r dans B_r d'après **6.a**, est lipschitzienne de rapport inférieur ou égal à $\frac{1}{2}$.

6.c. Nous savons que l'espace des fonctions réelles continues et bornées sur $\mathbb{R}$, muni de la norme uniforme, est un espace de Banach. Comme une limite uniforme d'applications T-périodiques est encore T-périodique, P est fermé dans l'espace précédent, donc est encore de Banach.

Une limite simple d'applications T-périodiques est T-périodique.

Comme B_r est un fermé de P, c'est un espace métrique complet.

Un fermé d'un Banach est complet.

Soit $0 < \varepsilon \leqslant \varepsilon_1$. L'application U_ε, qui est une contraction de B_r dans B_r, y admet donc un unique point fixe x_ε.

On utilise [4].

D'après la question **5**, (E4) admet donc une unique solution dans B_r.

7. D'après **6.a**, on dispose de l'inégalité

$$\|U_\varepsilon x_\varepsilon\| = \|x_\varepsilon\| \leqslant K_1\varepsilon.$$

Il en découle immédiatement que x_ε tend uniformément vers 0 avec ε.

8. Nous sommes bien dans les conditions imposées puisque $s \mapsto f(v)$ est constante, donc T-périodique pour tout T.

L'équation (E4) s'écrit à présent $x' = kx + \varepsilon f(x)$.

Il s'agit d'une équation autonome.

Cherchons de cette équation une solution constante λ, en écrivant la condition $k\lambda + \varepsilon f(\lambda) = 0$. Pour que cette équation admette une racine dans $[-r,r]$, il suffit, d'après le théorème des valeurs intermédiaires, que

Nous n'utilisons pas la méthode suggérée par l'énoncé.

$$\begin{aligned}(kr+\varepsilon f(r))(-kr+\varepsilon f(-r)) &= \\ -k^2r^2 + kr\varepsilon f(-r) - kr\varepsilon f(r) + \varepsilon^2 f(r)f(-r) &\leqslant 0.\end{aligned}$$

Cette condition est vérifiée pour ε assez petit car $-k^2r^2 < 0$.

Pour ces valeurs de ε, la fonction constante égale à λ est bien dans B_r et est solution de (E4) : c'est donc la fonction x_ε dès que l'on impose en outre $\varepsilon \leqslant \varepsilon_1$.

9.a. ▷ La question **6.a** nous donne la valeur $\varepsilon_0 = \frac{r}{K_1}$, où

$$K_1 = \frac{Te^A \alpha_r}{|1-e^A|} \|g\|_{[0,T]} \|g^{-1}\|_{[0,2T]}$$

où $A = -1$, $\alpha_r = r^2$, $g(t) = e^{-t}$ et donc $\|g\|_{[0,T]} = 1$, $\|g^{-1}\|_{[0,2T]} = e^2$. Finalement,

$$K_1 = \frac{e^{-1}r^2}{1-e^{-1}} e^2 = \frac{r^2 e^2}{e-1}$$

et $\varepsilon_0 = \frac{r}{K_1} = \frac{e-1}{re^2}$.

▷ Avec les notations de la question **6.b**, on peut prendre pour ε_1 la valeur $\min\left(\frac{1}{2K_2}, \varepsilon_0\right)$. Puisque $\frac{\partial F}{\partial v}(v,s) = 2v$, $\beta_r = 2r$. Donc

$$K_2 = \frac{2e^{-1}r}{1-e^{-1}} e^2 = \frac{2re^2}{e-1}$$

et $\varepsilon_1 = \frac{e-1}{4re^2}$.

9.b. La fonction nulle convient, et l'unicité assure que, pour $\varepsilon \leqslant \varepsilon_1$, $x_\varepsilon = 0$.

9.c. ▷ On peut appliquer à (E5) le théorème de Cauchy & Lipschitz, puisque $(t,x) \mapsto -x + \varepsilon x^2$ est de classe $\mathcal{C}^1$ sur $\mathbb{R}^2$.

On utilise [5].

Il existe par conséquent une unique solution maximale φ_α de (E5) à la condition initiale $\varphi_\alpha(0) = \alpha$, et elle est définie sur un intervalle ouvert que l'on note I_α.

En particulier, soit x une solution constante, égale à λ sur $\mathbb{R}$. Si y est une solution maximale prenant en un point t_0 la valeur λ, le théorème de Cauchy & Lipschitz appliqué à la condition initiale $y(t_0) = \lambda$ montre que x et y sont égales. En d'autres termes, une solution non constante ne prend jamais la valeur λ.

Une solution définie sur $\mathbb{R}$ est forcément maximale.

▷ Il y a deux solutions constantes sur $\mathbb{R}$, correspondant à $\lambda = 0$ et $\lambda = \frac{1}{\varepsilon}$, et donc aux mêmes valeurs de α.

▷ Lorsque α n'est égal à aucune des deux valeurs 0 et $\frac{1}{\varepsilon}$, φ_α ne prend aucune de ces deux valeurs sur son intervalle de définition I_α. On peut donc séparer les variables dans l'équation (E5), ce qui conduit, en posant $x = \varphi_\alpha$, à

$$\frac{x'}{x(\varepsilon x - 1)} = 1.$$

Primitivons $\frac{1}{u(\varepsilon u - 1)}$. On décompose d'abord cette fraction rationnelle en éléments simples :

$$\frac{1}{u(\varepsilon u - 1)} = \frac{\varepsilon}{\varepsilon u - 1} - \frac{1}{u}.$$

« Primitiver » a le sens de « fournir une primitive ». Il est inutile d'entrer davantage dans le détail des calculs.

Par conséquent,

$$\int \frac{du}{u(\varepsilon u-1)} = \ln\left|\frac{\varepsilon u-1}{u}\right|.$$

$\int f(u)du$ désigne une primitive $u \mapsto F(u)$ de f.

Finalement, l'équation différentielle (E5) équivaut à

$$\ln\left|\frac{\varepsilon x-1}{x}\right| = t+c,$$

la constante c étant déterminée par la valeur en 0 grâce à l'égalité

$$c = \ln\left|\frac{\varepsilon \alpha-1}{\alpha}\right|.$$

On obtient ainsi

$$\left|\frac{\varepsilon x-1}{x}\right| = e^c e^t = \left|\frac{\varepsilon \alpha-1}{\alpha}\right| e^t.$$

Puisque la fonction sous le signe de la valeur absolue garde le signe de $\frac{\varepsilon\alpha-1}{\alpha}$ sur I_α, on obtient finalement l'égalité

$$\frac{\varepsilon x-1}{x} = \frac{\varepsilon \alpha-1}{\alpha} e^t,$$

ou encore

$$x = \frac{1}{\varepsilon + \left(\frac{1}{\alpha}-\varepsilon\right)e^t}.$$

On a ainsi obtenu φ_α.

L'intervalle I_α est évidemment la composante connexe par arcs de l'ensemble de définition de φ_α qui contient 0, puisque l'on a recherché les solutions par condition nécessaire et suffisante. Les points d'annulation du dénominateur sont déterminés par la condition

Déterminer I_α fait partie de l'étude.

$$e^t = \frac{\varepsilon}{\varepsilon - \frac{1}{\alpha}}.$$

Il en résulte la discussion suivante :

- si $\varepsilon > \frac{1}{\alpha}$, $t_0 = \ln \frac{\varepsilon}{\varepsilon-\frac{1}{\alpha}}$ est l'unique scalaire satisfaisant la condition précédente. Il y a deux composantes connexes par arcs, à savoir

$$]-\infty, t_0[\text{ et }]t_0, +\infty[.$$

Si $\alpha > 0$, $t_0 > 0$ et donc $I_\alpha =]-\infty, t_0[$.
Si $\alpha < 0$, $t_0 < 0$ et donc $I_\alpha =]t_0, +\infty[$.
Dans ces deux cas, $\varphi_\alpha(t) = \frac{1}{\varepsilon+\left(\frac{1}{\alpha}-\varepsilon\right)e^t}$.

- Si $\varepsilon < \frac{1}{\alpha}$, $I_\alpha = \mathbb{R}$.
On a toujours $\varphi_\alpha(t) = \frac{1}{\varepsilon+\left(\frac{1}{\alpha}-\varepsilon\right)e^t}$.

Rappelons que $\varepsilon>0$.

Dans la figure ci-dessous, on prend $\varepsilon = 1$, et pour α les différentes valeurs -1, 0, $\frac{1}{2}$, 1 et 2.

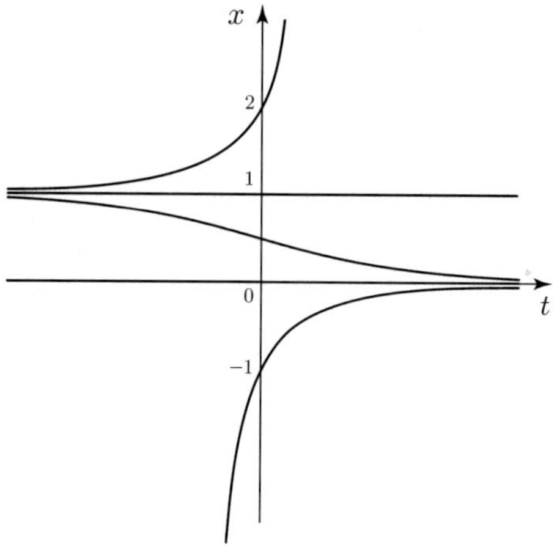

10. Supposons donc qu'il existe un réel $t > 0$ tel que $|x(t)| > 1$. L'ensemble de ces réels est non vide et minoré par 0. Soit $\theta \geqslant 0$ son infimum, qui est aussi dans l'intervalle de définition de x, car compris entre les deux points 0 et t de cet intervalle. Puisqu'il existe une suite (t_n) tendant vers θ telle que $|x(t_n)| > 1$ et que x est continue, $|x(\theta)| \geqslant 1$. En particulier, $\theta > 0$.

L'énoncé oublie de préciser qu'il existe un t « positif » tel que $|x(t)|>1$.

En outre, sur $[0, \theta[$, $|x| \leqslant 1$ par définition de l'infimum. Par limite à gauche en θ, $|x(\theta)| = 1$.

Or

$$\left|\big(x(t)e^{-kt}\big)'\right| = |x'(t) - kx(t)|e^{-kt} = \varepsilon\left|f\big(x(t)\big)\right|e^{-kt}.$$

L'inégalité des accroissements finis entraîne que $|f(u)-f(0)| \leqslant \lambda|u|$ lorsque $u \in [-1, 1]$. Comme $f(0) = 0$ et comme $x(t) \in [-1, 1]$ lorsque $t \in [0, \theta]$, on obtient

$$\left|\big(x(t)e^{-kt}\big)'\right| \leqslant \varepsilon\lambda|x(t)|e^{-kt}.$$

Par intégration entre 0 et t, pour $t \in [0, \theta]$, il suit que

$$\left|\int_0^t \big(x(s)e^{-ks}\big)'\,ds\right| \leqslant \int_0^t \left|\big(x(s)e^{-ks}\big)'\right| ds \leqslant \varepsilon\lambda \int_0^t |x(s)|e^{-ks}\,ds.$$

Finalement, si l'on pose $\varphi(s) = |x(s)e^{-ks}|$, on obtient la majoration

$$\varphi(t) \leqslant |x(0)| + \varepsilon\lambda \int_0^t \varphi(s)\,ds.$$

Comme φ est continue et positive, on peut appliquer le résultat admis et en déduire que

Le résultat admis est une version du lemme de Gronwall.

$$\varphi(t) \leqslant |x(0)|e^{\varepsilon\lambda t}.$$

L'inégalité demandée en découle de suite.

11. Raisonnons par l'absurde en nous plaçant dans les hypothèses de la question **10**. On constate d'une part que $|x(\theta)| \leqslant |x(0)| < 1$ puisque $k + \varepsilon\theta < 0$, et d'autre part que $|x(\theta)| = 1$: c'est une contradiction.

Si l'on note I l'intervalle de définition de x, il résulte de ce qui précède que, sur l'intervalle $I \cap [0, +\infty[$, $|x(t)| \leqslant 1$. Comme f est bornée sur $[-1, 1]$, x' est bornée sur $I \cap [0, +\infty[$ grâce à l'égalité (E6).
Supposons alors par l'absurde que $I \cap [0, +\infty[$ soit majoré. Soit β son supremum. Comme I est ouvert, on a $I \cap [0, +\infty[= [0, \beta[$. Puisque x' est bornée sur $[0, \beta[$, x' est intégrable sur ce même intervalle et donc $\int_0^t x'(s)\,ds$ admet une limite en β, ce qui signifie que x admet la limite l en β. On peut donc prolonger x par continuité sur $[0, \beta]$ en posant $x(\beta) = l$. Ce prolongement est même de classe $\mathcal{C}^1$, puisque l'identité (E6) entraîne que x' admet elle aussi une limite en β, et il vérifie (E6) sur $[0, \beta]$. Ceci contredit la maximalité de la solution. Ainsi, $I \cap [0, +\infty[$ n'est pas majoré et x est définie sur $[0, +\infty[$. On a obtenu simultanément la majoration $|x(t)| \leqslant 1$ sur cette même demi-droite et, compte tenu de la question **10**, la majoration $|x(t)| \leqslant |x(0)|e^{(k+\varepsilon\lambda)t}$.

Quelques indications

6.c. Utiliser le théorème du point fixe dans un espace métrique complet.

8. Chercher des solutions constantes.

9.c. Séparer les variables.

10. Compléter l'énoncé en ajoutant que les t considérés sont positifs.

10. Appliquer le résultat admis à $\varphi(t) = |x(t)e^{-kt}|$.

Commentaires

Ce problème est consacré à la recherche et l'étude des solutions périodiques de certaines équations différentielles scalaires d'ordre un, et ne réclame pas énormément d'initiative de la part du candidat. Cependant, traitées un peu rustiquement, certaines questions pourraient causer quelque perte de temps. C'est en réalité le seul obstacle dans ce problème de difficulté moyenne, qui suppose tout de même une connaissance solide du chapitre sur les équations différentielles, linéaires ou non.

La substance mathématique du problème est concentrée dans le début de la deuxième partie, consacrée à la recherche des solutions périodiques d'une équation différentielle obtenue par perturbation de l'équation différentielle linéaire $x' = ax$. Les illustrations de la méthode employée, qui font l'objet de la fin de cette partie, sont malheureusement un peu décevantes. La troisième partie est une application du lemme de Gronwall, ou plutôt de l'une de ses nombreuses versions, que l'énoncé admet.

La première question demande de trouver les valeurs de a pour lesquelles l'équation différentielle linéaire $x' = ax$ admet une solution T-périodique non nulle. L'énoncé suppose d'avance que a est elle-même T-périodique, mais c'est de toute façon une condition nécessaire puisque $a = \frac{x'}{x}$ et que, si x est une solution T-périodique, x' est elle aussi T-périodique.

Pour traiter cette première question, tout revient en somme à trouver la condition pour qu'une fonction T-périodique admette une primitive T-périodique. Il est bien connu (ou tout au moins bien utile de savoir) que cette condition est la nullité de la valeur moyenne de la fonction. En vue de questions ultérieures, j'ai montré dans le corrigé la formule plus générale

$$g(t+T) = e^A g(t).$$

La question **2** s'intéresse à l'équation avec second membre $x' = ax + b$. La question **2.a** est formulée de façon un peu troublante. D'abord parce qu'en général on ne parle pas de « solution maximale » pour une telle équation, le programme énonçant directement le théorème d'existence et d'unicité sur tout l'intervalle de continuité des coefficients. Ensuite parce qu'on ne sait pas trop s'il est nécessaire de fournir la résolution complète ou s'il est possible d'offrir abruptement la solution aux yeux du correcteur. Le corrigé propose un moyen terme raisonnable. La question **2.b** doit être traitée méticuleusement, car il s'agit d'une discussion par cas dont les conclusions pourraient d'ailleurs être synthétisées dans un tableau final.

La question **3** particularise l'équation en prenant pour a une fonction constante égale à k. Lorsque k est non nul, on calcule aisément les coefficients de Fourier d'une solution T-périodique à l'aide de ceux de b, ce qui redémontre l'unicité d'une telle solution. Si l'on voulait montrer l'existence par cette méthode, il faudrait vérifier que, réciproquement, la somme de la famille $(c_n e^{int})_{n\in\mathbb{Z}}$ (c'est-à-dire, dans la nouvelle rédaction des programmes, la somme de $\{c_n e^{int}\}_{n\geqslant 0}$ et celle de $\{c_{-n} e^{-int}\}_{n\geqslant 1}$) est bien de classe $\mathcal{C}^1$ et est solution de l'équation. Lorsque $k = 0$, on est ramené à l'étude des primitives de la fonction b. Si cette dernière fonction est de valeur moyenne nulle, toutes les primitives sont T-périodiques, aucune sinon.

Dans la deuxième partie, on modifie l'équation $x' = ax$ en lui ajoutant un terme d'abord essentiellement quelconque. Évidemment, on ne peut pas résoudre cette équation. On peut en revanche la traiter comme une équation différentielle linéaire avec second membre, et donc appliquer la question **2.a**. Cela permet d'exprimer $x\ldots$ en fonction de x, ce qui est moins innocent qu'il n'y paraît puisque c'est expressément dans cette formulation que de nombreux problèmes de l'analyse peuvent être résolus, et au premier chef le théorème de Cauchy pour les équations différentielles. On sait en effet qu'une équation écrite sous la forme $x = f(x)$ permet (parfois) l'application d'un théorème de point fixe.

La question **5** peut être traitée de différentes manières, et celle que j'ai utilisée dans le corrigé est peut-être l'une des plus brèves, mais pas la plus immédiate. Mon idée a été d'utiliser la question **2.b**, qui offre une formule pour l'unique solution périodique de (E2). Il se trouve que la formule donnée n'est pas exactement celle qui définit $U_H x$, et qu'il est nécessaire de donner un petit coup de Chasles par-ci, de translation sur la variable par-là, pour retomber sur elle. Ce travail effectué, tout le reste est immédiat. On constate d'ailleurs que, par cette méthode, on n'utilise que la continuité de H et non son caractère $\mathcal{C}^1$. Cela pourrait laisser penser que l'auteur du sujet a envisagé une autre méthode, ou tout au moins qu'il a voulu laisser aux candidats différentes possibilités en renforçant les hypothèses.

Examinons l'une de ces variantes.

Tout d'abord, $(U_H x)(t)$ est bien défini parce que $A \neq 0$ et que l'intégrale est celle d'une application continue sur un segment. Posons $y = U_H x$. La fonction y est de classe $\mathcal{C}^1$ sur $\mathbb{R}$ d'après les propriétés de l'intégrale dépendant d'une borne. En utilisant en particulier l'égalité $g(s+T) = e^A g(s)$, on obtient

$$\begin{aligned} y'(t) &= \frac{e^A}{1-e^A}\Big(g'(t)\int_t^{t+T} g(s)^{-1}H(x(s),s)\,ds + \\ &\qquad\qquad g(t)g(t+T)^{-1}H\big(x(t+T),t+T\big) - H(x(t),t)\Big) \\ &= a(t)y(t) + \frac{e^A}{1-e^A}H(x(t),t)e^{-A} - \frac{e^A}{1-e^A}H(x(t),t) \\ &= a(t)y(t) + H(x(t),t). \end{aligned}$$

Si l'on pose $z(t) = y(t+T)$, on en déduit que z vérifie elle aussi l'égalité

$$z'(t) = a(t)z(t) + H(x(t),t). \tag{E3bis}$$

En outre,

$$\begin{aligned} z(0) = y(T) &= \frac{e^{2A}}{1-e^A}\int_T^{2T} g(s)^{-1}H(x(s),s)\,ds \\ &= \frac{e^{2A}}{1-e^A}\int_0^{T} g(s+T)^{-1}H(x(s),s)\,ds. \end{aligned}$$

À nouveau grâce à l'identité $g(s+T) = e^A g(s)$, il vient finalement

$$z(0) = \frac{e^A}{1-e^A}\int_0^T g(s)^{-1}H(x(s),s)\,ds = y(0).$$

D'après le théorème de Cauchy & Lipschitz, qu'il est possible d'appliquer à l'équation (E3bis) car H est de classe $\mathcal{C}^1$, on a $y = z$ sur $\mathbb{R}$, ce qui prouve que y est T-périodique.

L'égalité $y'(t) = a(t)y(t) + H(x(t), t)$ montre que, si $y = x$, x est bien solution de (E3). Supposons, réciproquement, que x soit solution de (E3) ; x et y sont alors solutions sur $\mathbb{R}$ de la même équation différentielle (E3bis) avec la condition

$$y(0) = \frac{e^A}{1 - e^A} \int_0^T g(s)^{-1} H(x(s), s)\, ds.$$

Mais (E3) et la T-périodicité de x montrent, par une évaluation en $t = T$, que

$$x(0) = x(T) = e^A \Big(x(0) + \int_0^T g(s)^{-1} H(x(s), s)\, ds \Big),$$

donc que

$$x(0) = \frac{e^A}{1 - e^A} \int_0^T g(s)^{-1} H(x(s), s)\, ds = y(0).$$

Le théorème de Cauchy & Lipschitz appliqué à (E3bis) montre que $x = y$ sur $\mathbb{R}$.

Finalement, si $x \in P$, x est solution de (E3) si et seulement si $x = U_H x$.

Cette variante est à certains égards une simple reformulation des calculs effectués dans la question **2**, à d'autres une approche différente centrée sur le théorème de Cauchy & Lipschitz.

L'idée de la question **5** est de ramener la recherche des solutions périodiques de (E3) à la recherche des points fixes de l'opérateur U_H, défini sur P. À présent, l'idée est de faire en sorte que la perturbation de l'équation (E1) soit petite. Comme (E1) admet une solution T-périodique, à savoir la fonction nulle, on peut espérer que l'équation perturbée (E4) en aura elle aussi pour ces faibles perturbations, à partir du moment où des obstacles évidents seront abolis (il est clairement nécessaire que F soit T-périodique par rapport à la seconde variable) et où quelques hypothèses lubrifiantes seront faites (en l'occurrence, le caractère $\mathcal{C}^1$ de F). C'est l'objet de la question **6**. Elle consiste à montrer que, pour ε assez petit, B_r est stable par U_ε (question **6.a**), que U_ε est une contraction (question **6.b**), puis à conclure en remarquant que B_r est un fermé d'un espace de Banach. On notera à ce propos qu'une limite simple de fonctions T-périodiques est T-périodique et, dans une visée purement pédagogique, qu'il convient de ne pas écrire, par paresse ou par négligence, « périodique » au lieu de « T-périodique » : un tel raccourci, acceptable à l'oral, conduirait ici à inscrire dans le marbre des assertions aussi inexactes que « une limite simple de fonctions périodiques est périodique ».

On a donc obtenu, pour chaque ε assez petit, une solution T-périodique unique de l'équation (E4), qui dépend du paramètre ε. La question **7** fait montrer que cette solution dépend continûment du paramètre (en 0).

Les questions **8** et **9** sont des illustrations des précédentes. Il s'agit d'équations autonomes, c'est-à-dire d'équations dont la loi a pour seul argument la fonction inconnue, à l'exclusion de la variable. Communément, on considère cette variable comme la variable temporelle, de sorte que la fonction inconnue décrit un phénomène dépendant du temps. Une équation autonome exprime donc que la loi qui régit ce phénomène est indépendante du temps : c'est souvent le cas lorsque l'on modélise des phénomènes naturels. On sait que, dans ce cas, l'étude débute par la recherche des équilibres, c'est-à-dire des solutions constantes. Comme de telles solutions sont périodiques pour toute période, il est plausible de chercher x_ε sous cette forme : c'est ce que j'ai fait dans le corrigé. Il suffit donc d'appliquer le théorème des valeurs intermédiaires, qui suppose uniquement la continuité de f. Néanmoins, il faut être certain qu'une solution T-périodique appartenant à B_r est unique pour donner un sens à cette étude et là, la seule continuité de f ne suffirait peut-être plus. L'hypothèse « f de classe $\mathcal{C}^1$ » est suffisante pour assurer l'unicité de la solution en question.

Comment aurait-on procédé en suivant l'indication de l'énoncé (qui, comme son nom l'indique, n'a qu'une valeur indicative et n'a donc pas le statut d'une exigence que le candidat pourrait se voir reprocher de ne pas avoir suivie) ? Il s'agit de la méthode des « itérations successives », ou encore des « approximations successives », qui consiste à approcher un point fixe d'une application ψ par les termes d'une suite satisfaisant à la relation $u_{n+1} = \psi(u_n)$. Un cas simple où cette méthode converge vers l'unique point fixe de ψ est celui où ψ est lipschitzienne de rapport < 1 (on parle alors de contraction). On pose donc $x_0 = 0$ et $x_{n+1} = U_\varepsilon x_n$. Ainsi, puisque $g(t) = e^{kt}$ et $A = kT$, en posant $C = \frac{e^A}{1-e^A}$,

$$x_{n+1}(t) = Ce^{kt}\varepsilon \int_t^{t+T} e^{-ks} f(x_n(s))\, ds.$$

Si l'on suppose par récurrence que x_n est une fonction constante, on obtient les égalités

$$x_{n+1}(t) = Ce^{kt} f(x_n)\varepsilon \int_t^{t+T} e^{-ks}\, ds = -\frac{\varepsilon}{k} f(x_n),$$

qui montrent que x_{n+1} est une fonction constante. Donc x_ε est une fonction constante dont la valeur est la limite de la suite (x_n), convergente d'après la question **6**. En d'autres termes, la méthode proposée se réduit à la construction d'une suite récurrente de réels convergeant vers une solution de l'équation $k\lambda + \varepsilon f(\lambda) = 0$. *Much ado about nothing!*[1]

La question **9** propose l'étude de l'équation autonome $x' = -x + \varepsilon x^2$. Le **a** est purement calculatoire. Le **c** propose la résolution complète. Une équation autonome scalaire $x' = g(x)$, où g est supposée de classe $\mathcal{C}^1$ (cela afin de pouvoir appliquer le théorème de Cauchy & Lipschitz), s'étudie très simplement. On recherche d'abord les solutions constantes (c'est-à-dire les équilibres), qui correspondent aux racines de g, on montre ensuite que les autres solutions ne prennent jamais aucune de ces valeurs, ce qui permet de séparer les variables sous la forme $\frac{x'}{g(x)} = 1$, et l'on introduit une primitive G de $\frac{1}{g}$ sur chacune des composantes connexes de l'ensemble des points où g ne s'annule pas. Rappelons à ce propos que, si X est un sous-ensemble de $\mathbb{R}$ et $a \in X$, la composante connexe (sous-entendu « par arcs ») de a dans X est le plus grand intervalle, pour l'inclusion, inclus dans X et contenant a. On termine la résolution en écrivant, de façon équivalente, $G(x) = t + c$, c étant une constante réelle déterminée par une condition initiale, puis $x(t) = G^{-1}(t + c)$.

Cette étude systématique est très simple, évidemment, mais mener effectivement à bien les calculs suppose de primitiver $\frac{1}{g}$ et de calculer la fonction G^{-1} réciproque de G. Il ne faut pas non plus oublier de déterminer les intervalles de définition des solutions maximales, c'est-à-dire justement les composantes connexes de l'ensemble des points où g ne s'annule pas, détermination plus fastidieuse que difficile dans le cas du problème.

La dernière partie ne s'intéresse plus aux solutions périodiques, mais à la dépendance des solutions par rapport à la condition initiale $x(0)$. Il faut considérer ε, et évidemment k et f, comme fixés. Autrement dit, contrairement à la partie **II**, la partie **III** étudie une seule équation différentielle, et ses différentes solutions.

La majoration de la question **10** repose sur le lemme de Gronwall que l'énoncé admet. La preuve n'en est pas bien difficile. On pose $\psi(t) = e^{-\zeta t}\big(\int_0^t \varphi(s)\,ds\big)$ et, par dérivation, on obtient

$$\psi'(t) = e^{-\zeta t}\Big(\varphi(t) - \zeta \int_0^t \varphi(s)\,ds\Big) \leqslant \eta e^{-\zeta t}.$$

Par primitivation, $\psi(t) \leqslant \frac{\eta}{\zeta}(1 - e^{-\zeta t})$, donc

$$\varphi(t) \leqslant \eta + \zeta\psi(t)e^{\zeta t} \leqslant \eta e^{\zeta t}.$$

Les questions **10** et **11** font montrer que, pour $x(0)$ assez petit, la solution de l'équation (E6) est définie sur $\mathbb{R}$ et est bornée par $|x(0)|e^{mt}$, où

1. Beaucoup d'ados se sont donnés de la peine pour rien ! N.d.É.

m est un nombre strictement négatif. Ces faits contiennent deux informations. La première, c'est que la solution est bornée par $|x(0)|$dans l'avenir de 0. La seconde, c'est qu'elle tend vers 0 lorsque t tend vers $+\infty$. Autrement dit, étant entendu que la fonction nulle est solution de l'équation autonome (E6) (0 est donc un équilibre), si l'on écarte le système de cette position d'équilibre (mais pas trop, *cf.* la condition $|x(0)| \leqslant 1$), le système ne s'éloigne pas davantage de 0 (« équilibre stable au sens de Liapounov ») et revient asymptotiquement à sa position d'équilibre (« équilibre asymptotiquement stable »).

Le problème, sans être passionnant, ne manque pas d'intérêt et est riche d'enseignements tout en restant d'une difficulté modérée. On peut le considérer comme un bon problème de synthèse sur les techniques de base relatives aux équations différentielles.

Théorèmes utilisés

[1] Solutions des équations différentielles linéaires scalaires d'ordre un. Soit a une fonction complexe continue sur l'intervalle I de $\mathbb{R}$, et A une primitive de a. La solution générale de l'équation différentielle $x' = ax$ est donnée par $x = ce^A$, où c est une constante complexe.

Si de plus b est une fonction complexe continue sur I, la solution générale de l'équation différentielle $x' = ax + b$ est de la forme $x = ce^A$, où c est une fonction de classe $\mathcal{C}^1$ que l'on détermine en remplaçant x par cette expression dans l'équation différentielle (méthode de variation de la constante).

[2] Théorème sur les équations différentielles linéaires. Soit I un intervalle de $\mathbb{R}$, a et b deux fonctions continues sur I et à valeurs, respectivement, dans $\mathcal{M}_n(\mathbb{R})$ et $\mathcal{M}_{n,1}(\mathbb{R})$. Soit $(t_0, x_0) \in I \times \mathcal{M}_{n,1}(\mathbb{R})$. Il existe une unique fonction x appartenant à $\mathcal{C}^1(I, \mathcal{M}_{n,1}(\mathbb{R}))$ solution du problème de Cauchy

$$x' = ax + b \ ; \ x(t_0) = x_0.$$

[3] Théorème de Dirichlet, cas $\mathcal{C}^1$ par morceaux et continu. Soit f une fonction complexe T-périodique, de classe $\mathcal{C}^1$ par morceaux et continue sur $\mathbb{R}$. Alors les séries $\{c_n(f)\}_{n\geqslant 0}$ et $\{c_{-n}(f)\}_{n\geqslant 1}$ sont absolument convergentes et la suite des sommes de Fourier converge uniformément vers f.

La notion de famille sommable a disparu du programme. L'ancienne formulation, « la famille $\big(c_n(f)\big)_{n\in\mathbb{Z}}$ *est sommable », est donc remplacée par l'allusion à deux séries absolument convergentes.*

[4] Théorème du point fixe dans un espace métrique complet. Soit X un espace métrique complet non vide et f une fonction de X dans X, lipschitzienne de rapport $r < 1$. Alors f admet un unique point fixe α

dans X. De plus, si $x_0 \in X$ et $x_n = f^n(x_0)$, la suite (x_n) converge vers α et $d(x_n, \alpha) = O(r^n)$.

Ce théorème n'est pas explicitement au programme

[5] **Théorème de Cauchy & Lipschitz.** Soit Ω un ouvert de $\mathbb{R} \times \mathbb{R}^p$, f une fonction de classe $\mathcal{C}^1$ de Ω vers $\mathbb{R}^p$ et (t_0, x_0) un point de Ω. Il existe une unique solution maximale x, définie sur l'intervalle I, au problème de Cauchy $x' = f(t, x)$; $x(t_0) = x_0$. De plus, I est ouvert.

Polytechnique 2004. Deuxième épreuve

ÉCOLE POLYTECHNIQUE FILIÈRE **MP**

CONCOURS D'ADMISSION 2004

DEUXIÈME COMPOSITION DE MATHÉMATIQUES

(Durée : 4 heures)

L'utilisation des calculatrices n'est pas autorisée pour cette épreuve.

⋆⋆⋆

Courbure des surfaces dans l'espace $\mathbb{R}^3$

Ce problème propose une étude des surfaces de l'espace $\mathbb{R}^3$ et de leurs courbures totale et moyenne. Pour tout entier $n > 0$, l'espace $\mathbb{R}^n$ sera muni de son produit scalaire et de sa norme usuels notés respectivement $(\cdot \mid \cdot)$ et $\|.\|$. La première partie sera consacrée à des préliminaires algébriques.

Première partie

1) Soient $x^{(1)}, \ldots, x^{(n)}$ des éléments de $\mathbb{R}^{n+1}$, $(x_j^{(i)})_{j=1,\ldots,n+1}$ les composantes de $x^{(i)}$ dans la base canonique de $\mathbb{R}^{n+1}$. Pour tout $k = 1, \ldots, n+1$ on note V_k le produit par $(-1)^{k+1}$ du déterminant de la matrice $(x_j^{(i)})$ où $i = 1, \ldots, n$ et $j = 1, \ldots, k-1, k+1, \ldots, n+1$. On note V le vecteur de $\mathbb{R}^{n+1}$ de composantes V_k.

1.a) Montrer que V est orthogonal à tous les $x^{(i)}$.

1.b) Comparer les conditions suivantes :

i) $V = 0$

ii) la famille $(x^{(i)})_{i=1,\ldots,n}$ est liée.

1.c) Exprimer en fonction de $\|V\|$ le déterminant des $n+1$ vecteurs $V, x^{(1)}, \ldots, x^{(n)}$ dans la base canonique de $\mathbb{R}^{n+1}$.

2.a) Montrer que, pour tout n-uple de vecteurs $(x^{(1)},\ldots, x^{(n)})$ linéairement indépendants, il existe un unique vecteur $W(x^{(1)},\ldots, x^{(n)})$ ayant les propriétés suivantes :

i) $W(x^{(1)},\ldots, x^{(n)})$ est de norme 1 et orthogonal à tous les $x^{(i)}$

ii) le déterminant des $n+1$ vecteurs $W(x^{(1)},\ldots, x^{(n)})$, $x^{(1)},\ldots, x^{(n)}$ dans la base canonique de $\mathbb{R}^{n+1}$ est strictement positif.

2.b) Vérifier que, pour toute rotation R de $\mathbb{R}^{n+1}$, on a

$$W\big(R(x^{(1)}),\ldots, R(x^{(n)})\big) = R\big(W(x^{(1)},\ldots, x^{(n)})\big) .$$

3) Soit $(e_1,\ldots, e_n)$ une base de $\mathbb{R}^n$, Q la matrice de coefficients $q_{ij} = (e_i\,|\,e_j)$.

3.a) Montrer que Q est inversible et diagonalisable. Que peut-on dire de ses valeurs propres ?

3.b) Soit v un vecteur de $\mathbb{R}^n$, de coordonnées v_i dans la base $(e_1,\ldots, e_n)$. Exprimer le vecteur ligne $(v_1,\ldots, v_n)$ en fonction de Q et du vecteur ligne $\big((v\,|\,e_1),\ldots, (v\,|\,e_n)\big)$.

Dans la suite du problème, on désigne par U une partie ouverte de $\mathbb{R}^n$, par $u = (u_1,\ldots, u_n)$ un élément quelconque de U, par F une application de classe $\mathcal{C}^2$ de U dans $\mathbb{R}^{n+1}$, par $\partial_i F$ (resp. $\partial_i\partial_j F$) ses dérivées partielles d'ordre 1 (resp. 2). On suppose que les n-vecteurs $(\partial_i F)(u)$ sont linéairement indépendants pour tout u, et on pose $W(u) = W\big((\partial_1 F)(u),\ldots, (\partial_n F)(u)\big)$.

4.a) Vérifier que l'application $u \mapsto W(u)$ est de classe $\mathcal{C}^1$.

4.b) Comparer $\big((\partial_k W)(u)\,|\,(\partial_i(F)(u)\big)$ et $\big(W(u)\,|\,(\partial_i\partial_k F)(u)\big)$.

4.c) Démontrer l'existence et l'unicité de nombres réels $a_{ij}(u)$ tels que l'on ait

$$(\partial_i W)(u) = \sum_j a_{i,j}(u)(\partial_j F)(u) .$$

4.d) On note respectivement $A(u)$, $S(u)$, $Q(u)$ les matrices de coefficients respectifs $a_{i,j}(u)$, $\big(W(u)\mid(\partial_i\partial_j F)(u)\big)$, $\big((\partial_i F)(u)\mid(\partial_j F)(u)\big)$. Vérifier que $A(u) = -S(u)Q(u)^{-1}$.

Deuxième partie

Dans toute la suite du problème, on suppose $n = 2$; on a donc un ouvert U de $\mathbb{R}^2$ et une application F de classe $\mathcal{C}^2$ de U dans $\mathbb{R}^3$ telle que les vecteurs $(\partial_1 F)(u)$ et $(\partial_2 F)(u)$ soient linéairement indépendants pour tout u de U.

On a en outre
$$W(u) = \frac{(\partial_1(F)(u) \wedge (\partial_2 F)(u)}{\|(\partial_1 F)(u) \wedge (\partial_2 F)(u)\|} ,$$
où $\cdot \wedge \cdot$ désigne le produit vectoriel dans $\mathbb{R}^3$. On pose
$$K(u) = \det A(u), \quad H(u) = \frac{1}{2}\mathrm{tr} A(u) ,$$
où $A(u)$ est la matrice définie à la question **4.d)**. On note $F_i(u)$, $i = 1, 2, 3$, les composantes de $F(u)$; on suppose que U contient le point 0 et on fait l'étude de la surface $F(U)$ au voisinage du point $F(0)$.

5) Soit R une rotation de $\mathbb{R}^3$. Montrer que les objets $\hat{K}(0)$ et $\hat{H}(0)$ associés à l'application $\hat{F} = R \circ F$ sont égaux à $K(0)$ et $H(0)$.

6) On suppose que, pour u suffisamment voisin de 0, $F(u)$ est de la forme
$$F(u) = (u_1,\, u_2,\, f(u_1, u_2))$$
avec $f(0) = (\partial_1 f)(0) = (\partial_2 f)(0) = 0$.

6.a) Calculer $K(0)$ et $H(0)$ en fonction des nombres
$$r = (\partial_1\partial_1 f)(0) \ , \ s = (\partial_1\partial_2 f)(0) \ , \ t = (\partial_2\partial_2 f)(0) \ .$$

6.b) (Cas d'un cylindre) On suppose que $f(u_1, u_2)$ est fonction de u_1 seul, soit $f(u_1, u_2) = g(u_1)$. Exprimer $H(0)$ en fonction de la courbe Γ, intersection du cylindre avec le plan $x_2 = 0$.

7) Dans cette question on considère le cas d'une surface de révolution :
$$F(u) = (f(u_1)\cos u_2, f(u_1)\sin u_2, u_1)$$
où f est une fonction strictement positive de classe $\mathcal{C}^2$ définie sur un intervalle I.

7.a) Dire pour quelles valeurs de u les vecteurs $(\partial_1 F)(u)$ et $(\partial_2 F)(u)$ sont linéairement indépendants.

7.b) Vérifier que
$$A(u) = f(u_1)^{-1}(1 + f'(u_1)^2)^{-3/2} \begin{bmatrix} f(u_1)f''(u_1) & 0 \\ 0 & -(1 + f'(u_1)^2) \end{bmatrix} .$$

7.c) Donner une fonction f élémentaire pour laquelle $H(u)$ est nul pour tout u.

7.d) Montrer que, pour tous nombres réels α et β, $\alpha > 0$, il existe f satisfaisant
$$H(u) = 0 \text{ pour tout } u, \ f(0) = \alpha, \ f'(0) = \beta \ .$$
Interpréter géométriquement le résultat obtenu.

7.e) Calculer $K(u)$ pour une telle fonction f.

8) Indiquer, sans aucun calcul, des surfaces pour lesquelles $K(u)$ et $H(u)$ sont des constantes.

Troisième partie

Dans cette partie on se propose d'étudier l'effet d'un changement de paramétrage sur les fonctions H et K.

Dans la situation du début de la deuxième partie on note $\frac{\partial F}{\partial u}$ la matrice (jacobienne) de coefficients $\left(\frac{\partial F}{\partial u}\right)_{i,j} = \partial_j F_i$. Notation analogue pour $\frac{\partial W}{\partial u}$.

9) Vérifier que $\dfrac{\partial W}{\partial u} = \dfrac{\partial F}{\partial u}{}^t A(u)$.

On se donne maintenant un difféomorphisme Φ de U sur un autre ouvert $\tilde{U}$ de $\mathbb{R}^2$ et on pose $\Psi = \Phi^{-1}$. Pour tout $u \in U$ on écrira aussi $\tilde{u} = \Phi(u)$; on pose $\tilde{F}(\tilde{u}) = F(u)$, c'est-à-dire $\tilde{F} = F \circ \Psi$, et on note $\tilde{W}(\tilde{u})$, $\tilde{A}(\tilde{u})$, $\tilde{K}(\tilde{u})$, $\tilde{H}(\tilde{u})$ les objets définis à partir de $\tilde{F}$ et $\tilde{u}$ comme $W(u)$, $A(u)$, $K(u)$, $H(u)$ l'ont été à partir de F et u. On suppose U connexe par arcs.

10.a) Exprimer $\frac{\partial \tilde{F}}{\partial u}$ en fonction de $\frac{\partial F}{\partial u}$ et $\frac{\partial \Psi}{\partial \tilde{u}}$, puis $(\partial_1 \tilde{F})(\tilde{u}) \wedge (\partial_2 \tilde{F})(\tilde{u})$ en fonction de $(\partial_1 F)(u) \wedge (\partial_2 F)(u)$ et $\det \frac{\partial \Psi}{\partial \tilde{u}}$.

10.b) Montrer qu'il existe $\varepsilon \in \{1, -1\}$ tel que l'on ait $\tilde{W}(\tilde{u}) = \varepsilon W(u)$ pour tout $u \in U$.

10.c) Exprimer $\tilde{A}(\tilde{u})$ en fonction de ε, $A(u)$ et $\frac{\partial \tilde{W}}{\partial u}$.

10.d) Comparer $\tilde{H}(\tilde{u})$ et $H(u)$, $\tilde{K}(\tilde{u})$ et $K(u)$.

Appréciation du problème

Ce problème de géométrie euclidienne et différentielle n'est pas d'une grande difficulté, mais porte sur un sujet traditionnellement délaissé par les candidats. Sans supposer une dextérité particulière dans les calculs ni une quelconque finesse géométrique, il réclame une certaine aisance conceptuelle dans le calcul vectoriel et dans le calcul différentiel. Quelques points spécifiques auront dû être étudiés :

– espaces euclidiens, matrices symétriques, rotations ;
– trace, déterminant d'une matrice ;
– calcul différentiel (dérivées partielles, différentiation d'une composée) ;
– courbure d'une courbe plane.

Corrigé détaillé

1.a. ▷ Considérons un vecteur quelconque $x = (x_1, \ldots, x_{n+1})$ dans $\mathbb{R}^{n+1}$ et la matrice $M(x)$ de la famille $(x, x^{(1)}, \ldots, x^{(n)})$ dans la base canonique $\mathcal{B}$ de $\mathbb{R}^{n+1}$.

Si x est une ligne, la première colonne de $M(x)$ est x^T.

Si l'on développe le déterminant de $M(x)$ par rapport à sa première colonne, on obtient

$$\det M(x) = \sum_{k=1}^{n+1} x_k V_k = (x \mid V). \qquad (1)$$

V_k est le cofacteur du terme d'indice $(k,1)$ dans $M(x)$.

▷ Prenons maintenant $x = x^{(i)}$. La matrice $M(x)$, dont deux colonnes sont égales, n'est pas inversible. On obtient donc

$$0 = (x^{(i)} \mid V),$$

ce qui signifie que V est orthogonal à $x^{(i)}$.

1.b. ▷ Montrons que non **(ii)** $\Rightarrow$ non **(i)**.
Supposons donc que la famille $\left(x^{(1)}, \ldots, x^{(n)}\right)$ est libre.

On raisonne par contraposition.

D'après le théorème de la base incomplète, on peut trouver un vecteur x de $\mathbb{R}^{n+1}$ tel que la famille $\left(x, x^{(1)}, \ldots, x^{(n)}\right)$ soit une base de $\mathbb{R}^{n+1}$, donc tel que $M(x)$ soit inversible. L'égalité (1) montre alors que $V \neq 0$.

On utilise [1].

▷ Montrons à présent que non **(i)** $\Rightarrow$ non **(ii)**.
Si $V \neq 0$, $\det M(V) = \|V\|^2$ n'est pas nul, donc la famille $\left(V, x^{(1)}, \ldots, x^{(n)}\right)$ est une famille libre. Ceci entraîne que la sous-famille $(x^{(1)}, \ldots, x^{(n)})$ est libre elle aussi.

1.c. Toujours d'après l'égalité (1),

$$\det M(V) = \|V\|^2.$$

Le terme de gauche est bien le déterminant de $\left(V, x^{(1)}, \ldots, x^{(n)}\right)$ dans $\mathcal{B}$.

Le déterminant d'une famille de vecteurs dans une base est le déterminant de la matrice de cette famille dans la base.

2.a. ▷ Existence.
Puisque $\left(x^{(1)}, \ldots, x^{(n)}\right)$ est libre, V n'est pas nul d'après **1.b**. Posons alors $W = \frac{V}{\|V\|}$. Le vecteur W est bien de norme 1, et orthogonal à tous les $x^{(i)}$ d'après **1.a**. De plus, le déterminant de la famille $\left(W, x^{(1)}, \ldots, x^{(n)}\right)$ dans $\mathcal{B}$ est égal à $\|V\|$ d'après la question **1.c**, donc est strictement positif.

▷ Unicité.
Soit W' un vecteur satisfaisant aux conditions **(i)** et **(ii)**. Puisque le sous-espace $\operatorname{vect}\left(x^{(1)}, \ldots, x^{(n)}\right)$ est de dimension n, son orthogonal est de dimension 1 et par conséquent $W' = \varepsilon W$, avec $|\varepsilon| = 1$ pour une raison de norme.
Mais

$$\det_{\mathcal{B}}\left(W', x^{(1)}, \ldots, x^{(n)}\right) = \varepsilon \det_{\mathcal{B}}\left(W, x^{(1)}, \ldots, x^{(n)}\right) = \varepsilon \|V\|,$$

et par conséquent $\varepsilon > 0$ d'après la condition **(ii)**.
Donc $\varepsilon = 1$ et $W' = W$.

2.b. Abrégeons $W\big(x^{(1)}, \ldots, x^{(n)}\big)$ en W, posons $W_1 = R(W)$ et vérifions que W_1 satisfait aux conditions **(i)** et **(ii)** relatives à la famille $\big(R(x^{(1)}), \ldots, R(x^{(n)})\big)$.

Une rotation (linéaire) est un élément de $\mathrm{SO}(E)$. C'est une application linéaire qui conserve le produit scalaire (donc la norme) et dont le déterminant vaut 1.

Puisque R conserve l'orthogonalité, W_1 est orthogonal à chacun des $R(x^{(i)})$. De plus, $\|W_1\| = \|W\| = 1$ car R conserve la norme.
Enfin,

$$\det_{\mathcal{B}}\big(W_1, R(x^{(1)}), \ldots, R(x^{(n)})\big) = \det R \det_{\mathcal{B}}\big(W, x^{(1)}, \ldots, x^{(n)}\big) > 0,$$

car $\det R = 1$.
Revenant aux notations complètes, l'unicité montre que

$$R\big(W(x^{(1)}, \ldots, x^{(n)})\big) = W\big(R(x^{(1)}), \ldots, R(x^{(n)})\big).$$

3.a. Notons E la matrice de la famille $(e_1, \ldots, e_n)$ dans la base canonique $\mathcal{B}$. Ainsi, E_i, i^e colonne de E, n'est autre que la matrice de e_i dans la base $\mathcal{B}$.

Q s'appelle matrice de Gram de la famille $(e_1,\ldots,e_n)$.

Puisque cette base est orthonormale, on a $E_i^T E_j = (e_i \mid e_j) = q_{i,j}$ et par conséquent $E^T E = Q$.

On utilise **[2]**.

La matrice Q est clairement symétrique et réelle, donc diagonalisable. Comme E est inversible, Q est aussi inversible.
En outre, pour tout vecteur colonne X, $X^T Q X = (EX)^T (EX) \geqslant 0$. La matrice Q est donc positive et ses valeurs propres sont par conséquent positives, et même strictement par inversibilité de Q.

3.b. Comme $v = \sum\limits_{i=1}^{n} v_i e_i$, on a

$$(v \mid e_j) = \sum_{i=1}^{n} v_i (e_i \mid e_j) = \sum_{i=1}^{n} q_{i,j} v_i.$$

Si l'on note pour simplifier $L = \big((v \mid e_1), \ldots, (v \mid e_n)\big)$ (et abusivement $v = (v_1, \ldots, v_n)$), on a donc $L^T = Qv^T$. Par conséquent, compte tenu de la symétrie de Q,

$$v = LQ^{-1}.$$

4.a. Dans la notation du **1.a**, l'application V, qui va de $(\mathbb{R}^{n+1})^n$ dans $\mathbb{R}^{n+1}$, est à composantes polynomiales, donc de classe $\mathcal{C}^\infty$. D'autre part, la fonction $\|\cdot\|^2$ est polynomiale, donc elle aussi $\mathcal{C}^\infty$, et arrive dans $\mathbb{R}_+^*$, ouvert sur lequel la fonction « racine carrée » est $\mathcal{C}^\infty$. Par composition, $\|.\|$ est $\mathcal{C}^\infty$, et donc $\frac{V}{\|V\|}$ l'est aussi sur l'ensemble ouvert des points où V ne s'annule pas : c'est la fonction W dans la notation du **2**.

On utilise les théorèmes généraux **[3]**, **[4]** et **[5]**.

Comme les fonctions $\partial_i F$ sont de classe $\mathcal{C}^1$, la fonction $u \mapsto W\Big((\partial_1 F)(u), \dots, (\partial_n F)(u)\Big)$ est aussi de classe $\mathcal{C}^1$ sur l'ouvert U.

4.b. Puisque $W(u)$ est orthogonal à chaque $(\partial_i F)(u)$, on a, sur U,

$$\Big(W(u) \mid (\partial_i F)(u)\Big) = 0.$$

Le vecteur $W(u)$ est le vecteur unitaire normal à la nappe orientée.

Dérivons cette égalité par rapport à u_k. Il vient

$$\Big((\partial_k W)(u) \mid (\partial_i F)(u)\Big) + \Big(W(u) \mid (\partial_k \partial_i F)(u)\Big) = 0.$$

Puisque F est de classe $\mathcal{C}^2$, on obtient finalement

On utilise [**6**].

$$\Big((\partial_k W)(u) \mid (\partial_i F)(u)\Big) = -\Big(W(u) \mid (\partial_i \partial_k F)(u)\Big).$$

4.c. Le vecteur $W(u)$ est de norme 1 pour tout u, donc $\big(W(u) \mid W(u)\big) = 1$. Par dérivation partielle de cette égalité, il vient

$$2\big((\partial_i W)(u) \mid W(u)\big) = 0.$$

Cela signifie que le vecteur $(\partial_i W)(u)$ est dans l'espace $\big(\mathbb{R}W(u)\big)^{\perp}$, espace de dimension n qui contient les $(\partial_j F)(u)$. Puisque la famille $\Big((\partial_1 F)(u), \dots, (\partial_n F)(u)\Big)$ est libre, c'est une base de $\big(\mathbb{R}W(u)\big)^{\perp}$. On peut donc écrire, de façon unique, $(\partial_i W)(u)$ comme combinaison linéaire de ces vecteurs, ce qui fournit l'existence et l'unicité des $a_{i,j}$.

4.d. Dans cette question, u est fixé et nous abrégeons les notations en conséquence. D'après la question **3.b**, on dispose de l'égalité

$$\begin{aligned}(a_{i,1}, \dots, a_{i,n}) &= \big((\partial_i W \mid \partial_1 F), \dots, (\partial_i W \mid \partial_n F)\big)Q^{-1} \\ &= -\big((W \mid \partial_1 \partial_i F), \dots, (W \mid \partial_n \partial_i F)\big)Q^{-1},\end{aligned}$$

la dernière égalité découlant de la question **4.b**. Si l'on note L_i le n-uplet du premier membre et L'_i celui du dernier (ce sont donc deux matrices lignes), on obtient $L_i = -L'_i Q^{-1}$. Remarquons que S est symétrique d'après la question **4.b**. Comme L_i est la i^e ligne de A et que L'_i est la i^e ligne de $S^T = S$, on obtient

$$A = -SQ^{-1}.$$

On pourrait aussi raisonner avec les matrices jacobiennes, ou directement avec les dérivées partielles.

5. On note $dg(a)$ la valeur de la différentielle de g en a. Différentions l'égalité $\hat{F}(u) = R(F(u))$. Il vient, pour tout u dans U,

$$d\hat{F}(u) = dR(F(u)) \circ dF(u).$$

J'interprète l'énoncé en considérant que la rotation est une rotation affine.

Comme R est affine, on a, pour tout v dans $\mathbb{R}^3$, $dR(v) = r$, où r désigne la partie linéaire de R. Ainsi, r est une rotation linéaire de $\mathbb{R}^3$, donc un élément de $\mathrm{SO}(\mathbb{R}^3)$. Il en découle que

$$d\hat{F}(u) = r \circ (dF(u))$$

et donc que $(\partial_i\hat{F})(u)=r\big((\partial_i F)(u)\big)$.

D'autre part, comme élément de $\mathrm{SO}(\mathbb{R}^3)$, et d'après **2.b**, r conserve le produit vectoriel. Donc

$r(x)\wedge r(y)=r(x\wedge y)$.

$$(\partial_1\hat{F})(u)\wedge(\partial_2\hat{F})(u)=r\big((\partial_1 F)(u)\big)\wedge r\big((\partial_2 F)(u)\big)$$
$$=r\Big((\partial_1 F)(u)\wedge(\partial_2 F)(u)\Big).$$

Enfin, r conserve la norme. Il résulte de tout cela que

$$\hat{W}(u)=r(W(u))$$

si $\hat{W}$ est relatif à $\hat{F}$.

Par une nouvelle différentiation, on obtient

$$(\partial_i\hat{W})(u)=r\big((\partial_i W)(u)\big).$$

À présent, écrivons l'égalité qui définit les $a_{i,j}$:

$$(\partial_i W)(u)=\sum_j a_{i,j}(u)(\partial_j F)(u),$$

et appliquons r à chacun des membres. Il vient

$$r\big((\partial_i W)(u)\big)=\sum_j a_{i,j}(u)r\big((\partial_j F)(u)\big),$$

soit, compte tenu des calculs effectués plus haut,

$$(\partial_i\hat{W})(u)=\sum_j a_{i,j}(u)(\partial_j\hat{F})(u).$$

Il résulte de cette égalité que $\hat{A}(u)=A(u)$. Par conséquent, $\hat{K}(u)=K(u)$ et $\hat{H}(u)=H(u)$, et ces égalités sont en particulier vraies lorsque $u=0$.

K est la courbure totale, H la courbure moyenne.

6.a. On utilisera quelques notations abrégées :

Notations de Monge.

$$p(u)=(\partial_1 f)(u),\ q(u)=(\partial_2 f)(u),$$

puis $r(u)$, $s(u)$ et $t(u)$ comme dans l'énoncé, mais par rapport au paramètre u.

On a d'abord

$$(\partial_1 F)(u)=\Big(1,0,p(u)\Big)\ ;\ (\partial_2 F)(u)=\Big(0,1,q(u)\Big).$$

Il en résulte que la matrice $Q(u)$ est donnée par l'égalité

$$Q(u)=\begin{pmatrix}1+p(u)^2 & p(u)q(u)\\ p(u)q(u) & 1+q(u)^2\end{pmatrix}.$$

En particulier, $Q(0)=I_2$.

On a d'autre part

$$(\partial_1 F)(u)\wedge(\partial_2 F)(u)=\big(-p(u),-q(u),1\big).$$

Évaluée en $u=0$, cette égalité conduit à

$$W(0)=(0,0,1).$$

Enfin,

$$(\partial_1^2 F)(u) = \Big(0, 0, r(u)\Big) \; ; \; (\partial_1\partial_2 F)(u) = \Big(0, 0, s(u)\Big) \; ;$$
$$(\partial_2^2 F)(u) = \Big(0, 0, t(u)\Big),$$

égalités qui, évaluées en $u = 0$, donnent

$$(\partial_1^2 F)(0) = \Big(0, 0, r\Big) \; ; \; (\partial_1\partial_2 F)(0) = \Big(0, 0, s\Big) \; ;$$
$$(\partial_2^2 F)(0) = \Big(0, 0, t\Big),$$

Par conséquent,

$$S(0) = \begin{pmatrix} r & s \\ s & t \end{pmatrix}$$

et finalement

$$A(0) = -S(0)Q(0)^{-1} = -\begin{pmatrix} r & s \\ s & t \end{pmatrix}.$$

Il vient de suite $K(0) = rt - s^2$ et $H(0) = -\frac{r+t}{2}$.

6.b. Avec l'hypothèse faite, $s = t = 0$ et $r = g''(0)$. D'après la question **6.a**, $H(0) = -\frac{g''(0)}{2}$.

D'autre part, l'intersection du cylindre et du plan d'équation $x_2 = 0$ est un arc, paramétré par $u_1 \overset{\phi}{\mapsto} (u_1, 0, g(u_1))$.

La courbure arithmétique $\gamma(u_1)$ de l'arc précédent au point de paramètre u_1 est donnée par

$$\gamma(u_1) = \frac{\|\phi'(u_1) \wedge \phi''(u_1)\|}{\big(1 + \phi'(u_1)^2\big)^{\frac{3}{2}}}.$$

On a $\phi'(0) = (1, 0, 0) = e_1$ et $\phi''(0) = (0, 0, g''(0)) = g''(0)e_3$. Par conséquent,

$$\gamma''(0) = -g''(0) = 2H(0).$$

Le plan $x_2 = 0$ n'ayant pas d'orientation naturelle, rien ne sert de calculer la courbure algébrique.

7.a. Posons

$$\overrightarrow{\rho}(u_2) = (\cos u_2, \sin u_2, 0) \text{ et } \overrightarrow{\theta}(u_2) = (-\sin u_2, \cos u_2, 0).$$

Nous noterons aussi $\overrightarrow{e_3}$ le troisième vecteur de la base canonique. Ainsi,

$$F(u) = f(u_1)\overrightarrow{\rho} + u_1\overrightarrow{e_3},$$

de sorte que

$$(\partial_1 F)(u) = f'(u_1)\overrightarrow{\rho} + \overrightarrow{e_3} \; ; \; (\partial_2 F)(u) = f(u_1)\overrightarrow{\theta}$$

et

$$(\partial_1 F)(u) \wedge (\partial_2 F)(u) = f(u_1)\big(f'(u_1)\overrightarrow{e_3} - \overrightarrow{\rho}\big).$$

Puisque $f(u_1) \neq 0$, $\big((\partial_1 F)(u), (\partial_2 F)(u)\big)$ est libre pour toutes les valeurs de u.

Le calcul s'effectue plus aisément dans la base mobile des coordonnées cylindriques.

7.b. Posons pour simplifier $N = \left(1 + f'(u_1)^2\right)^{\frac{1}{2}}$, notation qui donne l'égalité

$$W(u) = \frac{1}{N}\left(f'(u_1)\overrightarrow{e_3} - \overrightarrow{\rho}\right),$$

puisque $f(u_1) > 0$. On calcule d'autre part

$$(\partial_1^2 F)(u) = f''(u_1)\overrightarrow{\rho} \ ; \ (\partial_1\partial_2 F)(u) = f'(u_1)\overrightarrow{\theta}$$

$$(\partial_2^2 F)(u) = -f(u_1)\overrightarrow{\rho}.$$

Donc

$$S(u) = \frac{1}{N}\begin{pmatrix} -f''(u_1) & 0 \\ 0 & f(u_1) \end{pmatrix}$$

et

$$Q(u) = \begin{pmatrix} N^2 & 0 \\ 0 & f(u_1)^2 \end{pmatrix}.$$

Par suite,

$$\begin{aligned} A(u) &= -S(u)Q(u)^{-1} \\ &= -\frac{1}{N}\begin{pmatrix} -f''(u_1) & 0 \\ 0 & f(u_1) \end{pmatrix}\begin{pmatrix} N^{-2} & 0 \\ 0 & f(u_1)^{-2} \end{pmatrix} \\ &= \frac{1}{N^3 f(u_1)}\begin{pmatrix} f(u_1)f''(u_1) & 0 \\ 0 & -N^2 \end{pmatrix}. \end{aligned}$$

7.c. Posons $f(u_1) = \operatorname{ch}(u_1)$. Alors

$$f(u_1)f''(u_1) - 1 - f'(u_1)^2 = \operatorname{ch}^2 u_1 - 1 - \operatorname{sh}^2 u_1 = 0.$$

Ainsi, f est bien une fonction strictement positive de classe $\mathcal{C}^2$ sur $\mathbb{R}$ pour laquelle $H(u) = 0$ pour tout u de $\mathbb{R}^2$.

On ne demande que de découvrir une solution.

7.d. ▷ Cherchons f sous la forme $f(u_1) = a\operatorname{ch}(bu_1 + c)$. On a

$$H(u) = a^2b^2\operatorname{ch}^2(au_1 + b) - 1 - a^2b^2\operatorname{sh}^2(au_1 + b) = a^2b^2 - 1.$$

Imposons donc $b = \frac{1}{a}$ avec $a > 0$. Les conditions initiales s'écrivent

$$a\operatorname{ch} c = \alpha \ ; \ \operatorname{sh} c = \beta.$$

Choisissons $c = \operatorname{argsh}\beta$, puis $a = \frac{\alpha}{\operatorname{ch} c}$, qui est bien strictement positif. On a ainsi obtenu une fonction f répondant aux conditions.

$\operatorname{argsh} x = \ln(x + \sqrt{1+x^2})$.

▷ Puisque $f(u_1)$ représente la distance du point $F(u)$ à l'axe $0z$ et que u_1 est la cote du point $F(u)$, la condition $f(0) = \alpha$ exprime que l'intersection de la nappe $u \mapsto f(u)$ avec le plan xOy est un cercle de rayon α. Puisqu'il s'agit d'une surface de révolution, cela revient au même que d'imposer à la nappe de passer par le point A de coordonnées $(\alpha, 0, 0)$. D'autre part, d'après l'égalité

$$(\partial_1 F)(u) \wedge (\partial_2 F)(u) = f(u_1)\left(f'(u_1)\overrightarrow{e_3} - \overrightarrow{\rho}\right),$$

la condition $f'(0) = \beta$ signifie qu'un vecteur normal à la nappe en A est le vecteur $\beta\overrightarrow{e_3} - \overrightarrow{\rho}$, c'est-à-dire que la direction de

La « cote » d'un point est sa troisième coordonnée. Les deux premières sont l'abscisse et l'ordonnée.

la normale à la nappe en A ou, ce qui est équivalent, celle du plan tangent en A, est donnée. Il existe donc au moins une nappe de révolution passant par un point donné du plan xOy et ayant en ce point un plan tangent donné (compatible avec la symétrie de révolution), ayant en outre une fonction H nulle.

7.e. Grâce à l'expression de $A(u)$ obtenue en **7.b**,

$$K(u) = -f(u_1)^{-1}f''(u_1)(1+f'(u_1)^2)^{-1} = -\operatorname{ch}^2(bu_1+c).$$

8. Si une surface est invariante par une rotation, chacune des fonctions H et K prend en un point et en le point image par la rotation la même valeur. Si la surface est une sphère, chaque point de la sphère est l'image d'un point donné de la sphère par une rotation laissant la sphère stable. Par conséquent, K et H sont constantes sur une sphère.

L'argument proposé est un peu scabreux, mais c'est celui qui est attendu.

Le même argument s'applique aux plans, puisque la seule condition que nous ayons utilisée en **5** est le fait que l'application linéaire associée à la transformation considérée est dans $\mathrm{SO}(\mathbb{R}^3)$. Cette condition est vérifiée par les translations.

9. On peut récrire les égalités de la question **4.c** sous la forme

$$\begin{pmatrix} (\partial_1 W)(u) \\ \cdots \\ (\partial_n W)(u) \end{pmatrix} = \begin{pmatrix} a_{1,1} & \cdots & a_{1,n} \\ \cdots & \cdots & \cdots \\ a_{n,1} & \cdots & a_{n,n} \end{pmatrix} \begin{pmatrix} (\partial_1 F)(u) \\ \cdots \\ (\partial_n F)(u) \end{pmatrix},$$

soit encore, après transposition,

$$\frac{\partial W}{\partial u}(u) = \frac{\partial F}{\partial u}(u)A(u)^T.$$

10.a. ▷ Par différentiation d'une composée, on a

$$\frac{\partial \tilde{F}}{\partial \tilde{u}}(\tilde{u}) = \frac{\partial F}{\partial u}(u)\frac{\partial \Psi}{\partial \tilde{u}}(\tilde{u}).$$

Si l'on écrit

$$\frac{\partial \Psi}{\partial \tilde{u}}(\tilde{u}) = \begin{pmatrix} a & b \\ c & d \end{pmatrix},$$

on obtient ainsi les égalités

$$(\partial_1 \tilde{F})(\tilde{u}) = a(\partial_1 F)(u) + c(\partial_2 F)(u)\ ;$$
$$(\partial_2 \tilde{F})(\tilde{u}) = b(\partial_1 F)(u) + d(\partial_2 F)(u).$$

Par bilinéarité et antisymétrie du produit vectoriel, il en résulte que

$$\begin{aligned}(\partial_1 \tilde{F})(\tilde{u}) \wedge (\partial_2 \tilde{F})(\tilde{u}) &= (ad-bc)(\partial_1 F)(u) \wedge (\partial_2 F)(u) \\ &= \det \frac{\partial \Psi}{\partial \tilde{u}}(\tilde{u})\Big((\partial_1 F)(u) \wedge (\partial_2 F)(u)\Big).\end{aligned}$$

10.b. Puisque $(\partial_1\tilde{F})(\tilde{u}) \wedge (\partial_2\tilde{F})(\tilde{u})$ et $(\partial_1 F)(u) \wedge (\partial_2 F)(u)$ sont colinéaires, les vecteurs $\tilde{W}(\tilde{u})$ et $W(u)$ sont, eux aussi, colinéaires. Étant de norme 1, ils sont égaux ou opposés. Il existe donc $\varepsilon(u) \in \{-1, 1\}$ tel que

$$\tilde{W}(\tilde{u}) = \varepsilon(u)W(u).$$

La valeur de $\varepsilon(u)$ s'obtient en faisant le produit scalaire de chacun des membres avec $W(u)$. On obtient ainsi

$$\varepsilon(u) = \big(\tilde{W}(\tilde{u}) \mid W(u)\big).$$

Puisque W et $\tilde{W}$ sont continus, ε l'est aussi. Par conséquent, $\varepsilon(U)$ est un connexe par arcs de $\mathbb{R}$, donc un intervalle. Étant inclus dans $\{-1, 1\}$, c'est un singleton. Autrement dit, ε est constante sur U.

On utilise [7].

10.c.

$$\frac{\partial\tilde{F}}{\partial\tilde{u}}(\tilde{u}) = \frac{\partial F}{\partial u}(u)\frac{\partial\Psi}{\partial\tilde{u}}(\tilde{u}).$$

Par différentiation de l'égalité montrée en **10.b**, on a

$$\frac{\partial\tilde{W}}{\partial\tilde{u}}(\tilde{u}) = \varepsilon\frac{\partial W}{\partial u}(u)\frac{\partial\Psi}{\partial\tilde{u}}(\tilde{u}).$$

Compte tenu des questions **9** et **10.a**, on obtient

$$\begin{aligned}\frac{\partial\tilde{W}}{\partial\tilde{u}}(\tilde{u}) &= \varepsilon\frac{\partial F}{\partial u}(u)A(u)^T\frac{\partial\Psi}{\partial\tilde{u}}(\tilde{u})\\ &= \varepsilon\frac{\partial\tilde{F}}{\partial\tilde{u}}(\tilde{u})\Big(\frac{\partial\Psi}{\partial\tilde{u}}(\tilde{u})\Big)^{-1}A(u)^T\frac{\partial\Psi}{\partial\tilde{u}}(\tilde{u}).\end{aligned}$$

Finalement, grâce de nouveau à **9**,

$$\tilde{A}(\tilde{u})^T = \varepsilon\Big(\frac{\partial\Psi}{\partial\tilde{u}}(\tilde{u})\Big)^{-1}A(u)^T\frac{\partial\Psi}{\partial\tilde{u}}(\tilde{u}),$$

ou encore

$$\tilde{A}(\tilde{u}) = \varepsilon\frac{\partial\Psi}{\partial\tilde{u}}(\tilde{u})^T A(u)\Big(\Big(\frac{\partial\Psi}{\partial\tilde{u}}(\tilde{u})\Big)^{-1}\Big)^T.$$

10.d. Puisque les matrices $\tilde{A}(\tilde{u})$ et $\varepsilon A(u)$ sont semblables, elles ont même trace et même déterminant.
Donc

$$\tilde{H}(\tilde{u}) = \varepsilon H(u)\ ;\ \tilde{K}(\tilde{u}) = K(u).$$

Invariance des courbures moyenne (arithmétique) et totale par changement de paramétrage.

Quelques indications

2.b. Montrer que $R\big(W(x^{(1)}, \dots, x^{(n)})\big)$ vérifie les conditions **(i)** et **(ii)** relativement à la famille $\big(R(x^{(1)}), \dots, R(x^{(n)})\big)$.

4.b. Remarquer que $W(u)$ est orthogonal à $(\partial_i F)(u)$ et dériver.

4.c. Remarquer que $W(u)$ est de norme 1 et dériver.

5. Utiliser, entre autres choses, le fait qu'une rotation conserve le produit vectoriel.

7.c. La fonction ch convient.

8. Penser à la question **5**.

10.b. Utiliser le fait que U est connexe par arcs.

10.c. Utiliser les questions **9** et **10.a**.

Commentaires

Le problème porte sur les surfaces de $\mathbb{R}^3$ et contient une part importante de calcul différentiel. Il débute par quelques questions sur le produit vectoriel en dimension finie quelconque, qui ne seront pas utilisées dans la suite et qui, elles, sont de nature purement euclidienne.

On pourrait penser que ce problème fait appel aux connaissances que les candidats sont supposés posséder en géométrie. En réalité, le langage géométrique est assez peu parlé dans cet énoncé, et il revient au candidat de reformuler pour lui-même certaines questions s'il veut faire appel à son intuition géométrique. Par exemple, le vecteur W est le vecteur normal à la surface : il n'est jamais désigné comme tel par l'énoncé. D'ailleurs, les notations elles-mêmes ne soutiennent guère l'éventuelle réminiscence de situations rencontrées auparavant par le candidat.

Le but principal et annoncé du problème est d'introduire les courbures totale et moyenne d'une nappe. Ce sont, respectivement, les fonctions K et H de la deuxième partie. Là encore, l'énoncé cultive l'ellipse, puisqu'il laisse au candidat le soin de décider laquelle des deux est la courbure totale. Si l'on considère une nappe paramétrée régulière $(u_1, u_2) \mapsto F(u_1, u_2)$, son plan tangent hérite naturellement de la structure euclidienne de l'espace ambiant. Notons cependant que, même si ce dernier est orienté, le plan tangent ne le devient pas spontanément et qu'il faut l'orienter par un acte volontaire. Un paramétrage étant donné, il existe dans le plan tangent une base naturelle, celle formée des vecteurs $(\partial_1 F)(u_1, u_2)$ et $(\partial_2 F)(u_1, u_2)$ (dont la donnée permet au passage d'orienter le plan tangent). Le produit scalaire est alors déterminé par la matrice de Gram de ces deux vecteurs, celle que l'énoncé note Q.

Cependant, ce produit scalaire ne nous dit rien sur la surface elle-même, dont la forme « métrique » est déterminée par l'évolution du vecteur unitaire normal à la surface W (il reviendrait apparemment au même d'étudier l'évolution du plan tangent mais, d'une part l'étude d'un seul vecteur est plus commode et, d'autre part, considérer le vecteur W permet d'introduire sans effort la structure euclidienne ambiante). Bien entendu, cette évolution est mesurée par les dérivées partielles de W. Ces dérivées partielles étant dans le plan tangent, on peut considérer l'endomorphisme du plan tangent qui, à chaque vecteur de la base naturelle, associe la dérivée partielle correspondante du vecteur normal. Cet endomorphisme, dit endomorphisme de Weingarten, est autoadjoint : c'est en substance une conséquence du théorème de Schwarz, d'interversion des dérivations partielles. On définit alors la courbure totale et la courbure moyenne à l'aide du déterminant et de la trace de cet endomorphisme.

Apparemment, ces définitions dépendent du paramétrage particulier de la nappe. Mais la partie **III** montre qu'elles sont invariantes par un changement de paramétrage. Il y a en réalité mieux : l'endomorphisme de Weingarten lui-même ne dépend pas non plus du paramétrage utilisé. Mais le problème ne le met pas en évidence.

Les questions **1** et **2** définissent le produit vectoriel d'une famille de n vecteurs dans un espace euclidien orienté de dimension $n+1$. En réalité, se plaçant dans $\mathbb{R}^{n+1}$, le sujet occulte la question de l'orientation en imposant simplement une condition de positivité vis-à-vis de la base canonique. Le produit vectoriel de ces n vecteurs, noté $x^{(1)} \wedge \cdots \wedge x^{(n)}$, est l'unique vecteur V à vérifier la formule

$$\forall x \in E \ [x, x^{(1)}, \ldots, x^{(n)}] = (V \mid x)$$

lorsque $[\cdot, \cdots, \cdot]$ désigne le produit mixte, c'est-à-dire le déterminant d'une famille de $n+1$ vecteurs dans une base orthonormale directe quelconque (ce déterminant n'en dépend pas).

Pour des raisons compréhensibles de commodité, l'énoncé montre l'existence à l'aide d'un pur calcul de déterminant (**1.a**). Quant aux conditions **(i)** et **(ii)** de la question **2.a** qui caractérisent le vecteur unitaire positivement colinéaire au produit vectoriel, elles sont un peu plus compliquées que nécessaire, mais bien entendu équivalentes à la définition proposée ci-dessus.

Lorsqu'en particulier $\left(x^{(1)}, \ldots, x^{(n)}\right)$ est une famille orthonormale, la famille $\left(V, x^{(1)}, \ldots, x^{(n)}\right)$ est l'unique famille qui complète la famille initiale en une base orthonormale directe. En dimension 3, on dispose ainsi d'un procédé effectif pour compléter une famille orthonormale de deux vecteurs en une base orthonormale directe. En dimension 2, un vecteur (a, b) de norme 1 étant donné par ses coordonnées en base orthonormale directe, le vecteur $(b, -a)$, qui n'est autre que le V de l'énoncé relatif à la famille réduite au vecteur (a, b), permet de construire une base orthonormale directe $\big((b, -a), (a, b)\big)$. Notons d'ailleurs que la construction de l'énoncé n'est pas usuelle, car on aura tendance à compléter une famille par un dernier, et non un premier, vecteur de base : en dimension paire, il suffit de prendre l'opposé du vecteur fourni par l'énoncé. En dimension impaire (et en particulier en dimension 3), les points de vue coïncident puisque la signature d'une permutation circulaire est alors 1.

Nous aurons besoin un peu plus tard (question **4.a**) de savoir que l'application $\left(x^{(1)},\ldots,x^{(n)}\right)\mapsto x^{(1)}\wedge\ldots\wedge x^{(n)}$ est de classe $\mathcal{C}^\infty$. Cela est manifestement dû au fait que les formules qui l'expriment sont polynomiales. Il est intéressant de se poser une question plus générale. Existe-t-il une façon de compléter un vecteur non nul de $\mathbb{R}^3$ (pour prendre un exemple) en une base orthonormale de $\mathbb{R}^3$ qui dépende de façon $\mathcal{C}^\infty$ du vecteur ? Curieusement, la réponse est « non ». Expliquons pourquoi.

Supposons en effet qu'il existe une application continue $(x_1,x_2,x_3)\mapsto(P,Q,R)$ définie sur $\mathbb{R}^3-\{0\}$ et à valeurs dans $\mathbb{R}^3-\{0\}$, telle que $x_1P+x_2Q+x_3R=0$. Par restriction, elle définit une application continue de la sphère unité S dans $\mathbb{R}^3-\{0\}$ et, en divisant (P,Q,R) par sa norme, une application continue φ de S dans S telle que x soit toujours orthogonal à $\varphi(x)$. Géométriquement, cela se traduit par l'existence sur S d'un champ de vecteurs unitaires et tangents à S. Or, un théorème de nature topologique, le théorème de la sphère chevelue, assure qu'un tel champ n'existe pas : on ne peut pas peigner une sphère chevelue.

On voit donc que le produit vectoriel de n vecteurs d'un espace de dimension $n+1$ résulte d'une construction qui ne s'étend pas à un nombre plus petit de vecteurs.

La question **2.b** fait montrer que les rotations linéaires conservent le produit vectoriel, résultat facile à penser mais qu'il convient d'écrire.

Dans la question **3.a**, on introduit la matrice de Gram d'une famille $(e_1,\ldots,e_p)$ de vecteurs ; le nombre de ces vecteurs n'est pas forcément la dimension de l'espace ambiant. C'est la matrice carrée Q de taille p et de terme général $q_{i,j}=(e_i\mid e_j)$. Si, comme dans le corrigé, on note E la matrice de la famille $(e_1,\ldots,e_p)$ dans une base orthonormale quelconque, on obtient $Q=E^TE$. Contrairement à ce que laisse penser cette formule, Q ne dépend pas de la base choisie, puisqu'elle a été définie préalablement sans aucune référence à une base. Cette égalité fournit les renseignements demandés dans le problème, et d'autres. Par exemple, $\operatorname{rg}Q=\operatorname{rg}E^TE=\operatorname{rg}E$ d'après un résultat du cours.

Plaçons-nous à présent dans les hypothèses de l'énoncé, où la famille $(e_1,\ldots,e_n)$ est une base de $\mathbb{R}^n$. On peut interpréter Q comme la matrice du produit scalaire ambiant dans cette base. En effet, un calcul presque immédiat fournit l'égalité

$$(x\mid y)=X^TQY,$$

lorsque X est la matrice de x dans la base $(e_1,\ldots,e_n)$, et de même pour y.

Anticipons légèrement sur la fin de la première partie. Soit f un endomorphisme autoadjoint de $\mathbb{R}^n$ dont la matrice dans la base $(e_1,\ldots,e_n)$ est A. Quelle est la condition nécessaire et suffisante sur A pour que f soit autoadjoint ? Cette dernière condition s'écrit $(x\mid f(y))=(f(x)\mid y)$ pour tout x et tout y, soit $X^TQAY=X^TA^TQY$, ou encore $QA=A^TQ$.

Comme A est symétrique, cela s'exprime par le fait que QA est elle-même symétrique. Bien entendu, lorsque $(e_1, \ldots, e_n)$ est orthonormale, $Q = I_n$ et l'on retrouve le fait que A doit être symétrique.

Le problème définit effectivement, mais sans le dire, un endomorphisme autoadjoint de l'hyperplan $\mathrm{vect}\big((\partial_1 F)(u), \ldots, (\partial_n F)(u)\big)$, qui est l'hyperplan tangent à l'hypersurface paramétrée par F au point de paramètre u. C'est l'endomorphisme (dit de Weingarten, éponymie qui explique peut-être le choix de la lettre W pour désigner le vecteur normal à la surface) qui, à $(\partial_i F)(u)$, associe $(\partial_i W)(u)$. Sa matrice dans la base $\big((\partial_1 F)(u), \ldots, (\partial_n F)(u)\big)$ est la matrice A^T, ce qui apparaît clairement dans la définition de A donnée dans la question **4.c**. Le fait que cet endomorphisme est autoadjoint est une conséquence directe de l'expression de A fournie par **4.e** : de $AQ = -S$ il résulte que $(QA^T)^T = AQ^T = AQ$ (puisque Q est symétrique) et donc que $(QA^T)^T = -S = -S^T = QA^T$. On se demande d'ailleurs pourquoi l'énoncé a introduit la matrice A plutôt que sa transposée, qui est plus immédiatement présente.

Le caractère autoadjoint de l'endomorphisme de Weingarten se niche dans la question **4.b**, qui fait intervertir deux dérivées partielles à l'aide du théorème de Schwarz. Quel est l'intérêt de l'endomorphisme de Weingarten ? Il quantifie la rotation infinitésimale de l'hyperplan tangent à la nappe, puisqu'il exprime les dérivées partielles de W en fonction de « la » base de l'hyperplan tangent. On le perçoit aussi dans l'égalité de la question **4.b** : cette fois, c'est la variation infinitésimale de la base (*via* les dérivées partielles d'ordre 2 de F) qui est exprimée en fonction du vecteur normal.

Dans les deux dernières parties, l'énoncé se limite à la dimension 3 et, d'ailleurs, réintroduit le produit vectoriel avec sa notation usuelle. Remarquons que l'indépendance des deux dérivées partielles signifie que la surface est régulière. La deuxième partie est essentiellement consacrée à des exemples.

La question **5** étudie le paramétrage obtenu par composition (à gauche) avec une rotation. L'énoncé, sans le préciser, songe probablement à une rotation linéaire. Cependant, compte tenu de la question **8**, j'ai traité le cas d'une rotation affine qui, d'ailleurs, se ramène au précédent puisque la différentielle d'une application affine est constante, égale à la partie linéaire de l'application affine. Cette question ne pose aucune difficulté : on comprend d'ailleurs immédiatement qu'en faisant tourner toute la nappe, on fait tourner de la même façon le plan tangent, « sa » base et le vecteur normal, et qu'au bout du compte la matrice A est inchangée.

La sixième question fait étudier le cas d'un graphe. L'énoncé stipule en outre que $F(0) = 0$, ce qui signifie que le point d'étude est l'origine, et que $(\partial_1 F)(0) = (1, 0, 0)$ et $(\partial_2 F)(0) = (0, 1, 0)$, ce qui signifie que le plan tangent est le plan xOy (avec des notations plus communes). On pourrait se ramener à cette situation justement en utilisant la question **5**.

La matrice $A(0)$ se calcule aisément avec les nombres r, s et t habituels. Le fait qu'elle soit symétrique est un hasard dû au fait que « la » base du plan tangent est orthonormale. Le problème aurait pu, au moins à ce moment, faire fond sur les connaissances requises par le programme en mettant en relation la matrice $A(0)$ et la position de la nappe par rapport à son plan tangent. Faisons-le à sa place.

Si $rt - s^2 > 0$, la matrice $A(0)$ est strictement positive ou strictement négative. Dans les deux cas, la nappe est, localement, d'un seul côté de son plan tangent. Cette situation correspond en effet à un point **elliptique**, et d'ailleurs la fonction f admet en ce point un extremum relatif, donc est localement au-dessus ou en dessous du plan xOy. De même, si $rt - s^2 < 0$, la nappe traverse son plan tangent : le point est dit **hyperbolique**. Enfin, si $rt - s^2 = 0$, le point est dit **parabolique** et la situation n'est pas univoque. On constate avec cette discussion que la courbure totale joue un rôle important dans la forme globale de la nappe : strictement positive partout, elle fait se replier la nappe sur elle-même tandis que, strictement négative partout, elle la fait s'étendre dans l'espace. La courbure moyenne, de ce point de vue, est secondaire. D'ailleurs, le signe de la courbure moyenne n'a pas de valeur en soi puisqu'un changement d'orientation de la nappe (ou de l'espace ambiant) le change en son opposé. La courbure totale, elle, a un signe indépendant des orientations choisies.

La question **6.b** porte sur un cylindre d'équation $z = g(x)$. C'est donc une réunion de droites parallèles à Oy (appelées **génératrices**), et le cylindre est déterminé par sa trace Γ sur le plan xOz. On constate qu'un cylindre est une surface de courbure totale nulle : cela n'a rien d'étonnant puisque, le long d'une génératrice, le vecteur normal est constant et donc admet une dérivée partielle nulle. La courbure moyenne, quant à elle, est déterminée par la courbure arithmétique de Γ : introduire la courbure algébrique n'aurait aucun intérêt puisque ni Γ, ni le plan xOz n'ont d'orientation naturelle.

La question **7** traite le cas d'une nappe de révolution d'axe Oz. Les calculs peuvent parfaitement s'effectuer dans la base canonique de $\mathbb{R}^3$, mais ils sont plus agréables dans la base mobile des coordonnées cylindriques. J'ai d'ailleurs momentanément modifié les notations de l'énoncé pour rendre ces calculs plus fluides et plus parlants.

L'énoncé demande, dans la question **7.c**, de « donner » une fonction solution d'une équation différentielle. Pourquoi pas ? Il aurait pu tout de même demander de trouver toutes les solutions strictement positives de l'équation différentielle $yy'' - y'^2 - 1 = 0$. En suivant la démarche de l'énoncé, on peut se contenter de remarquer que, pour tout $\alpha > 0$ et tout β, on a pu trouver une solution (maximale, car définie sur $\mathbb{R}$) telle que $y(0) = \alpha$ et $y'(0) = \beta$. Comme le théorème de Cauchy & Lipschitz ([**8**]) s'applique à l'équation différentielle d'ordre 2 équivalente $y'' = \frac{1+y'^2}{y}$, nous sommes assurés qu'il n'y en a pas d'autre. Une autre manière de procéder, moins magique, consiste à résoudre l'équation par les techniques habituelles. Comme cette équation est autonome, on peut chercher y' comme fonction de y. Je me contente de donner les grandes lignes du calcul formel, une discussion plus approfondie ne posant pas de difficulté particulière mais nous éloignant du sujet. On écrit

$$yy'' = y\frac{dy'}{dt} = y\frac{dy'}{dy}\frac{dy}{dt} = yy'\frac{dy'}{dy} = 1 + y'^2.$$

Il s'agit d'une équation à variables séparables, qui s'écrit

$$\frac{y'\,dy'}{1+y'^2} = \frac{dy}{y},$$

et qui donne $\frac{1}{2}\ln(1+y'^2) = \ln|y| + C$, puis $1 + y'^2 = k^2y^2$, équation elle aussi à variables séparables après extraction de la racine carrée. On achève la résolution sans peine.

La surface déterminée lors de la question **7.c** est obtenue par rotation d'une chaînette autour d'un axe parallèle à la tangente au sommet. Cette surface, appelée caténoïde, est ainsi une surface de révolution (la seule aux transformations du **7.d** près) qui est de courbure moyenne nulle.

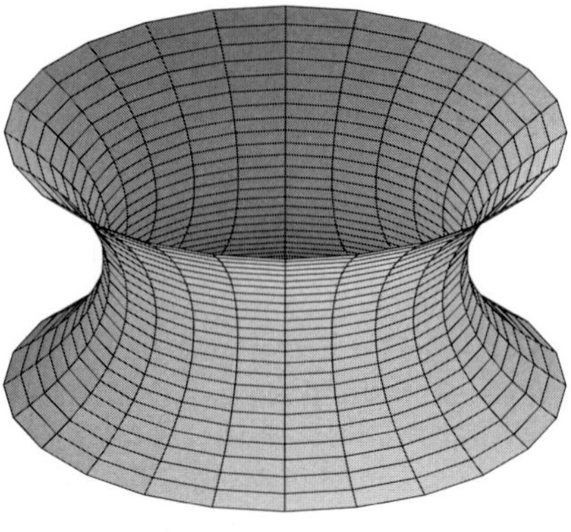

La nullité de la courbure moyenne exprime, dans certains phénomènes physiques de capillarité et autres, l'extrémalité d'une énergie. De telles surfaces sont dites minimales.

La question **8** pose un problème : sait-on bien ce qu'est une sphère ? Évidemment, comme ensemble, il n'y a guère de doute. Mais comme nappe paramétrée ? Si l'on considère le paramétrage « canonique » donné par les coordonnées sphériques, un axe de révolution étant fixé, on a déjà un problème : c'est qu'il ne paramètre pas régulièrement la sphère toute entière, les pôles étant singuliers (on peut démontrer facilement, si l'on utilise le théorème de la sphère chevelue évoqué plus haut, qu'il n'existe pas de paramétrage régulier global de la sphère). D'autre part, si l'on applique une rotation au paramétrage initial, on obtient certes un paramétrage d'un autre morceau de la sphère, mais qui n'est plus le paramétrage initial. Il conviendrait alors de montrer, d'une part que ce paramétrage s'obtient à partir du paramétrage initial par un changement de variables comme celui introduit dans la dernière partie, d'autre part d'utiliser le résultat final de cette même partie. L'énoncé est donc quelque peu défaillant à cet instant.

Il ne convient cependant pas d'exagérer cette incongruité : on attend après tout du candidat qu'il puisse exprimer sa vision géométrique des choses. Mais elle soulève le problème très réel, lui, de la définition d'une surface (en réalité d'une « variété de classe $\mathcal{C}^\infty$ »). En deux mots, on définit ce qu'est un paramétrage local et un changement admissible de paramètres (ce qui est fait dans la troisième partie). Un ensemble est une variété si c'est la réunion (non disjointe en général) d'images de tels paramétrages, avec une condition de compatibilité sur l'intersection des images, qui signifie justement que, de deux paramétrages paramétrant un même morceau, l'un est obtenu à partir de l'autre par un changement admissible de paramètres. L'intérêt est qu'on dispose non seulement d'une définition solide (la sphère toute entière est bien une variété), mais aussi de la possibilité de faire du calcul différentiel sur les variétés.

Pour revenir à la troisième partie, elle fait démontrer un résultat important qui donne un fondement à la nature géométrique de la courbure totale et de la valeur absolue de la courbure moyenne : ces nombres sont invariants par changement admissible de paramètres. En réalité, il y a mieux : c'est l'endomorphisme de Weingarten lui-même qui est indépendant du paramétrage. La formule un peu ésotérique du **10.c** n'exprime pas seulement que $\tilde{A}(\tilde{u})$ et $A(u)$ sont semblables, mais que l'on a l'égalité

$$\tilde{A}(\tilde{u})^T = \Big(\frac{\partial \Psi}{\partial \tilde{u}}(\tilde{u})\Big)^{-1} A(u)^T \frac{\partial \Psi}{\partial \tilde{u}}(\tilde{u}).$$

donc que $\tilde{A}(\tilde{u})^T$ et $A(u)^T$ représentent le même endomorphisme dans les bases du plan tangent naturellement associées aux deux paramétrages. Ce résultat est dû à Gauss, et d'ailleurs la courbure totale est souvent appelée « courbure de Gauss ».

Ce problème est d'assez bonne facture géométrique. On peut simplement regretter qu'il n'évalue guère les connaissances déjà acquises par les candidats en matière de géométrie des nappes.

Théorèmes utilisés

[1] **Théorème de la base incomplète.** Soit E un $\mathbb{K}$-espace vectoriel de dimension finie, $\mathcal{L}$ une famille libre d'éléments de E et $\mathcal{G}$ une famille

génératrice d'éléments de E. Il existe une base de E contenant $\mathcal{L}$ et incluse dans $\mathcal{G}$.

[2] **Réduction des matrices symétriques réelles.** Soit A une matrice symétrique réelle. Alors A est diagonalisable, et plus précisément est orthogonalement semblable à une matrice diagonale réelle.

[3] Soit f une fonction définie sur un ouvert d'un espace vectoriel réel normé de dimension finie, à valeurs dans un produit d'espaces vectoriels normés de dimension finie et $k \in \mathbb{N} \cup \{\infty\}$. Pour que f soit de classe $\mathcal{C}^k$, il faut et il suffit que ses fonctions composantes le soient.

[4] Une fonction polynomiale réelle est de classe $\mathcal{C}^\infty$.

[5] Soit $0 \leqslant k \leqslant \infty$. Si g est une fonction de classe $\mathcal{C}^k$ définie sur un ouvert de $\mathbb{R}^n$ et à valeurs dans $\mathbb{R}^q$, si f est une fonction de classe $\mathcal{C}^k$ définie sur un ouvert de $\mathbb{R}^p$ et à valeurs dans le domaine de définition de g, $g \circ f$ est de classe $\mathcal{C}^k$.

[6] **Théorème de Schwarz d'interversion des dérivations partielles.** Soit f une fonction de classe $\mathcal{C}^2$ définie sur un ouvert de $\mathbb{R}^p$ et à valeurs dans $\mathbb{R}^n$. Alors pour tout i, j entre 1 et p, $\frac{\partial^2 f}{\partial x_i \partial x_j} = \frac{\partial^2 f}{\partial x_j \partial x_i}$.

[7] L'image d'un connexe par arcs par une application continue est connexe par arcs.

[8] **Théorème de Cauchy & Lipschitz.** Soit Ω un ouvert de $\mathbb{R} \times \mathbb{R}^p$, f une fonction de classe $\mathcal{C}^1$ de Ω vers $\mathbb{R}^p$ et (t_0, x_0) un point de Ω. Il existe une unique solution maximale x, définie sur l'intervalle I, au problème de Cauchy $x' = f(t,x)$; $x(t_0) = x_0$. De plus, I est ouvert.

Mines-Ponts 2004. Première épreuve

ÉCOLE NATIONALE DES PONTS ET CHAUSSÉES.
ÉCOLES NATIONALES SUPÉRIEURES DE L'AÉRONAUTIQUE ET DE L'ESPACE,
DE TECHNIQUES AVANCÉES, DES TÉLÉCOMMUNICATIONS,
DES MINES DE PARIS, DES MINES DE SAINT-ÉTIENNE, DES MINES DE NANCY,
DES TÉLÉCOMMUNICATIONS DE BRETAGNE.
ÉCOLE POLYTECHNIQUE (Filière TSI).

CONCOURS D'ADMISSION 2004

PREMIÈRE ÉPREUVE DE MATHÉMATIQUES
Filière MP

(Durée de l'épreuve : 3 heures)
(L'usage d'ordinateur ou de calculette est interdit).

Sujet mis à la disposition des concours :
Cycle International, ENSTIM, ENSAE (Statistique), INT, TPE-EIVP.

Les candidats sont priés de mentionner de façon apparente sur la première page de la copie :
MATHÉMATIQUES 1-Filière MP.

Cet énoncé comporte 4 pages de texte.

Si, au cours de l'épreuve, un candidat repère ce qui lui semble être une erreur d'énoncé, il le signale sur sa copie et poursuit sa composition en expliquant les raisons des initiatives qu'il est amené à prendre.

L'objet de ce problème est principalement l'étude et le calcul de l'intégrale suivante :

$$I = \int_0^{\infty} \frac{\arctan t}{e^{\pi t} - 1}\, dt.$$

Première partie

Le but de cette partie est d'établir une expression de l'intégrale I et d'étudier la fonction φ définie par la relation suivante :

$$\varphi(t) = \frac{\arctan t}{e^{\pi t} - 1}.$$

Variations de la fonction φ

1. Déterminer un éventuel prolongement par continuité de la fonction φ en 0.

2. Étudier les variations de la fonction φ sur la demi-droite ouverte $D =]0, \infty[$; il peut être intéressant d'introduire la fonction auxiliaire ψ définie par la relation suivante :

$$\psi(t) = \frac{1 - e^{-\pi t}}{1 + t^2} - \pi \arctan t.$$

En déduire la borne supérieure de la fonction φ sur D.

Existence et expressions de l'intégrale I

3. Justifier l'existence de l'intégrale I définie par la relation suivante :

$$I = \int_0^{\infty} \frac{\arctan t}{e^{\pi t} - 1}\, dt.$$

4. Démontrer les deux relations suivantes :

$$I = \sum_{k=1}^{\infty} \int_0^{\infty} e^{-k\pi t} \arctan t\; dt \; ; \; I = \sum_{k=1}^{\infty} \frac{1}{k\pi} \int_0^{\infty} \frac{e^{-k\pi t}}{1 + t^2}\, dt.$$

Deuxième partie

Le but de cette partie est d'introduire une fonction f de façon à transformer les expressions obtenues précédemment pour l'intégrale I et à pouvoir calculer l'intégrale I. Soit f la fonction définie par la relation suivante :

$$f(x) = \int_0^{\infty} \frac{e^{-xt}}{1 + t^2}\, dt.$$

Propriétés de la fonction f

5. Déterminer l'ensemble de définition de la fonction f. Préciser l'ensemble dans lequel la fonction f est continue ; quelle est sa limite lorsque le réel x tend vers l'infini ?

6. Dans quel ensemble est-elle deux fois continûment dérivable ? Établir une relation simple entre la fonction f et sa dérivée seconde f'' sur la demi-droite ouverte $D =]0, \infty[$.

Deux intégrales

Soit a un réel strictement positif ($a > 0$). Étant donné un réel X supérieur ou égal à a ($X \geqslant a$), soient $S(X)$ et $C(X)$ les deux intégrales suivantes :

$$S(X) = \int_a^X \frac{\sin t}{t}\, dt \; ; \; C(X) = \int_a^X \frac{\cos t}{t}\, dt.$$

7. Existe-t-il une limite à chacune des expressions $S(X)$ et $C(X)$, lorsque le réel X croît vers l'infini ?

Soient g et h les deux fonctions définies sur la demi-droite ouverte D par les relations suivantes :

$$g(x) = \int_x^{\infty} \frac{\sin t}{t}\, dt = \lim_{X \to \infty} \int_x^X \frac{\sin t}{t}\, dt \; ; \; h(x) = \int_x^{\infty} \frac{\cos t}{t}\, dt = \lim_{X \to \infty} \int_x^X \frac{\cos t}{t}\, dt.$$

Une expression de la fonction f

8. Résoudre l'équation différentielle vérifiée par la fonction f dans la demi-droite ouverte $D =]0, \infty[$; exprimer la solution générale de cette équation à l'aide des deux fonctions g et h.

9. En déduire les deux expressions ci-dessous de la fonction f :

$$f(x) = \int_0^\infty \frac{\sin u}{u+x}\, du = \int_0^\infty \frac{\sin(xt)}{1+t}\, dt.$$

Troisième partie

Un résultat intermédiaire

10. En utilisant les résultats établis dans les première et deuxième parties, démontrer la relation suivante :

$$I = \sum_{k=1}^{\infty} \frac{1}{k\pi} \int_0^\infty \frac{\sin(ku)}{\pi + u} du.$$

11. Démontrer le résultat suivant :

$$I = \frac{1}{\pi^2} \sum_{k=1}^{\infty} \frac{1}{k^2} - \frac{1}{\pi} \int_0^\infty \frac{1}{(u+\pi)^2} \Big(\sum_{n=1}^{\infty} \frac{\cos(nu)}{n^2} \Big)\, du.$$

Somme de la série de terme général $\cos(nu)/n^2$, $n \in \mathbb{N}^\star$:

Soit G la fonction, définie sur la droite réelle, périodique de période 2π ($G(x+2\pi) = G(x)$), dont la restriction au segment $[0, 2\pi]$ est définie par la relation suivante :

$$G(x) = \frac{x^2}{4} - \frac{\pi x}{2} + \frac{\pi^2}{6}.$$

12. Étudier la parité de la fonction G. Déterminer le développement en série de Fourier, à coefficients réels, de cette fonction G.

Quelle est la nature de la convergence de la série de Fourier ?

13. En déduire la somme $T(x)$ de la série de terme général $\cos(nx)/n^2$, $n \in \mathbb{N}^*$, lorsque le réel x appartient au segment $[0, 2\pi]$:

$$T(x) = \sum_{n=1}^{\infty} \frac{\cos(nx)}{n^2}.$$

En déduire la somme S de la série de terme général $1/n^2$, $n \in \mathbb{N}^*$:

$$S = \sum_{n=1}^{\infty} \frac{1}{n^2}.$$

Valeur de l'intégrale I

Soit a_k le réel défini par l'intégrale suivante :

$$a_k = \int_{2k\pi}^{2(k+1)\pi} \frac{1}{(u+\pi)^2} \Big(\sum_{n=1}^{\infty} \frac{\cos(nu)}{n^2} \Big) du.$$

14. Calculer, pour tout entier naturel k, la valeur du réel a_k.

Soit N un entier strictement positif. Soit I_N le réel défini par la relation ci-dessous :

$$I_N = \sum_{n=0}^{N-1} \left(-1 + (n+1)\ln \frac{2n+3}{2n+1}\right).$$

15. Démontrer que la valeur de l'intégrale I est égale à la limite de la suite $(I_N)_{N\in\mathbb{N}^*}$:

$$I = \lim_{N\to\infty} I_N.$$

En déduire que l'intégrale I est la somme d'une série convergente.

16. Après avoir montré que l'expression $E_N = \exp(I_N)$ est un produit de facteurs, déterminer la valeur de l'intégrale I.

Soit J l'intégrale suivante :

$$J = \int_0^\infty \frac{\arctan t}{e^{2\pi t} - 1}\, dt.$$

Il est facile de calculer l'intégrale J par la même méthode que celle qui a servi pour calculer l'intégrale I ; il vient :

$$J = \frac{1}{2}\left(1 - \frac{\ln(2\pi)}{2}\right).$$

Soit K l'intégrale suivante :

$$K = \int_0^\infty \frac{\arctan t}{e^{\pi t} + 1}\, dt.$$

Calcul de l'intégrale K

17. Calculer l'intégrale K, définie ci-dessus, en utilisant le résultat obtenu pour l'intégrale I et la valeur admise pour l'intégrale J.

Appréciation du problème

Cette épreuve est entièrement consacrée à l'analyse fonctionnelle, dont elle couvre assez largement le programme, et suppose étudiées

– séries numériques, séries de fonctions ;

– notion d'intégrabilité, intégrales dépendant d'un paramètre ;

– équations différentielles à coefficients constants et avec second membre ;

– techniques d'interversion d'intégrale et de somme de série ;

– séries de Fourier.

Elle est plutôt longue pour une durée de trois heures, et des calculs compliqués peuvent bloquer le candidat aux deux tiers du problème.

Corrigé détaillé

1. La fonction φ n'est définie que sur $\mathbb{R}^*$. Au voisinage de 0, $\arctan t \sim t$ et $e^{\pi t} = 1 + \pi t + o(t)$, donc $e^{\pi t} - 1 \sim \pi t$. Il en résulte que $\varphi(t) \underset{0}{\to} \frac{1}{\pi}$. On peut donc prolonger φ par continuité en 0 en posant $\varphi(0) = \frac{1}{\pi}$.

L'énoncé ne demande pas d'étudier la continuité de φ sur $\mathbb{R}$.

2. Sur D, φ est dérivable, de dérivée donnée par

$$\varphi'(t) = \frac{1}{1+t^2}\frac{1}{e^{\pi t}-1} - \arctan t \frac{\pi e^{\pi t}}{(e^{\pi t}-1)^2} = \frac{e^{\pi t}}{(e^{\pi t}-1)^2}\psi(t),$$

où $\psi(t) = \frac{1-e^{-\pi t}}{1+t^2} - \pi \arctan t$. On a

$$\begin{aligned}\psi'(t) &= \pi\frac{e^{-\pi t}}{1+t^2} - 2t\frac{1-e^{-\pi t}}{(1+t^2)^2} - \frac{\pi}{1+t^2}\\ &= \frac{e^{-\pi t}-1}{(1+t^2)^2}\big(\pi(1+t^2)+2t\big).\end{aligned}$$

Comme $e^{-\pi t} - 1 < 0$ sur D, $\psi' < 0$ sur cette demi-droite. Donc ψ est strictement décroissante sur $[0, +\infty[$ et comme $\psi(0) = 0$, $\psi < 0$ sur D. On a donc aussi $\varphi' < 0$ sur D. Ainsi, φ décroît strictement sur D et, étant continue en 0, décroît strictement sur $[0, +\infty[$. Il en résulte que le supremum de φ sur D est égal à $\varphi(0) = \frac{1}{\pi}$.

Le supremum (c'est-à-dire la borne supérieure) n'est pas atteint sur D, mais il l'est sur $[0,\infty[$.

3. Puisque φ est continue sur D, il suffit d'étudier son intégrabilité au voisinage de 0 et de ∞.
Elle est assurée au voisinage de 0 car φ admet une limite en 0.
Au voisinage de ∞, on a $\varphi(t) \sim \frac{\pi}{2e^{\pi t}}$.
Comme cette dernière fonction est intégrable, φ l'est aussi.

Si $f \underset{a}{\sim} g$, si g est intégrable au voisinage de a, f est intégrable au voisinage de a.

4. Pour $t > 0$, $0 \leqslant e^{-\pi t} < 1$ et donc

$$\frac{1}{e^{\pi t}-1} = \frac{e^{-\pi t}}{1-e^{-\pi t}} = e^{-\pi t}\sum_{k=0}^{\infty} e^{-\pi k t}.$$

$\frac{1}{1-x} = \sum_{k\geqslant 0} x^k$ pour $|x|<1$.

Par conséquent, on dispose de l'égalité

$$\varphi(t) = \sum_{k\geqslant 0} e^{-\pi(k+1)t}\arctan t.$$

Chacune des fonctions $t \mapsto e^{-\pi(k+1)t}\arctan t$ est positive et intégrable sur D, puisque dominée par $e^{-\pi k t}$ au voisinage de ∞. La somme de cette série de fonctions, égale à φ, étant intégrable sur D, on a l'égalité

On utilise [1].

$$\begin{aligned}\int_D \varphi(t)\,dt &= \sum_{k\geqslant 0}\int_D e^{-\pi(k+1)t}\arctan t\,dt\\ &= \sum_{k\geqslant 1}\int_D e^{-\pi k t}\arctan t\,dt.\end{aligned}$$

De plus, une intégration par parties fournit

$$\int_D e^{-\pi kt} \arctan t \, dt = \Big[-\frac{1}{\pi k} e^{-\pi kt} \arctan t\Big]_0^\infty + \frac{1}{k\pi} \int_D \frac{e^{-\pi kt}}{1+t^2} dt.$$

On peut intégrer par parties dès que deux des trois termes figurant dans l'intégration par parties ont un sens.

Comme $e^{-\pi kt} \arctan t \underset{t\to\infty}{\longrightarrow} 0$, on obtient

$$\int_D e^{-\pi kt} \arctan t \, dt = \frac{1}{k\pi} \int_D \frac{e^{-\pi kt}}{1+t^2} dt,$$

ce qui donne

$$I = \int_D \varphi(t) \, dt = \sum_{k\geqslant 1} \frac{1}{k\pi} \int_D \frac{e^{-\pi kt}}{1+t^2} dt.$$

5. Posons $\varphi(x,t) = \dfrac{e^{-xt}}{1+t^2}$. L'application $t \mapsto \varphi(x,t)$ est continue sur $[0,\infty[$.

▷ Si $x \geqslant 0$, $\varphi(x,t) \leqslant \frac{1}{1+t^2}$. Donc $t \mapsto \varphi(x,t)$ est intégrable sur $[0,\infty[$ et $f(x)$ est bien défini.

▷ Si $x < 0$, $\varphi(x,t) \underset{t\to\infty}{\longrightarrow} +\infty$, donc $t \mapsto \varphi(x,t)$ n'est pas intégrable sur $[0,\infty[$ et $f(x)$ n'est pas défini.

Le domaine de définition de f est donc $[0,\infty[$. En outre, φ est continue sur $[0,\infty[\times[0,\infty[$ et l'on dispose, pour $x \in [0,\infty[$, de la condition de domination $\varphi(x,t) \leqslant \frac{1}{1+t^2}$.

Un théorème du cours assure que f est continue sur $[0,\infty[$.

On utilise **[2]**.

▷ L'encadrement

$$0 \leqslant f(x) \leqslant \int_0^\infty e^{-xt} \, dt = \frac{1}{x}$$

montre que $f(x) \underset{x\to\infty}{\longrightarrow} 0$.

On pourrait aussi étudier cette limite à l'aide du théorème de convergence dominée. Ce serait plus long.

6. ▷ Soit $a > 0$. Montrons que f est de classe $\mathcal{C}^2$ sur $[a,\infty[$ en appliquant le théorème de dérivation avec condition de domination. Sur $[a,\infty[\times[0,\infty[$, φ admet des dérivées partielles par rapport à x, données par

$$\frac{\partial\varphi}{\partial x}(x,t) = -\frac{te^{-xt}}{1+t^2} \; ; \; \frac{\partial^2\varphi}{\partial x^2}(x,t) = \frac{t^2e^{-xt}}{1+t^2}.$$

Ces dérivées partielles sont continues sur $[a,\infty[\times[0,\infty[$. En outre, on dispose des conditions de domination

$$\Big|\frac{\partial\varphi}{\partial x}(x,t)\Big| \leqslant \frac{te^{-at}}{1+t^2} \; ; \; \Big|\frac{\partial^2\varphi}{\partial x^2}(x,t)\Big| \leqslant \frac{t^2e^{-at}}{1+t^2},$$

où les fonctions majorantes sont intégrables sur $[0,\infty[$, car elles sont toutes deux dominées par e^{-at} au voisinage de ∞.

À ce stade du problème, il n'est probablement pas utile de justifier plus ces intégrabilités.

Il en résulte que f est de classe $\mathcal{C}^2$ sur $[a,\infty[$, et ce pour tout $a>0$. Donc f est de classe $\mathcal{C}^2$ sur D. De plus,

$$f'(x) = -\int_0^\infty \frac{te^{-xt}}{1+t^2}\,dt \ ; \ f''(x) = \int_0^\infty \frac{t^2e^{-xt}}{1+t^2}\,dt.$$

Il en résulte que $f(x)+f''(x) = \int_0^\infty e^{-xt}\,dt = \frac{1}{x}$.

On utilise [3].

▷ Lorsque x tend vers 0, $f(x)+f''(x)$ admet la limite ∞. Par conséquent, f ne peut être de classe $\mathcal{C}^2$ sur $[0,\infty[$.

7. Posons $E(X) = \int_a^X \frac{e^{it}}{t}\,dt$ et intégrons par parties. Il vient

$$E(X) = [-\frac{ie^{it}}{t}]_a^X - i\int_a^X \frac{e^{it}}{t^2}\,dt = \frac{ie^{ia}}{a} - \frac{ie^{iX}}{X} - i\int_a^X \frac{e^{it}}{t^2}\,dt.$$

Passer en complexes permet d'effectuer simultanément deux calculs.

Le premier terme du second membre est constant, le deuxième tend vers 0 lorsque X tend vers ∞. Quant au troisième, c'est l'intégrale partielle d'une fonction intégrable au voisinage de ∞, puisque $\left|\frac{e^{it}}{t^2}\right| = \frac{1}{t^2}$. Il admet donc aussi une limite complexe lorsque X tend vers ∞. Il en découle que $E(X)$ admet une limite lorsque X tend vers ∞.
Il en va de même de sa partie réelle $C(X)$ et de sa partie imaginaire $S(X)$.

Une fonction complexe admet une limite si et seulement si ses parties réelle et imaginaire en admettent une.

8. L'équation différentielle $y''+y = \frac{1}{x}$ est linéaire. L'équation homogène associée admet pour solution générale $y = \lambda\cos x + \mu\sin x$. La méthode de variation des constantes conduit à

$$\lambda'\cos x + \mu'\sin x = 0 \ ; \ -\lambda'\sin x + \mu'\cos x = \frac{1}{x}.$$

D'où $\lambda' = -\frac{\sin x}{x} = g'(x)$ et $\mu' = \frac{\cos x}{x} = -h'(x)$. Finalement, $f(x)$ admet la forme

$$f(x) = g(x)\cos x - h(x)\sin x + \lambda\cos x + \mu\sin x,$$

où λ et μ sont deux constantes réelles.
Puisque $g(x)$ et $h(x)$ tendent vers 0 lorsque x tend vers ∞, et qu'il en va de même pour $f(x)$ d'après **5**, $\lambda\cos x+\mu\sin x$ tend aussi vers 0 par différence. En appliquant ceci à la suite $(2n\pi)$, puis à la suite $(2n\pi+\frac{\pi}{2})$, on obtient $\lambda=\mu=0$. Finalement,

$$f(x) = g(x)\cos x - h(x)\sin x.$$

9. Si, dans la question **8**, l'on remplace g et h par leur expression intégrale, on obtient

$$\begin{aligned} f(x) &= \int_x^\infty \frac{\sin t\cos x - \cos t\sin x}{t}\,dt \\ &= \int_x^\infty \frac{\sin(t-x)}{t}\,dt = \int_0^\infty \frac{\sin u}{u+x}\,du \end{aligned}$$

grâce au changement de variable $t-x=u$.

Grâce au nouveau changement de variable $u = xv$, on a aussi

$$f(x) = \int_0^\infty \frac{\sin xv}{1+v}\,dv.$$

Le changement de variable ne serait pas valide pour $x=0$. Lorsque l'on effectue dans $\int_a^b F(u)du$ le changement de variable $u=\theta(v)$, la seule condition que doit vérifier la fonction θ, supposée $\mathcal{C}^1$, est la surjectivité sur $[a,b]$ (avec des variantes évidentes en cas d'intégrale impropre).

10. D'après **4**, on a

$$I = \sum_{k\geqslant 1} \frac{f(k\pi)}{k\pi} = \sum_{k\geqslant 1} \frac{1}{k\pi}\int_0^\infty \frac{\sin k\pi t}{1+t}\,dt$$
$$= \sum_{k\geqslant 1} \frac{1}{k\pi}\int_0^\infty \frac{\sin ku}{\pi+u}\,du,$$

la dernière égalité étant justifiée par le changement de variable $\pi t = u$.

11. Grâce à une intégration par parties,

$$\int_0^\infty \frac{\sin ku}{\pi+u}\,du = \Big[-\frac{\cos ku}{k(\pi+u)}\Big]_0^\infty - \int_0^\infty \frac{\cos ku}{k(\pi+u)^2}\,du$$
$$= \frac{1}{k\pi} - \frac{1}{k}\int_0^\infty \frac{\cos ku}{(\pi+u)^2}\,du.$$

Par conséquent,

$$I = \sum_{k=1}^\infty \frac{1}{k\pi}\int_0^\infty \frac{\sin ku}{\pi+u}\,du = \sum_{k=1}^\infty \frac{1}{k^2\pi^2} - \sum_{k=1}^\infty \frac{1}{k^2\pi}\int_0^\infty \frac{\cos ku}{(\pi+u)^2}\,du.$$

On peut scinder en deux séries car elles convergent toutes deux.

La série $\left\{\int_0^\infty \left|\frac{\cos ku}{k^2(\pi+u)^2}\right| du\right\}$ est absolument convergente, puisque

$$\int_0^\infty \left|\frac{\cos ku}{k^2(\pi+u)^2}\right| du \leqslant \frac{1}{k^2}\int_0^\infty \frac{du}{(\pi+u)^2}.$$

Un théorème assure alors que

On utilise [4].

$$\sum_{k=1}^\infty \frac{1}{\pi}\int_0^\infty \frac{\cos ku}{k^2(\pi+u)^2}\,du = \frac{1}{\pi}\int_0^\infty \sum_{k=1}^\infty \frac{\cos ku}{k^2(\pi+u)^2}\,du,$$

ce qui donne le résultat.

12. Si $x \in [0, 2\pi]$, on a

$$G(-x) = G(-x+2\pi) = \frac{(2\pi-x)^2}{4} - \frac{\pi(2\pi-x)}{2} + \frac{\pi^2}{6} = G(x).$$

Ainsi, G est paire sur $[-2\pi, 2\pi]$, donc sur $\mathbb{R}$.

Comme G est manifestement de classe $\mathcal{C}^1$ par morceaux et qu'elle est continue en vertu de sa parité, on sait que sa série de Fourier converge normalement sur $\mathbb{R}$ vers G. On a donc

On utilise [5].

$$\forall x \in \mathbb{R} \quad G(x) = \frac{a_0(G)}{2} + \sum_{n\geqslant 1} a_n(G)\cos nx.$$

Calculons les $a_n(G)$. Pour $n \geqslant 1$, en intégrant plusieurs fois par parties et en utilisant le fait que G'' est constante sur $[0, \pi]$,

$$\begin{aligned} a_n(G) &= \frac{1}{\pi}\int_{-\pi}^{\pi} G(x)\cos nx\,dx = \frac{2}{\pi}\int_0^{\pi} G(x)\cos nx\,dx \\ &= \frac{2}{n\pi}\Big[G(x)\sin nx\Big]_0^{\pi} - \frac{2}{n\pi}\int_0^{\pi} G'(x)\sin nx\,dx \\ &= \frac{2}{n^2\pi}\Big[G'(x)\cos nx\Big]_0^{\pi} - \frac{2}{n^2\pi}\int_0^{\pi} G''(x)\cos nx\,dx \\ &= \frac{2}{n^2\pi}\big((-1)^n G'(\pi) - G'(0)\big). \end{aligned}$$

Pour effectuer ce calcul, il est conseillé de remplacer G et ses dérivées par leur valeur le plus tard possible.

Mais $G(x) = \frac{x^2}{4} - \frac{\pi x}{2} + \frac{\pi^2}{6}$, donc $G'(x) = \frac{x}{2} - \frac{\pi}{2}$ et par conséquent

$$a_n(G) = \frac{2}{n^2\pi}\frac{\pi}{2} = \frac{1}{n^2}.$$

Traitons à présent le cas où $n = 0$. On a

$$\begin{aligned} a_0(G) &= \frac{2}{\pi}\int_0^{\pi} G(x)\,dx = \frac{2}{\pi}\int_0^{\pi}\big(\frac{x^2}{4} - \frac{\pi x}{2} + \frac{\pi^2}{6}\big)\,dx \\ &= \frac{2}{\pi}\big(\frac{\pi^3}{12} - \frac{\pi^3}{4} + \frac{\pi^3}{6}\big) = 0. \end{aligned}$$

On en déduit l'égalité, valable pour tout x réel,

$$G(x) = \sum_{n=1}^{\infty} \frac{\cos nx}{n^2}.$$

On retrouve la convergence normale grâce au calcul explicite.

13. La question **12** fournit l'égalité $T(x) = G(x) = \frac{x^2}{4} - \frac{\pi x}{2} + \frac{\pi^2}{6}$. En particulier,

$$T(0) = \sum_{n=1}^{\infty} \frac{1}{n^2} = \frac{\pi^2}{6}.$$

14. Il s'agit de calculer

$$a_k = \int_{2k\pi}^{(2k+2)\pi} \frac{1}{(u+\pi)^2} G(u)\,du,$$

Là encore, on remplace G par son expression le plus tard possible.

intégrale bien définie puisque la fonction intégrée est continue sur $[2k\pi, (2k+2)\pi]$. Grâce au changement de variable $x = u - 2k\pi$, on obtient

$$a_k = \int_0^{2\pi} \frac{1}{(x+(2k+1)\pi)^2} G(x)\,dx = \int_0^{2\pi} \frac{\frac{x^2}{4} - \frac{\pi x}{2} + \frac{\pi^2}{6}}{(x+(2k+1)\pi)^2}\,dx.$$

Effectuons à présent le changement de variable

Calcul périlleux.

$$t = x + (2k+1)\pi = x + a$$

où, pour la simplicité, on a posé $a = (2k+1)\pi$. On obtient

$$\begin{aligned} a_k &= \int_a^{a+2\pi} \frac{1}{t^2}\Big(\frac{1}{4}(t-a)^2 - \frac{\pi}{2}(t-a) + \frac{\pi^2}{6}\Big)\,dt \\ &= \int_a^{a+2\pi} \frac{1}{t^2}\Big(\frac{t^2}{4} - \frac{(a+\pi)t}{2} + \frac{3a^2 + 6\pi a + 2\pi^2}{12}\Big)\,dt \end{aligned}$$

$$= \int_a^{a+2\pi} \Big(\frac{1}{4} - \frac{(a+\pi)}{2t} + \frac{3a^2+6\pi a+2\pi^2}{12t^2}\Big)\,dt$$
$$= \frac{\pi}{2} - \frac{(a+\pi)}{2}\ln\frac{a+2\pi}{a} + \frac{3a^2+6\pi a+2\pi^2}{12}\Big(\frac{1}{a} - \frac{1}{a+2\pi}\Big)$$
$$= -(k+1)\pi\ln\frac{2k+3}{2k+1} + \frac{\pi}{6}\Big(3 + \frac{3a^2+6\pi a+2\pi^2}{a(a+2\pi)}\Big)$$
$$= -(k+1)\pi\ln\frac{2k+3}{2k+1} + \frac{\pi(3a^2+6\pi a+\pi^2)}{3a^2+6\pi a}$$
$$= \pi - (k+1)\pi\ln\frac{2k+3}{2k+1} + \frac{\pi}{3(2k+1)(2k+3)}.$$

15. Reprenant l'expression de I obtenue dans la question **11** et la valeur de $\sum\limits_{n=1}^{\infty}\frac{1}{n^2}$ obtenue en **13**, on a

On découpe $[0,\infty[$ et on applique une formule de Chasles généralisée évidente.

$$I = \frac{1}{6} - \frac{1}{\pi}\sum_{k=0}^{\infty}\int_{2k\pi}^{2(k+1)\pi}\frac{1}{(u+\pi)^2}\sum_{n=1}^{\infty}\frac{\cos nu}{n^2}\,du = \frac{1}{6} - \frac{1}{\pi}\sum_{k=0}^{\infty}a_k$$
$$= \frac{1}{6} + \sum_{k=0}^{\infty}\Big((k+1)\ln\frac{2k+3}{2k+1} - 1\Big) - \sum_{k=0}^{\infty}\frac{1}{3}\frac{1}{(2k+1)(2k+3)}.$$

Or $\frac{1}{(2k+1)(2k+3)} = \frac{1}{2}\big(\frac{1}{2k+1} - \frac{1}{2k+3}\big)$, et donc

Téléscopage.

$$\sum_{k=0}^{\infty}\frac{1}{(2k+1)(2k+3)} = \frac{1}{2}.$$

Finalement,

La dernière demande de la question **15** est formulée curieusement.

$$I = \sum_{k=0}^{\infty}\Big((k+1)\ln\frac{2k+3}{2k+1} - 1\Big),$$

ce qui montre l'ensemble des résultats attendus.

16. On peut écrire

Un terme du numérateur se simplifie largement avec le terme du dénominateur à sa droite.

$$E_N = e^{-N}\prod_{n=0}^{N-1}\Big(\frac{2n+3}{2n+1}\Big)^{n+1}$$
$$= e^{-N}\frac{3\times 5^2\times\cdots\times(2N+1)^N}{1\times 3^2\times\cdots\times(2N-1)^N} = e^{-N}\frac{(2N+1)^N}{1\times 3\times\cdots\times(2N-1)}$$
$$= e^{-N}(2N+1)^N\frac{2\times 4\times\cdots\times(2N)}{(2N)!} = e^{-N}(2N+1)^N 2^N\frac{N!}{(2N)!}.$$

Grâce à la formule de Stirling,

$n! \sim n^n e^{-n}\sqrt{2\pi n}$.

$$\frac{N!}{(2N)!} \sim \frac{N^N e^{-N}\sqrt{2\pi N}}{(2N)^{2N}e^{-2N}\sqrt{4\pi N}} \sim 2^{-2N}e^N N^{-N}\frac{1}{\sqrt{2}}.$$

Puisque $\left(\frac{2N+1}{2N}\right)^N = \left(1+\frac{1}{2N}\right)^N \to \sqrt{e}$, on a

$$E_N \sim e^{-N}\sqrt{e}(2N)^N 2^N 2^{-2N} e^N N^{-N}\frac{1}{\sqrt{2}} \to \sqrt{\frac{e}{2}}.$$

Par conséquent, $I_N \to \frac{1-\ln 2}{2}$ et

$$I = \frac{1-\ln 2}{2}.$$

17. Grâce à l'égalité, valide pour $t > 0$,

$$\frac{1}{e^{2\pi t}-1} = \frac{1}{2}\Big(\frac{1}{e^{\pi t}-1} - \frac{1}{e^{\pi t}+1}\Big),$$

on obtient après multiplication par arctan t et intégration sur D,

$$K = I - 2J = \frac{\ln \pi}{2} - \frac{1}{2}.$$

Si véritablement le calcul de J nécessite les mêmes détours que celui de I, ce n'est pas si facile.

Quelques indications

6. Avant d'étudier le caractère $\mathcal{C}^2$ sur l'intervalle $[0, \infty[$, établir que $f(x) + f''(x) = \frac{1}{x}$ sur D.

7. Utiliser une intégration par parties.

13. On obtient $G = T$.

14. Ce calcul conditionne la suite. Ramener l'intégrale à $[0, 2\pi]$ de façon à pouvoir utiliser l'expression de G sur cet intervalle, puis faire le changement de variable permettant de ramener le dénominateur à x^2.

16. Déterminer la limite de E_N à l'aide de la formule de Stirling.

Commentaires

Ce problème, consacré au calcul de l'intégrale I, passe en revue les techniques les plus courantes de l'analyse fonctionnelle élémentaire : transformation d'intégrales par des développements en série, calculs explicites d'intégrales par des intégrations par parties, développements en série de Fourier, etc. C'est donc une excellente occasion de revoir les théorèmes relatifs à ce sujet, et notamment ceux qui concernent l'intégrale d'une fonction sur un intervalle quelconque. La petite difficulté supplémentaire réside en des calculs, dont l'un au moins est compliqué, et qui souvent sont des obstacles incontournables. Le calcul de la question **14**, notamment, peut bloquer longuement un candidat, et même définitivement si celui-ci ne s'est pas aperçu que la question **15** peut être utilisée comme un nouveau départ. Pour le reste, ce problème ne présente aucune difficulté conceptuelle.

La première partie commence par une étude gratuite de fonction. Le graphe de la fonction φ pouvait être fourni :

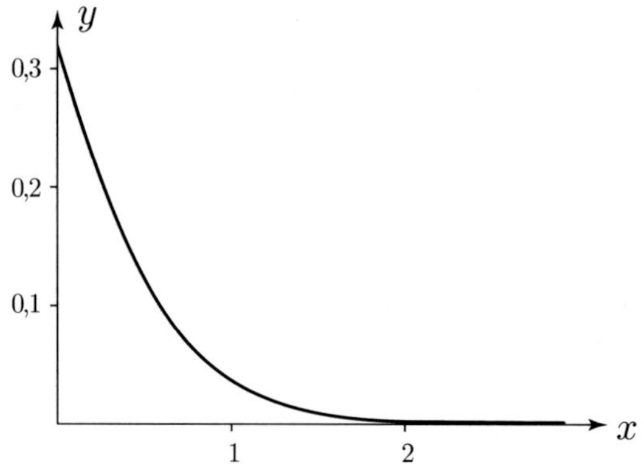

La question **4** suppose que le candidat ait mesuré l'intérêt qu'il peut y avoir à développer la fonction sous le signe de l'intégrale pour développer l'intégrale elle-même en série numérique. Il est à noter ici que le symbole $\int_0^\infty$ doit être interprété comme $\int_D$, ce qui permet d'appliquer le théorème d'interversion dans le cas d'une série de fonctions positives. On pouvait aussi sans difficulté appliquer le théorème [**4**], mais il aurait alors fallu établir au préalable la majoration

$$\int_D e^{-\pi k t} \arctan t \, dt \leqslant \frac{1}{k^2 \pi^2}.$$

La deuxième partie est essentiellement consacrée à l'étude de la fonction f, définie comme une intégrale dépendant de l'argument. Puisque cette intégrale porte sur un intervalle qui n'est pas un segment, il convient d'utiliser un théorème avec condition de domination, au moins pour étudier la continuité. En revanche, la limite en ∞ peut s'établir par une majoration directe, comme dans le corrigé. Il était cependant parfaitement possible de procéder autrement. Une suite (x_n) tendant vers ∞ étant donnée, on pose $f_n(x) = \int_D \frac{e^{-x_n t}}{1+t^2} \, dt$. La suite de fonctions $t \mapsto \frac{e^{-x_n t}}{1+t^2}$ converge simplement vers 0 et est dominée par $\frac{1}{1+t^2}$, qui est intégrable. On conclut par le théorème de convergence dominée et par la caractérisation séquentielle de la limite.

S'agissant du caractère $\mathcal{C}^2$, la situation est standard sur D, où l'on se contente d'appliquer le théorème de dérivation des intégrales dépendant d'un paramètre avec condition de domination (puisque l'on est toujours sur un intervalle qui n'est pas un segment). Une étude directe en 0 aurait posé des difficultés, que j'ai contournées en utilisant l'équation différentielle sur D. Il faut d'ailleurs noter que, non seulement f ne peut être $\mathcal{C}^2$ sur $[0, \infty[$, mais elle n'est même pas dérivable en 0. En effet, puisque f est continue en 0, $f''(x) \sim \frac{1}{x}$. Donc, par le théorème de primitivation des équivalents, $f'(x) \sim \ln x$, ce qui entraîne précisément que le graphe de f admet une tangente verticale en 0.

Dans la question **7** sont étudiées deux intégrales « impropres », c'est-à-dire qui sont définies par la limite de l'intégrale partielle, sans que la fonction sous le signe de l'intégrale ne soit supposée intégrable. Ici, on voit d'ailleurs facilement qu'aucune des deux fonctions en cause n'est intégrable. On se ramène à l'intégrale d'une fonction intégrable en intégrant par parties, précisément en primitivant la fonction qui augmente moins par primitivation que ne diminue l'autre par dérivation. La question **8** traite d'une équation différentielle linéaire d'ordre 2, à coefficients constants mais avec second membre, dont la résolution nécessite la connaissance de la méthode de la variation des constantes. Dans la question **9**, l'expression de f n'est valide que pour $x > 0$, puisque $f(0) = \frac{\pi}{2}$. Cette remarque montre d'ailleurs que $x \mapsto \int_0^\infty \frac{\sin xt}{1+t}\, dt$ n'est pas continue en 0.

Les questions **11**, **12** et **13** ne présentent pas de difficulté particulière, mais peuvent être le lieu d'une erreur ennuyeuse pour la suite : l'expression de $G(x)$ donnée par l'énoncé n'est valable que sur l'intervalle $[0, 2\pi]$, pas pour toutes les valeurs de la variable. D'ailleurs, c'est cette remarque qui explique la façon dont est conduit le calcul assez pénible demandé par la question **14**, et plus précisément le premier changement de variable. Le second, lui, cache une décomposition en éléments simples de la fraction à intégrer, décomposition qui, lorsqu'elle doit s'appliquer à une fraction rationnelle de la forme $\frac{P(x)}{(x-a)^n}$ (P polynôme), s'obtient très facilement en effectuant le changement de variable $x - a = u$. La question **14** n'a pas dû être souvent traitée convenablement. Cependant, la question **15**, une fois admise, permettait de repartir pour de nouvelles aventures, puisque le résultat en était donné. La question **16** contient à nouveau un calcul qui devait être mené avec soin, et permet d'obtenir la valeur tant convoitée de I. Quant au calcul de K, il est presque immédiat.

Les valeurs de I et J sont obtenues comme des cas particuliers de la formule de Schaar suivante :

$$2z \int_0^\infty \frac{\arctan t}{e^{2\pi z t} - 1}\, dt = \ln \Gamma(z+1) - (z + \frac{1}{2}) \ln z + z - \ln \sqrt{2\pi}.$$

Le second membre est l'expression de la fonction « μ de Binet ». La formule précédente s'applique à des valeurs complexes de la variable z.

En général, on utilise plutôt des techniques de variable complexe pour obtenir de telles formules, qui ne sont d'ailleurs pas, même avec ces outils, complètement évidentes.

Le problème dans son ensemble souffre de calculs parfois compliqués et, de ce point de vue, s'apparente davantage aux antédiluviennes « épreuves pratiques » du concours Mines-Ponts. Il présente tout de même l'intérêt de mesurer la maîtrise qu'a le candidat des outils fondamentaux de l'analyse fonctionnelle et, pour cette raison, constitue un bon problème de révision.

Théorèmes utilisés

[1]† Interversion des signes d'intégration et de sommation dans le cas positif. Soit (u_n) une suite de fonctions intégrables et positives sur l'intervalle I. On suppose que $\sum\limits_{n\geqslant 0} u_n$ définit une fonction continue par morceaux sur I.

La convergence de $\left\{\int_I u_n\right\}$ équivaut alors à l'intégrabilité de $\sum\limits_{n\geqslant 0} u_n$. Sous cette hypothèse supplémentaire, on a

$$\int_I \sum_{n\geqslant 0} u_n = \sum_{n\geqslant 0} \int_I u_n.$$

Ce théorème, pourtant d'une simplicité biblique, ne figure pas dans les nouveaux programmes. Il est cependant une conséquence facile du théorème général d'interversion qui, lui, reste au programme.

[2] Continuité d'une intégrale dépendant d'un paramètre sous condition de domination. Soit f une fonction complexe continue sur $X \times I$, où X est une partie d'un espace vectoriel normé et I un intervalle de $\mathbb{R}$. On suppose que l'on dispose d'une fonction ϕ, intégrable sur I, telle que

$$\forall (x,t) \in X \times I \quad |f(x,t)| \leqslant \phi(t).$$

Alors $x \mapsto \int_I f(x,t)\,dt$ est continue sur X.

[3] Dérivation d'une intégrale dépendant d'un paramètre, sous condition de domination. Soit f une fonction complexe continue sur $X \times I$, où X et I sont des intervalles de $\mathbb{R}$. On suppose que $\frac{\partial f}{\partial x}(x,t)$ existe et est continue sur $X \times I$, et que l'on dispose de deux fonctions ϕ_0 et ϕ_1, intégrables sur I, telles que

$$\forall (x,t) \in X \times I \; |f(x,t)| \leqslant \phi_0(t) \;;\; \left|\frac{\partial f}{\partial x}(x,t)\right| \leqslant \phi_1(t).$$

Alors $x \mapsto \int_I f(x,t)\,dt$ est de classe $\mathcal{C}^1$ sur X. De plus,

$$\frac{\partial}{\partial x} \int_I f(x,t)\,dt = \int_I \frac{\partial f}{\partial x}(x,t)\,dt.$$

[4] Interversion des signes d'intégration et de sommation dans le cas quelconque. Soit (u_n) une suite de fonctions complexes intégrables sur l'intervalle I. On suppose que $\sum\limits_{n\geqslant 0} u_n$ définit une fonction continue par morceaux sur I.

Si $\left\{\int_I |u_n|\right\}$ converge, $\sum\limits_{n\geqslant 0} u_n$ est intégrable et de plus

$$\int_I \sum_{n\geqslant 0} u_n = \sum_{n\geqslant 0} \int_I u_n.$$

[5] Théorème de Dirichlet, cas $\mathcal{C}^1$ par morceaux et continu. Soit f une fonction complexe T-périodique, de classe $\mathcal{C}^1$ par morceaux et continue sur $\mathbb{R}$. Alors les séries $\{c_n(f)\}_{n\geqslant 0}$ et $\{c_{-n}(f)\}_{n\geqslant 1}$ sont absolument convergentes et la suite des sommes de Fourier converge uniformément vers f.

La notion de famille sommable a disparu du programme. L'ancienne formulation, « la famille $\big(c_n(f)\big)_{n\in\mathbb{Z}}$ est sommable », est donc remplacée par l'allusion à deux séries absolument convergentes.

Mines-Ponts 2004. Deuxième épreuve

ÉCOLE NATIONALE DES PONTS ET CHAUSSÉES.
ÉCOLES NATIONALES SUPÉRIEURES DE L'AÉRONAUTIQUE ET DE L'ESPACE,
DE TECHNIQUES AVANCÉES, DES TÉLÉCOMMUNICATIONS,
DES MINES DE PARIS, DES MINES DE SAINT-ÉTIENNE, DES MINES DE NANCY,
DES TÉLÉCOMMUNICATIONS DE BRETAGNE.
ÉCOLE POLYTECHNIQUE (Filière TSI).

CONCOURS D'ADMISSION 2004

SECONDE ÉPREUVE DE MATHÉMATIQUES
Filière MP

(Durée de l'épreuve : 4 heures)
(L'usage d'ordinateur ou de calculette est interdit).

Sujet mis à la disposition des concours :
Cycle International, ENSTIM, ENSAE (Statistique), INT, TPE-EIVP.

Les candidats sont priés de mentionner de façon apparente sur la première page de la copie :
MATHÉMATIQUES 2-Filière MP.

Cet énoncé comporte 6 pages de texte.

Si, au cours de l'épreuve, un candidat repère ce qui lui semble être une erreur d'énoncé, il le signale sur sa copie et poursuit sa composition en expliquant les raisons des initiatives qu'il est amené à prendre.

L'épreuve comporte deux problèmes complètement indépendants.

Problème I

Soit f une fonction à valeurs réelles ou complexes, définie dans un ouvert U du plan $\mathbb{R}^2$, deux fois continûment dérivable; le laplacien de la fonction f est, par définition, la fonction, notée Δf, définie dans l'ouvert U par la relation suivante :

$$\Delta f(x,y) = \frac{\partial^2 f}{\partial x^2}(x,y) + \frac{\partial^2 f}{\partial y^2}(x,y).$$

Une fonction f à valeurs réelles ou complexes, définie dans un ouvert U du plan $\mathbb{R}^2$, deux fois continûment dérivable, est harmonique dans U si et seulement si son laplacien est nul dans U :

$$\Delta f(x,y) = \frac{\partial^2 f}{\partial x^2}(x,y) + \frac{\partial^2 f}{\partial y^2}(x,y) = 0.$$

Exemple : en électrostatique, le potentiel électrique dans le vide est harmonique.

Le but du problème est de donner des exemples de telles fonctions puis de démontrer certaines propriétés de ces fonctions : le principe du maximum, la propriété de la moyenne, le fait que les fonctions bornées harmoniques dans tout le plan sont constantes.

Le plan $\mathbb{R}^2$ est supposé muni de la norme euclidienne.

Quelques exemples de fonctions harmoniques

1. Démontrer que les fonctions complexes f et g_n, $n \in \mathbb{N}$, définies dans le plan $\mathbb{R}^2$ par les relations ci-dessous, sont harmoniques :

$$f(x,y) = e^{x+iy} \ ; \ g_n(x,y) = (x+iy)^n.$$

2. Déterminer les fonctions u réelles, de classe $\mathcal{C}^2$, définies sur la demi-droite ouverte $]0,\infty[$, telles que chaque fonction h, définie dans le plan $\mathbb{R}^2$ privé du point O ($\mathbb{R}^2 \setminus \{O\}$) par la relation ci-dessous, soit harmonique :

$$h(x,y) = u(\sqrt{x^2+y^2}).$$

Poser si nécessaire $r = \sqrt{x^2+y^2}$.

3. Déterminer les fonctions ν réelles, de classe $\mathcal{C}^2$, définies sur la droite réelle $\mathbb{R}$, telles que chaque fonction k, définie dans le plan $\mathbb{R}^2$ privé de l'axe $y'Oy$ ($\mathbb{R}^2 \setminus y'Oy$) par la relation ci-dessous, soit harmonique.

$$k(x,y) = \nu\Big(\frac{y}{x}\Big).$$

Soit la suite $(u_n)_{n\in\mathbb{N}}$ de fonctions définies dans tout le plan $\mathbb{R}^2$ par les relations suivantes :

$$u_n(x,y) = (-1)^n \frac{(x+iy)^n}{(2n)!}.$$

4. Soit K un ensemble fermé borné quelconque du plan $\mathbb{R}^2$; démontrer que la restriction $u_{n|K}$ de la fonction u_n au fermé K est le terme général d'une série de fonctions uniformément convergente.

En déduire que la série de fonctions de terme général u_n converge en tout point du plan et que sa somme, la fonction φ, définie par la relation suivante

$$\varphi(x,y) = \sum_{n=0}^{\infty} u_n(x,y)$$

est continue dans le plan.

5. Démontrer que cette fonction φ est harmonique dans tout le plan $\mathbb{R}^2$.

Principe du maximum

Soit f une fonction réelle harmonique définie dans tout le plan $\mathbb{R}^2$. Soit D le disque fermé de centre O et de rayon strictement positif r ($r > 0$) ; soit C le cercle de centre O et de rayon r :

$$D = \{(x, y) \mid x^2 + y^2 \leqslant r^2\},$$
$$C = \{(x, y) \mid x^2 + y^2 = r^2\}.$$

Étant donné un entier strictement positif p ($p > 0$), soit f_p la fonction définie dans $\mathbb{R}^2$ par la relation suivante :

$$f_p(x, y) = f(x, y) + \frac{x^2 + y^2}{p}.$$

6. Démontrer l'existence d'un point M_p de coordonnées a_p et b_p, appartenant au disque fermé D en lequel la fonction f_p atteint son maximum :

$$f_p(a_p, b_p) = \max_{(x,y)\in D} f_p(x, y).$$

7. Démontrer que, si le point M_p appartient à l'intérieur du disque D, les deux dérivées secondes de la fonction f_p, obtenus en dérivant deux fois par rapport à x ou deux fois par rapport à y, sont, en ce point M_p, négatives ou nulles :

$$\frac{\partial^2 f_p}{\partial x^2}(a_p, b_p) \leqslant 0 \ ; \ \frac{\partial^2 f_p}{\partial y^2}(a_p, b_p) \leqslant 0.$$

8. En déduire, en calculant par exemple le laplacien de la fonction f_p, que le point M_p est situé sur le cercle C.

9. Démontrer qu'il existe un point P de coordonnées a et b du cercle C en lequel la fonction f atteint son maximum sur D :

$$f(a, b) = \max_{(x,y)\in D} f(x, y).$$

10. En déduire que deux fonctions harmoniques dans le plan $\mathbb{R}^2$ égales le long d'un cercle C du plan (de rayon strictement positif), sont égales dans tout le disque D de frontière C.

Propriété de la moyenne

Soit f une fonction réelle harmonique définie dans le plan $\mathbb{R}^2$. Étant donnés un point M_0 de coordonnées x_0 et y_0 et un réel ρ positif ou nul, soit F la fonction définie sur la demi-droite fermée $[0, \infty[$ par la relation suivante :

$$F(\rho) = \int_0^{2\pi} f(x_0 + \rho\cos\theta, y_0 + \rho\sin\theta)d\theta.$$

11. Démontrer que la fonction F est définie et continue sur la demi-droite fermée $[0, \infty[$.

12. Démontrer que la fonction F est continûment dérivable. Préciser sa dérivée $F'(\rho)$.

13. Démontrer que le produit $\rho.F'(\rho)$ est égal à la valeur d'une intégrale curviligne d'une forme différentielle $\alpha = A(x,y)dx + B(x,y)dy$ le long d'un arc orienté Γ :

$$\rho.F'(\rho) = \int_\Gamma \big(A(x,y)\,dx + B(x,y)\,dy\big).$$

Préciser la forme différentielle α et l'arc orienté Γ.

14. Démontrer que la fonction F est une fonction constante ; préciser sa valeur.

15. Soit D le disque fermé de centre le point M_0 de coordonnées (x_0, y_0) et de rayon r $(r > 0)$; démontrer que l'intégrale double I de la fonction f étendue au disque D se calcule simplement en fonction de $f(x_0, y_0)$ suivant la relation :

$$I = \iint_D f(x,y)\,dx\,dy = \pi r^2 f(x_0, y_0).$$

Fonctions harmoniques bornées dans le plan

Soit f une fonction définie dans tout le plan, réelle, harmonique et bornée : il existe donc une constante C telle qu'en tout point (x, y) du plan :

$$|f(x,y)| \leqslant C.$$

16. Soient deux disques fermés D_1 et D_2 de centres, distincts l'un de l'autre, O et M_0, de coordonnées respectives $(0,0)$ et (x_0, y_0). Soit r le rayon commun de ces disques. La distance d des centres O et M_0 (égale à $\sqrt{x_0^2 + y_0^2}$) est supposée strictement inférieure au rayon r $(0 < d < r)$. Soit L_2 l'ensemble des points du disque D_2 qui ne sont pas dans le disque D_1.

En considérant par exemple un disque contenu dans l'intersection des disques D_1 et D_2, démontrer que l'aire de L_2 est majorée par l'expression $\pi r d$.

17. À l'aide par exemple de la question 15, donner un majorant de la valeur absolue de la différence $f(x_0, y_0) - f(0,0)$ au moyen de la constante C, du rayon r et de d.

En déduire que la fonction f est constante.

Problème II

Soit φ la fonction définie sur la droite réelle par la relation suivante :

$$\text{si } |t| < 1,\ \varphi(t) = \exp\Big(\tfrac{1}{t^2-1}\Big)\,;\ \text{si } |t| \geqslant 1,\ \varphi(t) = 0.$$

Un difféomorphisme de la droite réelle $\mathbb{R}$ sur elle-même de classe $\mathcal{C}^1$ est dit difféomorphisme de classe C^∞ si la fonction f est indéfiniment dérivable.

Un difféomorphisme de $\mathbb{R}$ de classe $\mathcal{C}^\infty$

18. Démontrer que la restriction φ_I de la fonction φ à l'intervalle ouvert $I =]-1, 1[$ est indéfiniment dérivable et que, pour tout entier n, il existe un polynôme P_n tel que la dérivée $\varphi_I^{(n)}$ de φ_I d'ordre n s'écrive sous la forme suivante :

$$\varphi_I^{(n)}(t) = \frac{P_n(t)}{(t^2-1)^{2n}} \exp\Big(\frac{1}{t^2-1}\Big).$$

19. En déduire que la fonction φ est indéfiniment dérivable sur la droite réelle $\mathbb{R}$. Justifier, sans calcul, l'existence d'un majorant M de la valeur absolue de la dérivée première φ' sur la droite réelle :

$$M = \sup_{t \in \mathbb{R}} |\varphi'(t)|.$$

Étant donné un réel λ ($\lambda \in \mathbb{R}$), soit ψ_λ la fonction définie sur la droite réelle par la relation suivante :

$$\psi_\lambda(x) = x + \lambda\varphi(x).$$

20. Démontrer que, si la valeur absolue du réel λ est strictement majorée par $1/M$, ($|\lambda| < 1/M$), la fonction ψ_λ est une bijection de la droite réelle $\mathbb{R}$ sur elle-même et un difféomorphisme de classe $\mathcal{C}^\infty$ de $\mathbb{R}$.

Quelle est, dans ces conditions ($|\lambda| < 1/M$), l'image du segment $\overline{I} = [-1, 1]$ par l'application $x \mapsto \psi_\lambda(x)$? Que dire de la restriction de l'application $x \mapsto \psi_\lambda(x)$ aux demi-droites fermées $]-\infty, -1]$ et $[1, \infty[$?

Un difféomorphisme de classe $\mathcal{C}^1$ du plan $\mathbb{R}^2$, défini par des fonctions indéfiniment dérivables est appelé difféomorphisme de classe $\mathcal{C}^\infty$.

Difféomorphismes du plan $\mathbb{R}^2$ de classe $\mathcal{C}^\infty$

Le plan $\mathbb{R}^2$ est supposé muni de la norme euclidienne et rapporté à un repère orthonormé Oxy.

Étant donnés un réel λ ($\lambda \in \mathbb{R}$), un réel strictement positif r ($r > 0$) et un point P du plan $\mathbb{R}^2$ de coordonnées (p, q), soit $\theta^P_{\lambda,r}$ l'application de $\mathbb{R}^2$ dans lui-même définie par la relation suivante :

$$\theta^P_{\lambda,r} : \begin{pmatrix} x \\ y \end{pmatrix} \mapsto \begin{pmatrix} x + \lambda\varphi\Big(\big((x-p)^2 + (y-q)^2\big)\big)/r^2\Big) \\ y \end{pmatrix}.$$

L'image du point de coordonnées (x, y) par l'application $\theta^P_{\lambda,r}$ est le point de coordonnées :

$$\Big(x + \lambda\varphi\big(\frac{(x-p)^2 + (y-q)^2}{r^2}\big), y\Big).$$

21. Quelle est l'image par cette application $\theta^P_{\lambda,r}$ du point P ? du cercle C^P_r de centre le point P et de rayon égal à r ? de l'ouvert Ω^P_r des points du plan situés à une distance du point P strictement supérieure à r ?

Existence de difféomorphismes du plan de classe $\mathcal{C}^\infty$

22. Démontrer qu'il existe un réel m strictement positif tel que, si le réel λ a une valeur absolue strictement inférieure à m ($|\lambda| < m$), l'application $\theta^P_{\lambda,r}$ est une bijection du plan $\mathbb{R}^2$ sur lui-même et un difféomorphisme de classe $\mathcal{C}^\infty$ de $\mathbb{R}^2$.

Soient n points $A_1, A_2, \ldots, A_n$ du plan $\mathbb{R}^2$, deux à deux distincts, et deux points B et B', distincts entre eux et distincts des points A_i, $1 \leqslant i \leqslant n$. Les coordonnées des points A_i, $1 \leqslant i \leqslant n$, sont (x_i, y_i), $1 \leqslant i \leqslant n$; celles de B et B' respectivement (b, c) et (b', c').

Le but des questions 23 à 26 est de montrer qu'il existe un difféomorphisme de classe $\mathcal{C}^\infty$ du plan $\mathbb{R}^2$ transformant B en B' et laissant les points $A_1, A_2, \ldots, A_n$ invariants. Un difféomorphisme de classe $\mathcal{C}^\infty$ du plan $\mathbb{R}^2$ transformant B en B' et laissant les points $A_1, A_2, \ldots, A_n$ invariants est dit avoir la propriété $\mathcal{A}$.

Il est admis que l'ensemble des difféomorphismes de classe $\mathcal{C}^\infty$ du plan $\mathbb{R}^2$ est un groupe pour la loi de composition des applications.

Trois cas sont envisagés :

1er cas : Les points B et B' ont même ordonnée ; les ordonnées des points A_i, $1 \leqslant i \leqslant n$, sont toutes différentes de celle de B ($y_i \neq c = c'$).

23. Démontrer, dans ce cas, que si les points B et B' sont suffisamment proches, il existe une application $\theta^P_{\lambda,r}$ transformant B en B' et laissant les A_i, $1 \leqslant i \leqslant n$ invariants.

24. Démontrer, toujours dans ce cas, que, quelle que soit la position des points B et B', il existe une suite finie de bijections $\theta^{P_i}_{\lambda,r}$, $0 \leqslant i \leqslant k$, telle que la composée F de ces applications transforme B en B' et ait la propriété $\mathcal{A}$.

$$F = \theta^{P_k}_{\lambda,r} \circ \theta^{P_{k-1}}_{\lambda,r} \circ \cdots \circ \theta^{P_0}_{\lambda,r}.$$

2ième cas : Les points B et B' ont même abscisse ; les abscisses des points A_i, $1 \leqslant i \leqslant n$, sont toutes différentes de celle de B ($x_i \neq b = b'$).

25. Indiquer comment modifier l'application $\theta^P_{\lambda,r}$ en $\eta^P_{\lambda,r}$ pour construire un endomorphisme G transformant B en B' et ayant la propriété $\mathcal{A}$.

3ième cas : Les points B et B' n'ont plus d'abscisse ou d'ordonnée commune.

26. Établir l'existence d'un difféomorphisme H transformant B en B' et ayant la propriété $\mathcal{A}$.

Difféomorphisme transformant une suite de n points $A_1, A_2, \ldots, A_n$ en une suite de n points $A'_1, A'_2, \ldots, A'_n$.

27. Soient deux suites de points, deux à deux distincts, $A_1, A_2, \ldots, A_n$ et $A'_1, A'_2, \ldots, A'_n$ du plan $\mathbb{R}^2$. Démontrer qu'il existe un difféomorphisme K de classe $\mathcal{C}^\infty$ du plan $\mathbb{R}^2$, tel que chaque point A_i ait pour image le point A'_i.

Appréciation du problème

L'épreuve est constituée de deux problèmes indépendants. La première a trait au calcul différentiel sur les fonctions de deux variables, mais il n'est pas certain que l'auteur du sujet ait estimé à sa juste valeur les difficultés de rédaction, qui sont réelles. Dans cette mesure, et cette mesure seulement, le premier problème n'est pas aisé. Il suppose assimilés, non seulement le calcul différentiel et les formes différentielles, mais les séries de fonctions.

Le second sujet ne nécessite, quant à lui, que les fondements de la théorie des fonctions de $\mathbb{R}$ dans $\mathbb{R}$ et ceux du calcul différentiel des fonctions de plusieurs variables. La fin de l'énoncé est rédigée de façon un peu hésitante.

Corrigé détaillé

Problème I

1. ▷ On sait que, si φ est une fonction dérivable à valeurs complexes, $e^{\varphi(t)}$ définit une fonction complexe dérivable, de dérivée $\varphi'(t)e^{\varphi(t)}$. Par conséquent,

$$\frac{\partial f}{\partial x}(x,y) = e^{x+iy} \ ; \ \frac{\partial^2 f}{\partial x^2}(x,y) = e^{x+iy} \ ;$$
$$\frac{\partial f}{\partial y}(x,y) = ie^{x+iy}; \ \frac{\partial^2 f}{\partial y^2}(x,y) = -e^{x+iy}$$

et donc $\Delta f(x,y) = 0$.

▷ Dans ce qui suit, on utilisera le fait que, si φ est une fonction dérivable à valeurs complexes, $\big(\varphi(t)\big)^n$ définit une fonction complexe dérivable, de dérivée $n\big(\varphi(t)\big)^{n-1}$, avec la convention que cette quantité est nulle pour $n = 0$. La démonstration en repose sur la continuité et la bilinéarité la multiplication complexe. Elles entraînent en effet que, pour φ et ψ dérivables, $t \mapsto \varphi(t)\psi(t)$ est dérivable, de dérivée

Le résultat utilisé n'est pas clairement au programme.

$$\varphi'(t)\psi(t) + \varphi(t)\psi'(t).$$

Le résultat général s'en déduit par une récurrence immédiate sur n.
Ainsi,

$$\frac{\partial g_n}{\partial x}(x,y) = n(x+iy)^{n-1} \ ; \ \frac{\partial^2 g_n}{\partial x^2}(x,y) = n(n-1)(x+iy)^{n-2} \ ;$$
$$\frac{\partial g_n}{\partial y}(x,y) = in(x+iy)^{n-1} \ ; \ \frac{\partial^2 g_n}{\partial y^2}(x,y) = -n(n-1)(x+iy)^{n-2}$$

et $\Delta g_n(x,y) = 0$.

2. Notons Ω l'ouvert $\mathbb{R}^2 - \{0\}$. Puisque la fonction « racine carrée » est de classe $\mathcal{C}^\infty$ sur $]0,+\infty[$ et que $(x,y) \mapsto x^2 + y^2$ est polynomiale, donc de classe $\mathcal{C}^\infty$ sur Ω, et à valeurs dans $]0,+\infty[$, $(x,y) \mapsto \sqrt{x^2+y^2}$ est de classe $\mathcal{C}^\infty$ sur Ω par composition. Toujours par composition, h est de classe $\mathcal{C}^2$ sur Ω. De plus, en notant r l'expression $\sqrt{x^2+y^2}$,

Un singleton est fermé.
On utilise les théorèmes généraux ([**1**] et [**2**]).

$$\frac{\partial h}{\partial x}(x,y) = \frac{x}{r}u'(r) \ ;$$

$$\frac{\partial^2 h}{\partial x^2}(x,y) = \frac{1}{r}u'(r) - \frac{x^2}{r^3}u'(r) + \frac{x^2}{r^2}u''(r) = \frac{y^2}{r^3}u'(r) + \frac{x^2}{r^2}u''(r).$$

Puisque $h(x,y) = h(y,x)$, on a aussi

$$\frac{\partial^2 h}{\partial y^2}(x,y) = \frac{x^2}{r^3}u'(r) + \frac{y^2}{r^2}u''(r)$$

et par conséquent

$$\Delta h(x,y) = \frac{1}{r}u'(r) + u''(r).$$

Puisque l'image de Ω par r est $]0,+\infty[$, la condition nécessaire et suffisante pour que h soit harmonique est que, sur $]0,+\infty[$, u vérifie l'équation différentielle linéaire

$$u''(r) + \frac{1}{r}u'(r) = 0.$$

Cette équation est d'ordre 1 en u'. Par un résultat du cours, on obtient $u'(r) = \frac{C}{r}$, puis $u(r) = C\ln r + D$, où C et D sont deux constantes réelles. Ces fonctions sont les solutions du problème initial.

On utilise [3].

3. On note Ω l'ouvert $\mathbb{R}^2 - y'Oy$ et l'on pose $t = \frac{y}{x}$. L'application k est de classe $\mathcal{C}^2$ sur Ω d'après les théorèmes généraux et

$$\frac{\partial k}{\partial x}(x,y) = -\frac{y}{x^2}v'(t) \ ; \ \frac{\partial^2 k}{\partial x^2}(x,y) = 2\frac{y}{x^3}v'(t) + \frac{y^2}{x^4}v''(t) \ ;$$

$$\frac{\partial k}{\partial y}(x,y) = \frac{1}{x}v'(t) \ ; \qquad \frac{\partial^2 k}{\partial y^2}(x,y) = \frac{1}{x^2}v''(t).$$

Donc

$$\Delta k(x,y) = 2\frac{y}{x^3}v'(t) + \frac{y^2+x^2}{x^4}v''(t).$$

$y'Oy$, image réciproque de 0 par la première forme coordonnée, est fermé dans $\mathbb{R}^2$.

Puisque $(x,y) \mapsto t(x,y)$ est surjective sur $\mathbb{R}$, k est harmonique si et seulement si v est solution sur $\mathbb{R}$ de l'équation différentielle linéaire

$$(1+t^2)v''(t) + 2tv'(t) = 0,$$

équation qui se résout comme la précédente. On obtient d'abord $v'(t) = \frac{C}{1+t^2}$, puis $v(t) = C\arctan t + D$, où C et D sont deux constantes réelles. Ces fonctions sont les solutions du problème initial.

4. Soit M une borne de K pour la norme euclidienne de $\mathbb{R}^2$. On a, pour $(x,y) \in K$,

$$|u_n(x,y)| \leqslant \frac{M^n}{(2n)!}.$$

L'hypothèse que K est fermé n'interviendra jamais.

La série majorante, indépendante de (x, y), est absolument convergente puisque c'est une sous-série de $\left\{\frac{(\sqrt{M})^n}{(n)!}\right\}$. Par conséquent, la série de fonctions $\{u_n\}$ converge normalement sur K, et donc uniformément.

Série de l'exponentielle.

Il en résulte, d'une part la convergence simple de la série $\{u_n\}$, d'autre part la continuité sur K de la somme φ de cette série de fonctions.

On utilise [4].

Comme tout point (x_0, y_0) de $\mathbb{R}^2$ admet un voisinage fermé borné, par exemple $B'((x_0, y_0), 1)$, φ est continue sur $\mathbb{R}^2$.

La continuité est une propriété locale.

5. ▷ Montrons tout d'abord que $\frac{\partial \varphi}{\partial x}$ est bien définie et est continue sur $\mathbb{R}^2$. Nous savons, grâce à **1**, que

$$\frac{\partial u_n}{\partial x}(x, y) = (-1)^n \frac{n(x+iy)^{n-1}}{(2n)!}.$$

Soit (x_0, y_0) un point fixé et $x \in]x_0 - 1, x_0 + 1[$. Nous disposons de la majoration

$$\left|\frac{\partial u_n}{\partial x}(x, y_0)\right| \leqslant \frac{nM^{n-1}}{(2n)!}.$$

La série majorante, indépendante de x, est convergente. Il en résulte que la série de fonctions $\left\{x \mapsto \frac{\partial u_n}{\partial x}(x, y_0)\right\}$ est normalement, donc uniformément, convergente sur $]x_0 - 1, x_0 + 1[$.

Un théorème du cours affirme alors que $x \mapsto \varphi(x, y_0)$ est de classe $\mathcal{C}^1$ sur $]x_0 - 1, x_0 + 1[$, de dérivée égale par définition à $\frac{\partial \varphi}{\partial x}(x, y_0)$. Ce même théorème précise que la dérivée partielle $\frac{\partial \varphi}{\partial x}(x_0, y)$ existe et est égale à $\sum\limits_{n \geqslant 0} \frac{\partial u_n}{\partial x}(x_0, y_0)$.

On utilise [5].

Ainsi, $\frac{\partial \varphi}{\partial x}(x, y)$ existe pour tout (x, y) dans $\mathbb{R}^2$. En outre, si $(x, y) \in B'((x_0, y_0), 1)$, on a toujours la majoration

$$\left|\frac{\partial u_n}{\partial x}(x, y)\right| \leqslant \frac{nM^{n-1}}{(2n)!},$$

majoration qui entraîne la convergence normale de la série $\{\frac{\partial u_n}{\partial x}\}$ sur $B'((x_0, y_0), 1)$.

La somme de cette série est par conséquent continue sur $B'((x_0, y_0), 1)$, et donc sur $\mathbb{R}^2$.

On utilise à nouveau [4].

On a finalement montré que φ admet une dérivée partielle par rapport à x en tout point de $\mathbb{R}^2$ et que cette dérivée partielle, égale à $\sum\limits_{n \geqslant 0} \frac{\partial u_n}{\partial x}$, est continue sur $\mathbb{R}^2$.

▷ On démontre de même l'existence et la continuité des autres dérivées partielles données ci-dessous, leur valeur étant elle aussi obtenue semblablement :

$$\frac{\partial^2 \varphi}{\partial x^2} = \sum_{n \geqslant 0} \frac{\partial^2 u_n}{\partial x^2} \; ; \; \frac{\partial^2 \varphi}{\partial y^2} = \sum_{n \geqslant 0} \frac{\partial^2 u_n}{\partial y^2}.$$

Les calculs et les démonstrations sont identiques, et reposent sur des majorations analogues qui s'écrivent, avec des notations semblables à celles de l'alinéa précédent,

$$\left|\frac{\partial u_n}{\partial y}(x,y)\right| \leqslant \frac{nM^{n-1}}{(2n)!} \ ; \ \left|\frac{\partial^2 u_n}{\partial x^2}(x,y)\right| \leqslant \frac{n(n-1)M^{n-2}}{(2n)!} \ ;$$
$$\left|\frac{\partial^2 u_n}{\partial y^2}(x,y)\right| \leqslant \frac{n(n-1)M^{n-2}}{(2n)!}.$$

Finalement, φ est de classe $\mathcal{C}^2$ sur $\mathbb{R}^2$ et son laplacien satisfait aux égalités

Définition d'une application de classe $\mathcal{C}^2$.

$$\Delta\varphi = \sum_{n\geqslant 0} \frac{\partial^2 u_n}{\partial x^2} + \sum_{n\geqslant 0} \frac{\partial^2 u_n}{\partial y^2} = \sum_{n\geqslant 0} \Delta u_n = 0$$

d'après la question **1**.

6. Le disque D, fermé dans $\mathbb{R}^2$ et borné, est un compact. L'application f étant de classe $\mathcal{C}^2$, elle est continue sur $\mathbb{R}^2$, et f_p aussi par voie de conséquence.

On utilise [6].

Cette dernière fonction est donc bornée sur D et réalise son maximum en au moins un point M_p de D.

On utilise [7].

7. Si M_p est dans $\overset{\circ}{D}$, qui est ouvert dans $\mathbb{R}^2$, f_p atteint en ce point un maximum relatif. On sait qu'alors sa matrice hessienne est une matrice symétrique négative. En particulier, ses termes diagonaux, qui sont les valeurs prises sur les vecteurs de la base canonique par la forme quadratique attachée, sont négatifs ou nuls. On a donc bien

On utilise [8].

$$\frac{\partial^2 f_p}{\partial x^2}(M_p) \leqslant 0 \text{ et } \frac{\partial^2 f_p}{\partial y^2}(M_p) \leqslant 0.$$

8. On a
$$\Delta f_p(M_p) = \Delta f(M_p) + \frac{4}{p} = \frac{4}{p} > 0.$$

D'après **7**, M_p ne peut être dans $\overset{\circ}{D}$. Donc M_p est sur C.

9. Puisque C est compact, on peut extraire de la suite (M_p) une suite $\big(M_{\theta(p)}\big)$ convergeant vers un point P de C, θ étant une application strictement croissante de $\mathbb{N}$ dans $\mathbb{N}$. Si Q est un point quelconque de D, on a

On utilise [9].

$$\forall p \ f(Q) \leqslant f_p(Q) \leqslant f_p(M_p) = f(M_p) + \frac{r^2}{p}.$$

Si l'on applique cette majoration à $\theta(p)$ au lieu de p et que l'on fasse tendre p vers ∞, on obtient, grâce à la continuité de f,

$$f(Q) \leqslant f(P).$$

C'est dire que f réalise en P son maximum sur D.

10. Puisque la différence de deux fonctions harmoniques est harmonique, tout revient à montrer qu'une application h, harmonique dans $\mathbb{R}^2$ et nulle sur C, est nulle sur D. D'après la

Linéarité du laplacien.

question **9**, le maximum absolu sur D de h est réalisé sur C, donc h est négative sur D. Mais $-h$ étant elle aussi harmonique, h est positive sur D. Donc h est nulle sur D.

11. Puisque $\theta \mapsto f(x_0 + \rho\cos\theta, y_0 + \rho\sin\theta)$ est continue sur le segment $[0, 2\pi]$, $F(\rho)$ est bien défini. En outre, l'application

$$\left\{\begin{array}{rcl} [0,\infty[\times[0,2\pi] & \to & \mathbb{R} \\ (\rho,\theta) & \overset{g}{\mapsto} & f(x_0 + \rho\cos\theta, y_0 + \rho\sin\theta) \end{array}\right.$$

est continue.
Un théorème du cours assure que F est continue sur $[0, \infty[$.

On utilise **[10]**.

12. L'application $\rho \mapsto g(\rho, \theta)$ est dérivable, de dérivée

$$\frac{\partial g}{\partial \rho}(\rho,\theta) = \cos\theta \frac{\partial f}{\partial x}(x_0 + \rho\cos\theta, y_0 + \rho\sin\theta) + \sin\theta \frac{\partial f}{\partial y}(x_0 + \rho\cos\theta, y_0 + \rho\sin\theta).$$

Comme $\frac{\partial g}{\partial \rho}$ est continue sur $[0, \infty[\times[0, 2\pi]$, un théorème du cours assure que F est de classe $\mathcal{C}^1$ sur $[0,\infty[$, de dérivée donnée par l'égalité

$$F'(\rho) = \int_0^{2\pi} \frac{\partial g}{\partial \rho}(\rho,\theta)\, d\theta.$$

On utilise **[11]**.

13. Notons α la forme différentielle

$$\frac{\partial f}{\partial y}(x,y)\, dx + \frac{\partial f}{\partial x}(x,y)\, dy.$$

Si Γ est le cercle C, décrit une fois dans le sens positif par le paramétrage $\theta \mapsto (x_0 + \rho\cos\theta, y_0 + \rho\sin\theta)$ sur $[0, 2\pi]$, on a

$$\int_\Gamma \alpha = \int_0^{2\pi} \Big(\rho\sin\theta \frac{\partial f}{\partial y}(x_0 + \rho\cos\theta, y_0 + \rho\sin\theta) + \rho\cos\theta \frac{\partial f}{\partial x}(x_0 + \rho\cos\theta, y_0 + \rho\sin\theta)\Big)\, d\theta$$

$$= \rho \int_0^{2\pi} \frac{\partial g}{\partial \rho}(\rho,\theta)\, d\theta = \rho F'(\rho).$$

14. La forme α est de classe $\mathcal{C}^1$ sur $\mathbb{R}^2$. Comme f est harmonique, elle vérifie la condition

$$\frac{\partial A}{\partial y}(x,y) = -\frac{\partial^2 f}{\partial y^2}(x,y) = \frac{\partial^2 f}{\partial x^2}(x,y) = \frac{\partial B}{\partial x}(x,y).$$

Le théorème de Poincaré, appliqué à $\mathbb{R}^2$, qui est bien un ouvert de $\mathbb{R}^2$, étoilé (par rapport à 0 par exemple), assure que α admet une primitive ψ dans $\mathbb{R}^2$.

On utilise **[12]**.

Par conséquent,

$$\int_\Gamma \alpha = \psi(1,0) - \psi(1,0) = 0.$$

L'intégrale sur un lacet d'une forme exacte est nulle.

Finalement, $\rho F'(\rho) = 0$ pour tout $\rho \geqslant 0$. En particulier, F' est nulle sur $]0, \infty[$, donc F y est constante. Comme elle est continue en 0, F est constante sur $[0, \infty[$, et cette valeur constante est $F(0)$, c'est-à-dire $2\pi f(x_0, y_0)$.

15. Grâce à un changement de variables en coordonnées polaires de pôle (x_0, y_0), on obtient

Changement de variables en polaires : $dxdy = \rho d\rho d\theta$.

$$I = \iint_{\theta \in [0,2\pi], \rho \in [0,r]} f(x_0 + \rho \cos\theta, y_0 + \rho \sin\theta) \rho \, d\rho \, d\theta.$$

Calculons cette nouvelle intégrale double par deux intégrations successives. Compte tenu de la question **14**, il vient

$$I = \int_0^r \Big(\int_0^{2\pi} f(x_0 + \rho\cos\theta, y_0 + \rho\sin\theta)\, d\theta \Big) \rho \, d\rho = \pi f(x_0, y_0) r^2.$$

16. Un dessin nous permet de visualiser la situation.

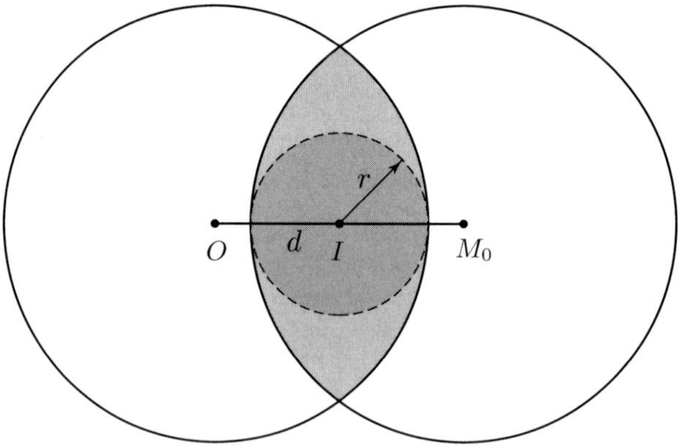

Le fait que $OM_0 < r$, donc que $OM_0 < 2r$, entraîne en particulier que les deux disques ont une intersection lenticulaire que l'on note E. Considérons le milieu I de O et M_0, à une distance $\frac{d}{2}$ de O, et le disque D de centre I et de rayon $r - \frac{d}{2} > 0$. Montrons que $D \subset E$.
Si $M \in D$, on a, d'après l'inégalité triangulaire,

$$OM \leqslant OI + IM \leqslant r - \frac{d}{2} + \frac{d}{2} = r.$$

Donc $M \in D_1$ et, par symétrie de centre I, $M \in D_2$. Finalement, $M \in D_1 \cap D_2 = E$ et $D \subset E$. En particulier, $\text{aire}(E) \geqslant \text{aire}(D) = \pi(r - \frac{d}{2})^2$.

Croissance de l'intégrale.

Comme $E \subset D_2$ et comme $L_2 \subset D_2 - E$, on a finalement la majoration

$$\text{aire}(L_2) \leqslant \text{aire}(D_2) - \text{aire}(E) = \pi r^2 - \pi(r - \frac{d}{2})^2 = \pi \frac{dr}{2} \leqslant \pi dr.$$

17. Avec les notations de la question **16**,

$$\pi r^2(f(x_0,y_0)-f(0,0))$$
$$=\iint_{D_2} f-\iint_{D_1} f=\iint_{L_2} f+\iint_{L_1} f$$

Additivité de l'intégration vis-à-vis des ensembles.

lorsque $L_1 = D_1 \setminus D_2$. Par conséquent,

$$\left|\pi r^2\big(f(x_0,y_0)-f(0,0)\big)\right| \leqslant 2\pi r dC,$$

et après division par πr^2,

$$|f(x_0,y_0)-f(0,0)| \leqslant 2\frac{dC}{r}.$$

Cette inégalité est vérifiée quel que soit $r > d$. Comme d et C sont des constantes, on obtient, en faisant tendre r vers ∞, $f(x_0,y_0) = f(0,0)$. Cela montre bien que f est constante sur $\mathbb{R}^2$.

Problème II

18. Les théorèmes généraux assurent que φ_I est de classe $\mathcal{C}^\infty$ sur I. Montrons, par récurrence sur n, que $\varphi_I^{(n)}$ admet l'expression annoncée. Le résultat est clair pour $n = 0$. Si on le suppose vrai pour n, alors

Il est inutile et vain de chercher à calculer P_n.

$$\varphi_I^{(n+1)}(t)$$
$$=\Big(\frac{P_n'(t)}{(t^2-1)^{2n}}-\frac{4ntP_n(t)}{(t^2-1)^{2n+1}}-\frac{2tP_n(t)}{(t^2-1)^{2n+2}}\Big)\exp\Big(\frac{1}{t^2-1}\Big)$$
$$=\frac{P_{n+1}(t)}{(t^2-1)^{2n+2}}\exp\Big(\frac{1}{t^2-1}\Big),$$

où

$$P_{n+1}(t) = (t^2-1)^2P_n'(t) - 4nt(t^2-1)P_n(t) - 2tP_n(t).$$

19. ▷ La fonction φ est de classe $\mathcal{C}^\infty$ sur $\mathbb{R}^*$. Étudions-la au voisinage de 1. À droite de ce point, toutes les dérivées de φ tendent vers 0. Au voisinage à gauche de 1, la question **18** nous permet d'affirmer que

$$\varphi^{(n)}(t) = \frac{P_n(t)}{(t+1)^{2n}}\frac{1}{(t-1)^{2n}}\exp\Big(\frac{1}{t^2-1}\Big).$$

Comme $\frac{P_n(t)}{(t+1)^{2n}}$ définit une fonction continue en 1, c'est un $O(1)$ au voisinage de 1. D'autre part,

Trouver la limite de $\varphi^{(n)}(t)$ en 1^- nécessite un raisonnement détaillé.

$$\ln\Big|\frac{1}{(t-1)^{2n}}\exp\Big(\frac{1}{t^2-1}\Big)\Big| = -2n\ln|t-1| + \frac{1}{t^2-1}.$$

Mais $\frac{1}{t^2-1} \sim \frac{1}{2(t-1)}$ et cette quantité est prépondérante devant

$\ln|t-1|$ au voisinage de 1. Par conséquent,

$$\ln\left|\frac{1}{(t-1)^{2n}}\exp\left(\frac{1}{t^2-1}\right)\right| \sim \frac{1}{2(t-1)}$$

et tend donc vers $-\infty$ lorsque t tend vers 1 par valeurs inférieures. Il en résulte que $\frac{1}{(t-1)^{2n}}\exp\left(\frac{1}{t^2-1}\right)$ tend vers 0, puis que $\varphi^{(n)}(t)$ tend aussi vers 0.

Puisque φ est continue en 1 et que toutes ses dérivées tendent vers 0 en ce point, φ est de classe $\mathcal{C}^\infty$ sur un voisinage de 1. Par symétrie, c'est vrai aussi au voisinage de -1.
Donc φ est de classe $\mathcal{C}^\infty$ sur $\mathbb{R}$.

On utilise [13].

▷ Puisque φ' est continue sur le segment $[-1, 1]$, elle y est bornée par M. Cette même borne est valable sur $\mathbb{R}$, puisque $\varphi' = 0$ en dehors de $[-1, 1]$.

On utilise à nouveau [7].

20. ▷ La fonction ψ_λ est de classe $\mathcal{C}^\infty$ sur $\mathbb{R}$. De plus, $\psi'_\lambda(x) = 1 + \lambda\varphi'(x)$, donc $\psi'_\lambda(x) \geqslant 1 - M\lambda > 0$.

Il en découle que ψ_λ est un difféomorphisme de classe $\mathcal{C}^\infty$ sur son image. Mais $\psi_\lambda(x) = x$ pour $x \geqslant 1$, et donc $\psi_\lambda(x)$ tend vers $+\infty$ lorsque x tend vers $+\infty$. De même, $\psi_\lambda(x)$ tend vers $-\infty$ lorsque x tend vers $-\infty$.

On utilise [14].

D'après le théorème des valeurs intermédiaires, l'image de ψ_λ est $\mathbb{R}$ tout entier.

On utilise [15].

▷ Puisque ψ_λ est croissante et continue, elle envoie le segment $[-1, 1]$ sur le segment $[\psi_\lambda(-1), \psi_\lambda(1)]$, c'est-à-dire sur $[-1, 1]$. D'autre part, sur chacune des demi-droites $]-\infty, -1]$ et $[1, +\infty[$, ψ_λ est clairement l'identité.

21. Nous abrégerons $\theta^P_{\lambda,r}$ en θ et noterons $X(x, y)$ la première coordonnée de $\theta(x, y)$.

▷ On a
$$\theta(P) = (p + \lambda\varphi(0), q) = (p + \lambda e^{-1}, q).$$

▷ Soit $N = (x, y)$ un point de C^p_r. On a
$$\theta(N) = (x + \lambda\varphi(1), y) = N.$$

L'image de C^p_r est donc C^p_r.

▷ Si N est à l'extérieur de C^p_r, $\theta(N) = N$ par le même calcul que précédemment.

22. Nous conservons les notations abrégées de la question **21**.

▷ Puisque φ est de classe $\mathcal{C}^\infty$, les théorèmes généraux nous assurent que la fonction θ est de classe $\mathcal{C}^\infty$.

On utilise principalement [2].

Montrons qu'elle est injective et, pour cela, considérons (x, y) et (x_1, y_1) tels que $\theta(x, y) = \theta(x_1, y_1)$. Il s'agit de montrer que $(x, y) = (x_1, y_1)$. Si ces deux points sont en dehors du disque $D(P, r)$ c'est clair puisque θ est alors l'identité. Il n'est d'autre part pas possible que (x_1, y_1) soit en dehors du disque et (x, y) dedans, puisqu'alors $X(x,y) \neq x$. Nous sommes donc conduits à montrer que la restriction de θ à $D(P,r)$ est injective pour $|\lambda|$ assez petit.

Posons $S_P(x,y) = \frac{(x-p)^2+(y-q)^2}{r^2}$. Si $\theta(x,y) = \theta(x_1,y_1)$, $y = y_1$ immédiatement, puis

$$x - x_1 = \lambda\Big(\varphi\big(S_P(x_1,y)\big) - \varphi\big(S_P(x,y)\big)\Big).$$

Or la fonction $\frac{\partial S_P}{\partial x}$ est bornée sur le compact $D'(P,r)$, et cette borne est d'ailleurs la même que celle de la fonction S_O sur $D'(O,r)$, donc ne dépend que de r. Soit A une borne de cette fonction. Grâce à l'inégalité des accroissements finis,

On utilise encore [7].

$$|S_P(x_1,y) - S_P(x,y)| \leqslant A|x_1 - x|,$$

donc

$$|\varphi\big(S_P(x_1,y)\big) - \varphi\big(S_P(x,y)\big)| \leqslant M|S_P(x_1,y) - S_P(x,y)| \leqslant MA|x_1 - x|.$$

Finalement,

$$|x_1 - x| \leqslant |\lambda| MA|x_1 - x|.$$

Si l'on prend $|\lambda| < \frac{1}{MA} = m$, on est assuré que θ est injective. On remarquera pour la suite que m ne dépend que de r.

La remarque est importante, d'autant qu'il est facile de commettre des erreurs à ce propos.

▷ Il est d'abord évident que l'image de θ contient les points à une distance de P supérieure ou égale à r, puisqu'alors θ est l'identité. Soit à présent (α, y) dans le disque $D(0,r)$. Cherchons x tel que $\varphi(x,y) = (\alpha, y)$ ou de façon équivalente tel que

$$h(x) = x + \lambda\varphi\Big(\frac{(x-p)^2 + (y-q)^2}{r^2}\Big) = \alpha.$$

Il suffit donc de montrer que h est surjective sur $\mathbb{R}$. Mais $h(x) = x$ pour x en dehors de $]-r, r[$, donc h tend vers $+\infty$ en $+\infty$ et vers $-\infty$ en $-\infty$.

Le théorème des valeurs intermédiaires entraîne bien le résultat.

On utilise à nouveau [15].

▷ D'après le théorème d'inversion globale, θ est un $\mathcal{C}^\infty$-difféomorphisme si son déterminant jacobien ne s'annule pas sur $\mathbb{R}^2$. Or

On utilise [16].

$$\frac{\partial X}{\partial x}(x,y) = 1 + \lambda\varphi'(S_P(x,y))\frac{\partial S_P}{\partial x}(x,y).$$

Mais

$$\Big|\lambda\varphi'(S_P(x,y))\frac{\partial S_P}{\partial x}(x,y)\Big| \leqslant |\lambda| m < 1$$

grâce au choix de λ. Par conséquent, $\frac{\partial X}{\partial x}(x,y) > 0$ et donc

$$\frac{D(X,Y)}{D(x,y)} = \begin{vmatrix} \frac{\partial X}{\partial x}(x,y) & \frac{\partial X}{\partial y}(x,y) \\ 0 & 1 \end{vmatrix} > 0.$$

$\frac{D(X,Y)}{D(x,y)}$ est une notation plus ou moins standard pour désigner le déterminant jacobien de $(x,y) \mapsto (X,Y)$.

23. Prenons pour r un réel strictement positif et strictement plus petit que $\min_{1 \leqslant i \leqslant n} d(B, A_i)$. On suppose B et B' assez proches pour que $|b - b'| \leqslant \frac{m}{e}$. Posons $P = B$ et $\lambda = e(b - b')$, de sorte que $b' = b + e^{-1}\lambda$. On sait grâce à la question **21** que $\theta^P_{\lambda,r}(B) = B'$ et, grâce à la même question, que $\theta^P_{\lambda,r}$ est l'identité sur Ω^P_r. Donc $\theta^P_{\lambda,r}$ laisse bien les A_i invariants.

Il faut remarquer que m ne dépend pas de P, mais qu'il dépend de r.

24. Soit B et B' deux points de même ordonnée, et notons r un réel strictement positif et strictement plus petit que le minimum des distances des A_i à la droite joignant B et B'. On note m le réel associé à r par la question **22**. Considérons une suite finie de points $(B_j)_{0 \leqslant j \leqslant q}$ sur cette droite, réalisant une subdivision du segment $[BB']$, telle que $d(B_j, B_{j+1}) < m$. D'après la question **22**, on peut trouver des $\mathcal{C}^\infty$-difféomorphismes que, pour la simplicité, l'on note θ_j, tels que $\theta_j(B_j) = B_{j+1}$ et qui laissent les A_i fixes. Si $F = \theta_{q-1} \circ \cdots \circ \theta_0$, F est toujours un $\mathcal{C}^\infty$-difféomorphisme laissant fixes les A_i et envoyant B_0 sur B_q, c'est-à-dire B sur B'.

On utilise le fait que la composée de $\mathcal{C}^\infty$ difféomorphismes vérifiant $\mathcal{A}$ est encore un $\mathcal{C}^\infty$ difféomorphisme vérifiant $\mathcal{A}$.

25. Il suffit bien entendu d'intervertir les coordonnées x et y.

26. ▷ Considérons une droite affine D du plan $\mathbb{R}^2$ et un repère de $\mathbb{R}^2$ choisie de façon que le nouvel axe des abscisses soit la droite D ce qui permet d'identifier d'une autre façon ce plan à $\mathbb{R}^2$. La question **24** montre que, si B et B' sont sur D et si aucun des A_i n'est sur D, on peut trouver un $\mathcal{C}^\infty$-difféomorphisme ayant la propriété $\mathcal{A}$ et envoyant B sur B'.

▷ Soit deux points B et B' distincts de $\mathbb{R}^2$. Considérons une droite D_1 passant par B et ne contenant aucun des A_i, dont l'existence est certaine, puisqu'il existe une infinité de droites passant par B. Considérons une droite D_2 passant par B', ne contenant aucun des A_i et pas parallèle à D, dont l'existence est assurée pour les mêmes raisons. Soit B'' le point d'intersection de B et B'. Il existe un $\mathcal{C}^\infty$-difféomorphisme F ayant la propriété $\mathcal{A}$ et envoyant B sur B'', un $\mathcal{C}^\infty$-difféomorphisme G ayant la propriété $\mathcal{A}$ et envoyant B'' sur B'. Alors $H = G \circ F$ est un $\mathcal{C}^\infty$-difféomorphisme F ayant la propriété $\mathcal{A}$ et envoyant B sur B'.

27. On raisonne par récurrence sur n. Le résultat est clair pour $n = 1$. Supposons-le vrai pour $n - 1$. Il existe donc un $\mathcal{C}^\infty$-difféomorphisme F envoyant A_i sur A'_i pour $i \in [\![1, n-1]\!]$. Il existe d'autre part un $\mathcal{C}^\infty$-difféomorphisme G envoyant $F(A_n)$ sur A'_n et laissant fixes les A'_i pour $i \in [\![1, n-1]\!]$. Soit $K = G \circ F$. C'est bien un $\mathcal{C}^\infty$-difféomorphisme qui répond à la question.

Quelques indications

7. Utiliser le fait que les termes diagonaux d'une matrice symétrique négative sont négatifs ou nuls.

10. Considérer la différence des deux fonctions et lui appliquer **9**.

13. Introduire $\alpha = -\frac{\partial f}{\partial y}(x, y)\,dx + \frac{\partial f}{\partial x}(x, y)\,dy$.

14. Appliquer le théorème de Poincaré à la forme α.

15. Passer en polaires.

22. Montrer l'injectivité en étudiant différents cas et en utilisant l'inégalité des accroissements finis dans le cas de deux points dans $D(0, r)$. Montrer la surjectivité par application du théorème des accroissements finis. Utiliser pour conclure le théorème d'inversion globale.

24. Passer de B à B' par une suite de points suffisamment proches sur le segment $[BB']$.

26. Par changement de base, montrer que l'on peut remplacer les droites $x = c^{te}$ par des droites arbitraires. Passer de B à B' par un point B'' tel que les droites (BB') et $(B'B'')$ ne contiennent aucun A_i.

Commentaires

L'épreuve est constituée de deux problèmes indépendants, ce qui est une relative nouveauté dans le concours Mines-Ponts. D'ailleurs, le premier problème est lui-même constitué d'une série de sujets indépendants, plus ou moins liés par un thème commun, celui des fonctions harmoniques. Le second énoncé, plus homogène, mérite mieux le nom de problème. Les deux parties portent sur le calcul différentiel. Le premier sujet, sans comporter d'erreur manifeste, est un peu décousu en son début et il n'est pas certain que son auteur ait mesuré les difficultés, en particulier liées à la lettre du programme, que le candidat a pu rencontrer pour en rédiger une solution satisfaisante. D'autre part, ce premier problème consiste principalement en une succession d'exercices d'oral, d'ailleurs assez classiques.

Premier problème.

La question **1** pose déjà un cas de conscience. Si le programme prévoit explicitement la dérivée d'une fonction du type $e^{\varphi(t)}$, où φ est à valeurs complexes, il n'en va pas de même d'une fonction $\varphi(t)^n$. Il faut remarquer qu'appliquer une composition directe n'aurait aucun sens, puisque cela supposerait connaître la notion de fonction dérivable de la variable complexe ($z \mapsto z^n$). Dans mon corrigé, j'ai pris le risque mesuré d'appliquer un résultat pas au programme en me contentant d'en donner une démonstration schématique. En énonçant le résultat utilisé (je me place du point de vue du candidat, bien entendu), j'élimine au moins la possibilité que le correcteur averti considère que je n'ai pas vu la difficulté. D'un autre côté, en ne donnant pas la démonstration, je gagne un temps précieux, et probablement nécessaire à la rédaction des autres questions.

La démonstration complète aurait simplement nécessité de conduire la récurrence annoncée à son terme. La propriété, évidente pour $n = 0$ et $n = 1$, étant supposée vraie pour un ordre n, on écrit simplement

$$\begin{aligned}\frac{d}{dt}(\varphi(t)^{n+1}) &= \frac{d}{dt}(\varphi(t)^n)\varphi'(t) + \varphi(t)^n\varphi'(t)\\ &= n\varphi(t)^{n-1}\varphi'(t)\varphi(t) + \varphi(t)^n\varphi'(t) = (n+1)\varphi(t)^n\varphi'(t).\end{aligned}$$

Une autre façon de procéder, plus compliquée, consiste à considérer $(x + iy)^n$ comme une fonction P de deux variables réelles et à valeurs complexes. On calcule alors P, puis $\frac{\partial P}{\partial x}(x, y)$ et $\frac{\partial P}{\partial y}(x, y)$, à l'aide la formule du binôme. On exprime ensuite $\varphi(t)$ sous la forme $P\Big(\mathfrak{Re}\big(\varphi(t)\big), \mathfrak{Im}\big(\varphi(t)\big)\Big)$ et on traite sa dérivée à l'aide du théorème de composition des applications différentiables. Méthode coûteuse et à déconseiller !

Les questions **2** et **3** sont purement calculatoires et présentent peu d'intérêt. Dans la question **2**, l'énoncé considère une fonction de $\sqrt{x^2 + y^2}$ plutôt qu'une fonction de $x^2 + y^2$, ce qui est exactement équivalent et qui, dans le second cas, conduirait à des calculs beaucoup plus simples. Sans doute pour suivre l'habitude des physiciens dont les fonctions radiales sont des fonctions de la distance r à l'origine.

Les questions suivantes font montrer qu'une fonction, définie comme la somme d'une série, est harmonique. La raison du choix de la fonction est d'autant moins visible qu'aucune conséquence n'en est tirée. On ne comprend en particulier pas l'intérêt du $(-1)^n$.

La convergence normale de la série des u_n sur tout ensemble borné entraîne la continuité de sa somme, car tout point de $\mathbb{R}^2$ possède un voisinage borné V, et la continuité d'une fonction en un point a est équivalente à la continuité en a de la restriction de cette fonction à V. Cette approche doit être retenue. Elle s'applique à bien d'autres situations (la dérivabilité, par exemple).

L'énoncé considère un ensemble K non seulement borné, mais fermé : cette hypothèse est non seulement inutile, mais encore susceptible d'induire indûment le candidat à s'appuyer sur la compacité de K.

Montrer le caractère $\mathcal{C}^2$ de φ est autrement compliqué, quoique standard. Il faut tout d'abord dériver partiellement la somme de la série en utilisant un théorème de dérivation des fonctions d'une variable, car une dérivation partielle n'est rien d'autre que la dérivation d'une fonction partielle, où une seule des coordonnées varie. Le même théorème assure que la dérivée partielle est continue en la variable par rapport à laquelle on a dérivé, mais cette remarque est inutile, car elle ne permet pas de démontrer que la dérivée partielle est continue par rapport au couple des coordonnées. Il faut pour cela utiliser un argument analogue à celui de la question **4**.

La méthode développée dans cette question permet de montrer que, si $\{a_n z^n\}$ est une série entière de rayon de convergence $R > 0$, la fonction de deux variables définie comme la somme $\sum_{n \geqslant 0} a_n(x+iy)^n$ est harmonique dans $D(0, R)$. Il en résulte que la partie réelle de cette fonction est aussi harmonique.

Ceci permet de construire beaucoup de fonctions harmoniques dans $D(0, R)$. En réalité, on peut démontrer, par des méthodes moins élémentaires, que toute fonction harmonique dans $D(0, R)$ et à valeurs réelles est, réciproquement, la partie réelle d'une telle somme de série.

Un candidat astucieux aurait pu court-circuiter les justifications de la question **5** par la méthode suivante. Posons $z = x + iy$ et $\varphi(z) = \sum_{n \geqslant 0} \frac{z^n}{(2n)!}$, de sorte que $\varphi(x, y) = \varphi(z)$. On peut calculer aisément $\psi(x, y) = \varphi(z^2) = \operatorname{ch} z = \frac{e^{x+iy}+e^{-(x+iy)}}{2}$. Ainsi, ψ est de classe $\mathcal{C}^2$ et harmonique d'après **1**. Mais $\psi(x, y) = \varphi(x^2 - y^2, 2xy)$. Tout revient à montrer que l'harmonicité de ψ entraîne celle de φ. Un calcul de dérivées partielles, facile, conduit à l'égalité

$$4(x^2 + y^2)\Delta\varphi(x^2 - y^2, 2xy) = \Delta\psi(x, y).$$

Par conséquent, $\Delta\varphi(x^2 - y^2, 2xy) = 0$ sur $\mathbb{R}^2$. Mais $(x, y) \mapsto (x^2 - y^2, 2xy)$ est surjective sur $\mathbb{R}^2$, puisque $z \mapsto z^2$ est surjective sur $\mathbb{C}$. Donc φ est harmonique, et $z \mapsto \varphi(-z)$ aussi par voie de conséquence.

Les questions **6** à **9** font démontrer le « principe du maximum » pour une fonction harmonique à valeurs réelles : sur un compact inclus dans l'ouvert de définition, une fonction harmonique atteint son maximum en au moins un point de la frontière de ce compact. La démonstration proposée s'étend sans changement au cas des fonctions de n variables, et aussi à un compact quelconque (le problème se restreint au cas d'un disque fermé). Remarquons à ce propos que la continuité de la fonction harmonique est explicitement utilisée. D'ailleurs, il pourrait se faire qu'une fonction se contentant d'admettre des dérivées partielles jusqu'à l'ordre 2, sans hypothèse supplémentaire de continuité, ne soit pas continue. C'est pourquoi l'énoncé suppose que les fonctions sont $\mathcal{C}^2$. De toute façon, pratiquement tous les théorèmes du calcul différentiel, de plusieurs variables davantage encore que d'une seule variable, supposent que les fonctions sont $\mathcal{C}^k$, avec $k \geqslant 1$.

L'ingrédient essentiel de la démonstration du principe du maximum est l'étude de la forme hessienne en un point a où une fonction f réalise un extremum relatif (la forme hessienne est la forme quadratique des termes de degré 2 dans le développement limité au voisinage de a). Si par exemple l'extremum est un maximum, la forme quadratique est nécessairement négative. Comme la matrice de la forme quadratique q est

$$\begin{pmatrix} r & s \\ s & t \end{pmatrix}$$

avec $r = \frac{\partial^2 f}{\partial x^2}(a)$, $s = \frac{\partial^2 f}{\partial x \partial y}(a)$ et $t = \frac{\partial^2 f}{\partial y^2}(a)$, les termes diagonaux sont négatifs, puisque par exemple $r = q(1,0)$. D'ailleurs, $\Delta f(a)$ n'est autre que la trace de la matrice Q de q.

Ceci nous conduit à nous interroger sur ce qu'est vraiment le laplacien de f. La définition à l'aide des dérivées partielles le fait en effet dépendre d'une base particulière. Si l'on considère la forme quadratique hessienne en a, sa matrice Q dans une base, sa matrice Q' dans une autre base et P la matrice de passage de la première à la seconde base, il est facile de voir que $Q' = P^T QP$. La trace n'est donc pas conservée, puisque Q et Q' ne sont en général pas semblables. En revanche, si la matrice de changement de base est dans $\mathrm{O}_n(\mathbb{R})$, on a bien $\operatorname{tr} Q = \operatorname{tr} Q'$. Par conséquent, on peut définir le laplacien d'une fonction définie dans un espace euclidien, sans référence à une base particulière. C'est la trace de la matrice hessienne dans une base orthonormale quelconque ou encore la trace de l'autoadjoint associé à la forme quadratique hessienne. D'ailleurs, il est facile de vérifier l'égalité

$$(\Delta f)(a) = (\operatorname{div} \operatorname{grad} f)(a).$$

Et si la divergence d'un champ de vecteur ne dépend pas de la structure euclidienne (c'est simplement la trace de la différentielle en a), on sait que le gradient, lui, est défini à partir de la structure euclidienne.

La question **10** revêt un intérêt particulier en vue des applications. On est souvent conduit à résoudre le problème de Dirichlet, que pour simplifier je considère dans le disque $D'(0, R)$, consistant à chercher les fonctions harmoniques qui coïncident avec une fonction donnée sur la frontière (condition dite de « Dirichlet » par opposition à d'autres types de condition). Par différence, on voit qu'il y a au plus une solution. En réalité, le problème précédent est mal posé, car la fonction f est plutôt supposée harmonique dans le disque ouvert et continue sur le disque fermé. Mais le principe du maximum est encore valable dans ce cadre, comme on le voit en reprenant la démonstration du corrigé sans en changer un mot.

Les questions suivantes proposent la démonstration de la propriété de la moyenne, qui en dimension 2 prend deux formes assez proches. Dans la première (question **14**), la valeur de la fonction harmonique f en un point est la moyenne des valeurs prises sur un cercle quelconque centré en ce point. Dans la seconde, qui s'étend à une dimension quelconque, la moyenne est prise sur une boule quelconque centrée au point considéré. Le candidat aura dû appliquer dans un premier temps le théorème de Poincaré, puis un changement de variables en coordonnées polaires.

Cette propriété de la moyenne est souvent utilisée pour discrétiser l'équation « de Laplace ». La valeur d'une fonction harmonique en a peut en effet être approchée, grâce à cette propriété, par la moyenne des valeurs prises aux quatre sommets d'un carré de centre a. L'équation $\Delta f = 0$ se discrétise ainsi, par un quadrillage du domaine, en un système linéaire, certes de grande taille en vue d'une bonne approximation, mais où chaque ligne ne contient que peu de termes non nuls (cinq dans la version proposée). On parle d'un système linéaire « creux », et des méthodes numériques spécifiques sont alors appliquées pour le résoudre.

Les deux dernières questions de ce premier problème font établir qu'une fonction harmonique bornée sur $\mathbb{R}^2$ est constante. La méthode, classique mais élégante, est assez géométrique. Elle suppose la mise en œuvre de propriétés assez évidentes de l'intégrale multiple.

Second problème.

Ce problème, encore consacré pour l'essentiel aux fonctions de plusieurs variables, fait démontrer le résultat suivant : deux familles de n points distincts de $\mathbb{R}^2$ étant données, on peut trouver un $\mathcal{C}^\infty$-difféomorphisme envoyant la première famille sur la seconde.

La question **18** est consacrée à la construction d'une fonction non identiquement nulle de $\mathbb{R}$ dans $\mathbb{R}$, de classe $\mathcal{C}^\infty$ et à **support compact**. Cette fonction, ou l'une de ses variantes, est souvent utilisée en analyse, parfois à d'autres fins, par exemple à la construction de fonctions dont les dérivées prennent en certains points des valeurs données. Ici, c'est le fait que la fonction soit nulle en dehors d'un certain segment qui importe. Le support d'une fonction est l'adhérence de l'ensemble des points où elle ne s'annule pas, ce qui justifie la terminologie employée plus haut. Cette question est donc un classique exercice sur les fonctions d'une variable réelle, mais j'ai préféré être un peu trop pointilleux que pas assez dans ma réponse.

La question **20** fait construire un $\mathcal{C}^\infty$-difféomorphisme de $\mathbb{R}$ sur $\mathbb{R}$ qui soit l'identité en dehors d'un certain segment. On perturbe pour ce faire l'identité de $\mathbb{R}$ en lui ajoutant une fonction nulle en dehors d'un segment et assez petite pour que la perturbation ne change pas le caractère difféomorpheux de l'identité. Le « assez petite » doit être pris dans un sens convenable, puisqu'il faut conserver le fait que la dérivée de la fonction perturbée ne s'annule pas. Cependant, les questions suivantes ne m'ont pas permis d'utiliser cette question et je me suis contenté de m'inspirer de la construction de la fonction ψ_λ.

La question **22** est la plus ardue du problème, justement en ce qu'elle ne s'appuie pas comme espéré sur la question **20**. Elle utilise l'important théorème d'inversion globale, appelé aussi théorème du difféomorphisme global. Elle est d'ailleurs mal construite, car la suite du problème nécessite la variation et l'ajustement de certains paramètres, et la dépendance de m par rapport à ces paramètres doit être examinée avec soin. Il aurait mieux valu que l'auteur de l'énoncé la fasse expliciter au candidat quand il était encore temps.

Les questions **23** à **26** font montrer l'existence d'un $\mathcal{C}^\infty$-difféomorphisme fixant une famille finie donnée et envoyant un point donné sur un autre point donné. La construction est assez géométrique. Je ne suis pas bien certain que la solution que j'ai fournie de la question **26** ait été celle attendue par l'auteur du sujet. Elle est fondée sur le fait qu'un changement de repère convenable et l'ajout d'un point intermédiaire me permettent de me ramener à la situation de la question **24**, méthode rendant la question **25** inutile. J'utilise sans autre forme de procès le fait que par un point il passe une infinité de droites, par exemple autant que de points d'un demi-cercle, ensemble en bijection avec $\mathbb{R}$ et donc non seulement infini, mais non dénombrable. On peut donner une démonstration un peu différente, mais il faut alors reprendre la question **23** et constater que la construction suppose seulement que les A_i n'appartiennent pas au segment $[BB']$. Or il est toujours possible de construire sur la grille des droites parallèles aux axes un chemin joignant deux points et évitant une famille finie donnée.

La question **27** est facile. On peut se demander si d'autres constructions de tels $\mathcal{C}^\infty$-difféomorphismes sont possibles. Par exemple, si $n = 2$, on peut construire une similitude et, si $n = 3$ et si les triplets sont non alignés, une application affine. On peut donc s'interroger sur l'existence, dans le cas général, d'un $\mathcal{C}^\infty$-difféomorphisme répondant aux spécifications de l'énoncé et qui soit à composantes polynomiales.

La rédaction de ce second problème peut faire penser que le sujet est destiné à laisser la bride sur le cou aux candidats, mais si telle a été l'intention de l'auteur, il n'est pas sûr qu'elle ne se soit pas retournée en une incitation à d'incertains raisonnements par analogie et à la perte de maîtrise de quantificateurs implicites.

Théorèmes utilisés

[1] Une fonction polynomiale réelle est de classe $\mathcal{C}^\infty$.

[2] Soit $0 \leqslant k \leqslant \infty$. Si g est une fonction de classe $\mathcal{C}^k$ définie sur un ouvert de $\mathbb{R}^n$ et à valeurs dans $\mathbb{R}^q$, si f est une fonction de classe $\mathcal{C}^k$ définie sur un ouvert de $\mathbb{R}^p$ et à valeurs dans le domaine de définition de g, $g \circ f$ est de classe $\mathcal{C}^k$.

[3] Solutions des équations différentielles linéaires scalaires d'ordre un. Soit a une fonction complexe continue sur l'intervalle I de $\mathbb{R}$, et A une primitive de a. La solution générale de l'équation différentielle $x' = ax$ est donnée par $x = ce^A$, où c est une constante complexe.

Si de plus b est une fonction complexe continue sur I, la solution générale de l'équation différentielle $x' = ax + b$ est de la forme $x = ce^A$, où c est une fonction de classe $\mathcal{C}^1$ que l'on détermine en remplaçant x par cette expression dans l'équation différentielle (méthode de variation de la constante).

[4] Soit $\{u_n\}$ une série uniformément convergente de fonctions de X dans l'espace vectoriel normé E et $a \in X$. Si chacune des u_n est continue en a, $\sum\limits_{n=0}^{+\infty} u_n$ est aussi continue en a.

[5] **Dérivation terme à terme d'une série de fonctions.** Soit $\{u_n\}$ une série de fonctions complexes de classe $\mathcal{C}^1$ sur l'intervalle I de $\mathbb{R}$, simplement convergente sur I. On suppose en outre que $\{u'_n\}$ converge uniformément sur tout segment de I. Alors $\sum\limits_{n=0}^{+\infty} u_n$ est de classe $\mathcal{C}^1$ sur I, de dérivée égale à $\sum\limits_{n=0}^{+\infty} u'_n$.

[6] **Caractérisation des compacts d'un espace vectoriel normé de dimension finie.** Soit E un espace vectoriel réel ou complexe, de dimension finie. Les sous-ensembles de E qui sont compacts sont ceux qui sont fermés dans E et bornés.

[7] Soit f une application réelle continue sur le compact non vide K. Alors f est bornée sur K et y atteint ses bornes.

[8] **Condition nécessaire d'extrémalité pour une fonction $\mathcal{C}^2$.** Soit f une fonction réelle de classe $\mathcal{C}^2$ sur l'ouvert Ω de $\mathbb{R}^p$. Si f admet en $a \in \Omega$ un minimum relatif, la matrice hessienne de f en a est positive .

[9] **Caractérisation séquentielle des compacts.** Pour que l'espace métrique X soit compact, il faut et il suffit que toute suite d'éléments de X y admette au moins une valeur d'adhérence.

[10]† **Continuité d'une intégrale dépendant d'un paramètre, cas usuel sur un segment.** Soit X un espace métrique, $[a,b]$ un segment de $\mathbb{R}$, f une fonction continue de $X \times [a,b]$ vers un espace vectoriel normé de dimension finie. La fonction $x \overset{F}{\mapsto} \int_a^b f(x,t)\,dt$ est alors continue sur X.

Ce théorème est une conséquence aisée du théorème de continuité avec condition de domination, qui reste au programme. Il suffit de constater que, pour tout compact K inclus dans X, f est bornée sur $K \times [a,b]$, ce qui nous place immédiatement dans les conditions du théorème précité

[11]† **Dérivation d'une intégrale dépendant d'un paramètre, cas usuel sur un segment.** Soit I un intervalle de $\mathbb{R}$, $[a,b]$ un segment de $\mathbb{R}$, f une fonction continue de $I \times [a,b]$ vers un espace vectoriel normé de dimension finie, admettant une dérivée partielle $\frac{\partial f}{\partial x}$ par rapport à la première variable, elle-même continue sur $I \times [a,b]$.

La fonction $x \overset{F}{\mapsto} \int_a^b f(x,t)\,dt$ est alors de classe $\mathcal{C}^1$ sur I, et sa dérivée est obtenue par une dérivation sous l'intégrale :

$$F'(x) = \int_a^b \frac{\partial f}{\partial x}(x,t)\,dt.$$

Ce théorème est une conséquence aisée du théorème de dérivation avec condition de domination, qui reste au programme. Il suffit de constater que, pour tout segment J inclus dans I, $\frac{\partial f}{\partial x}$ est bornée sur $J \times [a,b]$, ce qui nous place immédiatement dans les conditions du théorème précité

[12] Théorème de Poincaré. Soit $\alpha = \sum_{i=1}^{p} \alpha_i\,dx_i$ une forme différentielle de classe $\mathcal{C}^1$ sur un ouvert étoilé de $\mathbb{R}^p$. On suppose que, pour tout $(i,j) \in [\![1,p]\!]$, $\frac{\partial \alpha_i}{\partial x_j} = \frac{\partial \alpha_j}{\partial x_i}$. Alors α est exacte sur son domaine de définition, c'est-à-dire qu'elle y admet une primitive.

[13] Limite de la dérivée et dérivabilité. Soit I un intervalle de $\mathbb{R}$, a un point de I, et f une fonction continue sur I à valeurs dans un espace vectoriel normé de dimension finie, de classe $\mathcal{C}^k$ sur $I - \{a\}$. On suppose que $f^{(j)}$, pour $j \in [\![1,k]\!]$, admet en a la limite $\lambda_j \in E$. Alors f est de classe $\mathcal{C}^k$ sur I, et $f^{(j)}(a) = \lambda_j$.

[14] Soit I un intervalle de $\mathbb{R}$, k un entier strictement positif et f une fonction réelle de classe $\mathcal{C}^k$ sur I. On suppose que f' ne s'annule pas sur I. Alors f réalise un $\mathcal{C}^k$-difféomorphisme de I sur l'intervalle $f(I)$.

[15] Théorème des valeurs intermédiaires. Soit f une fonction réelle continue sur l'intervalle I de $\mathbb{R}$. Alors $f(I)$ est un intervalle.

[16] Théorème d'inversion globale. Soit f une fonction injective de classe $\mathcal{C}^k$ sur l'ouvert Ω de $\mathbb{R}^p$ et à valeurs dans $\mathbb{R}^p$, avec $1 \leqslant k \leqslant \infty$. On suppose que, pour tout $x \in \Omega$, la matrice jacobienne de f est inversible. Alors f réalise un $\mathcal{C}^k$-difféomorphisme de Ω sur l'ouvert $f(\Omega)$.

Centrale-Supélec 2004. Première épreuve

Concours Centrale-Supélec 2004

Épreuve : Mathématiques I **Filière** MP

Avertissement

Les trois parties sont indépendantes. Le résultat final de la Partie I fournit une valeur particulière de la fonction F étudiée dans les parties II et III.

Partie I - Calcul de la somme d'une série

I.A -

I.A.1) Calculer, sous forme trigonométrique réelle, les coefficients de Fourier de la fonction 2π-périodique impaire $f\ :\ \mathbb{R} \to \mathbb{R}$, nulle en 0 et en π, et égale à 1 sur $]0, \pi[$. Pour tout entier $n \geqslant 0$, expliciter la somme partielle de Fourier $S_n f$ de f.

I.A.2) Que peut-on dire de la suite de fonctions $(S_n f)$? En déduire la valeur de

$$S = \sum_{n=0}^{\infty} \frac{(-1)^n}{2n+1}.$$

I.A.3) Calculer

$$S_1 = \sum_{n=0}^{\infty} \frac{1}{(2n+1)^2}.$$

I.B -

I.B.1) Préciser le domaine d'existence dans $\mathbb{R}$ de

$$L(x) = \sum_{n=0}^{\infty} \frac{x^{2n}}{n+1}.$$

Exprimer $L(x)$ à l'aide de fonctions usuelles.

I.B.2) Calculer l'intégrale

$$I = \int_0^1 \frac{\ln(1-x^2)}{x^2} dx.$$

I.B.3) En déduire la valeur de

$$S_2 = \sum_{n=0}^{\infty} \frac{1}{(2n+1)(n+1)}.$$

I.B.4) Exprimer

$$S_3 = \sum_{n=1}^{\infty} \frac{1}{n\left(n-\frac{1}{2}\right)^2}$$

en fonction de S_1 et S_2. En déduire la valeur de S_3.

* * *

Dans toute la suite, on utilise les notations qui suivent :

• Pour tout réel $t > 0$, $\ln t$ désigne le logarithme népérien de t.

• Si t est un réel strictement positif et si $z = x + iy$, où $(x, y) \in \mathbb{R}^2$, est un complexe, on note $t^z = \exp(z \ln t)$.

• On définit la fonction $p\ :\ ]0,1[\to \mathbb{R}$ par

$$p(t) = \frac{\ln t \cdot \ln(1-t)}{t}.$$

Pour tout z complexe tel que la fonction $t \mapsto t^{-z}p(t)$ est intégrable sur $]0,1[$, on pose

$$F(z) = \int_0^1 t^{-z} p(t)\, dt.$$

On définit ainsi une fonction F de la variable complexe z ; on notera encore, par extension, F la fonction de deux variables réelles associée.
Ainsi, pour $(x, y) \in \mathbb{R}^2$, $F(x, y) = F(x + iy)$.

Le but du problème est d'étudier la fonction F.

Partie II - Étude locale de F

II.A - Montrer que le domaine de définition de F est $\Omega = \{z/z \in \mathbb{C}, Re(z) < 1\}$.
On pose $I = \Omega \cap \mathbb{R} =]-\infty, 1[$.

II.B - Déterminer la limite de $F(z)$ quand la partie réelle de z tend vers $-\infty$.

II.C -
II.C.1) Déterminer la limite de $F(x)$ quand le réel $x \in I$ tend vers 1.
II.C.2) Pour tout $x \in I$, on pose
$G(x) = \int_0^1 t^{-x} |\ln t|\, dt$. Calculer $G(x)$.
II.C.3) Prouver que la limite de $F(x) - G(x)$, quand $x \in I$ tend vers 1, existe et est finie.
II.C.4) En déduire la limite de $\frac{F(x)}{G(x)}$ quand $x \in I$ tend vers 1.

II.D - Montrer que la restriction de F à I est C^∞. Pour tout $x \in I$, donner l'expression de la dérivée k-ième $F^{(k)}(x)$ sous forme intégrale.

II.E -
II.E.1) Établir que F est de classe C^∞ sur Ω. Si k et l sont deux entiers $\geqslant 0$ et si $z \in \Omega$, exprimer la dérivée partielle

$$\frac{\partial^{k+l} F}{\partial x^k \partial y^l}(z)$$

sous la forme d'une intégrale.
II.E.2) Comparer $\frac{\partial F}{\partial x}$ et $\frac{\partial F}{\partial y}$.
II.E.3) Évaluer $\frac{\partial^2 F}{\partial x^2} + \frac{\partial^2 F}{\partial y^2}$.

II.F -
II.F.1) Soient $z \in \Omega$ et (z_n) une suite de points de Ω, distincts de z, qui converge vers z. Prouver l'existence de

$$\lim_{n \to \infty} \frac{F(z_n) - F(z)}{z_n - z}.$$

On pourra utiliser la continuité de $\frac{\partial F}{\partial x}$ et de $\frac{\partial F}{\partial y}$, ainsi que le résultat de II.E.2.
On observera que cette limite ne dépend que de z, et non de la suite (z_n).
Par la suite, on note $DF(z)$ cette limite.
On définit ainsi une application $DF \ : \ \Omega \to \mathbb{C}$.

II.F.2) Pour tout entier $k \geqslant 2$, démontrer l'existence de l'application $D^k F = D(D^{k-1}F) \ : \ \Omega \to \mathbb{C}$. On convient que $D^1 F = DF$.
II.G -
II.G.1) Pour tout réel $t > 0$, développer en série entière de u la fonction $u \in \mathbb{C} \mapsto t^{-u}$. Préciser le rayon de convergence.
II.G.2) Établir qu'au voisinage de 0,

$$(1) \qquad F(z) = \sum_{k=0}^{\infty} c_k z^k \text{ où } c_k = \frac{1}{k!} \int_0^1 (-\ln t)^k p(t)\, dt.$$

II.G.3) Quel est le rayon de convergence R de la série entière (1) ?

II.H -
II.H.1) Déterminer un équivalent de c_k quand $k \to \infty$.
II.H.2) Quelle est la nature de la série (1) quand $|z| = R$?

Partie III - Développements en série

III.A -
III.A.1) Développer en série entière de $t \in \mathbb{R}$ la fonction $t \mapsto \frac{\ln(1-t)}{t}$. Préciser le rayon de convergence.
III.A.2) Pour tout entier $n \geqslant 0$ et tout $z \in \Omega$, calculer $u_n(z) = \int_0^1 t^{n-z} \ln t \, dt$.
III.A.3) Démontrer que $F(z) = \sum\limits_{n=1}^{\infty} \frac{1}{n(n-z)^2}$.

III.B -

III.B.1) Pour tout $x \in I$, exprimer

$$\phi(x) = \int_{-\infty}^{x} F(u)\, du$$

sous forme d'une série ne faisant plus intervenir d'intégrale. Préciser $\varphi(0)$.

III.B.2) Déterminer un équivalent de $\phi(x)$ quand $x \in I$ tend vers 1.

III.C -

III.C.1) Si $y \in \mathbb{R}$, on pose $H(y) = F(iy)$. Les fonctions $|H|$ et $|H|^2$ sont-elles intégrables sur $\mathbb{R}$? Préciser la valeur de

$$\int_{-\infty}^{\infty} H(y)\, dy.$$

III.C.2) Pour quelles valeurs des réels α et β, la somme

$$S(\alpha, \beta) = \sum_{m,n \geqslant 1} (mn)^{-\alpha}(m+n)^{-\beta} \text{ est-elle finie ?}$$

III.C.3) Si

$$K_{m,n} = \int_{-\infty}^{\infty} (y + im)^{-2}(y - in)^{-2}\, dy,$$

où m et n sont des entiers $\geqslant 1$, calculer $K_{m,n}$. En déduire la valeur de

$$\frac{1}{4\pi} \int_{-\infty}^{\infty} |H(y)|^2\, dy \text{ sous la forme } S(\alpha, \beta).$$

III.D -

III.D.1) Démontrer que la série de fonctions obtenue en III.A.3 converge sur un domaine $\tilde{\Omega}$ de $\mathbb{C}$ que l'on précisera. On note encore F le prolongement de F à $\tilde{\Omega}$. Prouver que F est de classe C^∞ sur $\tilde{\Omega}$.

III.D.2) Soient p un réel, n_0 un entier > 0, z et z' deux complexes dont les parties réelles sont majorées par n_0.

Pour tout entier $n > n_0$, majorer $\left|(z' - n)^{-p} - (z - n)^{-p}\right|$ en fonction de n, n_0, p et $|z' - z|$.

III.D.3) Avec les notations de II.F.1 et II.F.2, pour tout entier $k \geqslant 1$ et tout $z \in \tilde{\Omega}$, établir l'existence de $D^k F(z)$ qu'on exprimera sous forme de somme d'une série.

III.E -

III.E.1) Pour tout entier $k \geqslant 0$, évaluer c_k, défini en II.G.2, sous forme de somme d'une série numérique.

III.E.2) Retrouver, à l'aide du III.E.1, le résultat obtenu en II.H.1.

Appréciation du problème

Ce Léviathan des problèmes de concours étant un florilège de l'analyse fonctionnelle telle qu'elle figure au programme de la seconde année, il est plus rapide de signaler ce qu'il n'utilise pas : le critère spécial aux séries alternées. Tout le reste y passe, depuis les séries de Fourier jusqu'aux fonctions de plusieurs variables en passant par les familles sommables, les intégrales paramétrées et les séries de fonctions.

Si bon nombre de questions sont standard, certaines autres réclament des initiatives intelligentes de la part du candidat. Le problème n'est pas rédigeable en quatre heures (ni même en huit), mais les différentes parties, à peu près indépendantes, sont progressives.

Corrigé détaillé

I.A.1. ▷ Puisque f est impaire, $a_n(f) = 0$ pour $n \geqslant 0$. D'autre part, pour $n \geqslant 1$,

$$b_n(f) = \frac{2}{\pi}\int_0^\pi f(t)\sin nt\,dt = -\frac{2}{\pi}\left[\frac{\cos nt}{n}\right]_0^\pi$$
$$= -\frac{2}{\pi}\frac{(-1)^n - 1}{n} = \begin{cases} 0 & \text{si } n \text{ est pair} \\ \frac{4}{\pi(2p+1)} & \text{si } n = 2p+1. \end{cases}$$

On utilise l'imparité aussi pour calculer $b_n(f)$.

▷ On a donc

$$S_n f(x) = \sum_{k=1}^{n} b_k(f)\sin kx = \frac{4}{\pi}\sum_{2p+1\leqslant n}\frac{\sin(2p+1)x}{2p+1}.$$

Il ne paraît pas utile de distinguer selon la parité de n.

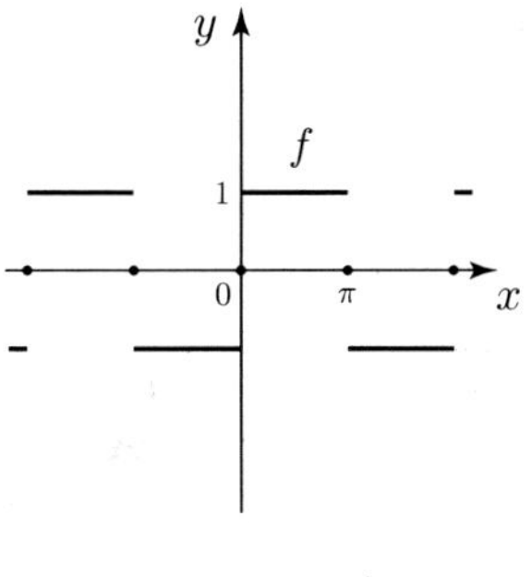

I.A.2. La fonction f est de classe $\mathcal{C}^1$ par morceaux et normalisée, puisque d'un côté d'un point de $\pi\mathbb{Z}$ elle prend la valeur -1 et de l'autre la valeur 1. On sait qu'alors la suite $(S_n f)$ converge simplement sur $\mathbb{R}$ vers f, ce que l'on peut écrire

$$f(x) = \frac{4}{\pi}\sum_{p=0}^{\infty}\frac{\sin(2p+1)x}{2p+1}.$$

En particulier, pour $x = \frac{\pi}{2}$, on obtient

$$1 = f\left(\frac{\pi}{2}\right) = \frac{4}{\pi}\sum_{p=0}^{\infty}\frac{(-1)^p}{2p+1},$$

et donc $S = \frac{\pi}{4}$.

On utilise [1].

« Normalisée », ou encore « à saut symétrique », signifie que la valeur en un point est la demi-somme des limites à droite et à gauche en ce point.

La convergence de la série de droite résulte du théorème de Dirichlet et n'a pas à être redémontrée.

I.A.3. Appliquons à f l'égalité de Parseval, qui s'écrit ici

$$\frac{2}{\pi}\int_0^\pi f^2 = \sum_{n=1}^{\infty} b_n(f)^2.$$

On obtient

$$2 = \sum_{p=0}^{\infty} \frac{16}{\pi^2(2p+1)^2}$$

ce qui fournit

$$S_1 = \frac{\pi^2}{8}.$$

On utilise **[2]**.

I.B.1. ▷ Puisque la série $\{\frac{1}{n+1}\}$ diverge, L n'est définie ni en 1 ni en -1. En outre, elle n'est pas définie pour $|x| > 1$ puisque c'est la somme d'une série entière.

Propriété du rayon de convergence d'une série entière.

Pour $0 < |x| < 1$, posons $u_n = \frac{x^{2n}}{n+1}$. Alors $\frac{u_{n+1}}{u_n} = \frac{(n+2)x^2}{n+1} \to x^2$. Il en résulte que la série définissant L converge pour $x \in]-1, 1[$. En résumé, le domaine de définition de L est $]-1, 1[$.

Critère « $\frac{u_{n+1}}{u_n}$ ».

▷ L'on sait que, pour $u \in]-1, 1[$,

$$\sum_{n=1}^{\infty} \frac{(-1)^{n-1}}{n} u^n = \ln(1+u).$$

Par conséquent, pour les mêmes valeurs de x,

$$\ln(1-x^2) = -\sum_{n=1}^{\infty} \frac{x^{2n}}{n} = -\sum_{n=0}^{\infty} \frac{x^{2n+2}}{n+1}$$

Décalage d'indice dans la somme.

et donc, pour x non nul dans $]-1, 1[$,

$$L(x) = -\frac{\ln(1-x^2)}{x^2}.$$

Bien entendu, $L(0) = 1$.

I.B.2. Puisque la fonction à intégrer n'est autre que $-L$, prolongeable par continuité en 0, il suffit d'en étudier l'intégrabilité au voisinage de 1.

Or, en 1^-,

$$\frac{\ln(1-x^2)}{x^2} \sim \ln(1-x^2) \sim \ln(1-x).$$

$\ln(1-x^2) = \ln(1-x) + \ln(1+x) \underset{x \to 1^-}{=} \ln(1-x) + O(1)$.

Comme $\ln x$ est intégrable au voisinage à droite de 0, $\ln(1-x)$ est intégrable au voisinage à gauche de 1. Puisque cette fonction est de signe constant au voisinage à gauche de 1, $\frac{\ln(1-x^2)}{x^2}$ est aussi intégrable.

Si $f \underset{a}{\sim} g$, si g est de signe constant au voisinage de a et si g est intégrable au voisinage de a, f l'est aussi.

Intégrons par parties, en choisissant $-\frac{1}{x} + 1 = \frac{x-1}{x}$ pour primitive de $\frac{1}{x^2}$. Il vient

$$\int_0^1 \frac{\ln(1-x^2)}{x^2}\,dx = \left[\frac{(x-1)\ln(1-x^2)}{x}\right]_0^1 + \int_0^1 \frac{2x(x-1)}{(1-x^2)x}\,dx,$$

La primitive de $\frac{1}{x}$ a été bien choisie de façon que les quantités écrites dans l'intégration le crochet ayant bien un sens puisque l'expression qu'il contient admet la limite 0 en 0 et en 1. Il en résulte

$$\int_0^1 \frac{\ln(1-x^2)}{x^2}\,dx = -\int_0^1 \frac{2}{1+x}\,dx = -2\ln 2.$$

par parties aient un sens.

I.B.3. On a montré dans la question **I.B.2** que

$$2\ln 2 = \int_0^1 L(x)\,dx = \int_0^1 \Big(\sum_{n=0}^{\infty} \frac{x^{2n}}{n+1}\Big)\,dx.$$

Puisque $\frac{x^{2n}}{n+1}$ est le terme général d'une série de fonctions positives dont la somme est intégrable sur $]0,1[$, on peut appliquer un théorème d'interversion, obtenant ainsi

On utilise [**3**].

$$2\ln 2 = \sum_{n=0}^{\infty} \frac{1}{(2n+1)(n+1)},$$

et donc $S_2 = 2\ln 2$.

I.B.4. Nous pouvons écrire la décomposition en éléments simples

Il ne semble pas utile d'entrer plus dans le détail des calculs.

$$\frac{4}{X(2X-1)^2} = \frac{a}{X} + \frac{b}{(2X-1)^2} + \frac{c}{2X-1}$$

avec $a = 4$ (évaluation en $X = 0$), $b = 8$ (évaluation en $X = \frac{1}{2}$) et $a + \frac{c}{2} = 0$, donc $c = -8$ (évaluation en $X = \infty$). Par conséquent,

$$\frac{1}{n(n-\frac{1}{2})^2} = \frac{4}{n} - \frac{8}{2n-1} + \frac{8}{(2n-1)^2} = -\frac{4}{n(2n-1)} + \frac{8}{(2n-1)^2}.$$

Il en résulte que la série de terme général $\frac{1}{n(n-\frac{1}{2})^2}$ converge et qu'elle a pour somme

On effectue aussi un décalage d'indice.

$$S_3 = -4S_2 + 8S_1 = \pi^2 - 8\ln 2.$$

II.A. Remarquons au préalable que

$$|t^z| = |e^{x\ln t + iy\ln t}| = t^x,$$

que la dérivée par rapport à t de t^z est zt^{z-1} et que p est positive.

On utilise le fait que $\frac{d}{dt}e^{\phi(t)} = \phi'(t)e^{\phi(t)}$ lorsque ϕ est une fonction complexe de la variable réelle.

▷ La fonction p est continue sur $]0,1[$, ainsi que la fonction $t \mapsto t^{-z}$. Il s'agit donc d'étudier l'intégrabilité de $t \mapsto t^{-z}p(t)$ au voisinage de 0 et à celui de 1.

▷ Au voisinage de 0, on dispose des relations

$$|t^{-z}p(t)| = t^{-x}|p(t)| \sim t^{-x}|\ln t|.$$

• Supposons d'abord $x < 1$ et soit $\alpha \in\,]x,1[$.
Puisque $t^{-x}|\ln t| \underset{0}{=} o(t^{-\alpha})$ et que la dernière fonction écrite est intégrable au voisinage de 0, il en va de même de $t \mapsto t^{-z}p(t)$.

On démontre ici une partie de ce fait classique : $t^{\alpha}|\ln t|^{\beta}$ est intégrable en 0 si et seulement si

• Supposons à présent $x \geqslant 1$. Alors $t^{-x}|\ln t| \gg t^{-1}$, donc $t \mapsto t^{-z}p(t)$ n'est pas intégrable au voisinage de 0.

$\alpha>-1$, ou $\alpha=-1$ et $\beta<-1$.

▷ Au voisinage de 1, on dispose des relations

$$|t^{-z}p(t)| = t^{-x}|\ln t||\ln(1-t)| \sim (1-t)|\ln(1-t)|,$$

et comme la dernière fonction de t écrite tend vers 0 en 1^-, $t \mapsto t^{-z}p(t)$ est intégrable au voisinage de 1 quel que soit z.

▷ En résumé, le domaine de définition Ω de F est $\{z\,;\,\mathfrak{Re}\,z < 1\}$.

II.B. Puisque la fonction $t \mapsto \ln t \ln(1-t)$ est prolongeable par continuité en 0 et en 1, elle est bornée, par M, sur $]0,1[$. Par conséquent, pour $x < 0$,

On utilise [4].

$$|F(z)| \leqslant \int_0^1 t^{-x}\frac{M}{t}\,dt = [M\frac{t^{-x}}{-x}]_0^1 = -\frac{M}{x}.$$

Lorsque x tend vers $-\infty$, la quantité majorante tend vers 0, et $F(z)$ aussi par conséquent.

Il est important de noter que la quantité majorante ne dépend que de x, pas de $\mathfrak{Im}\,z$.

II.C.1. Sur $]0,1[$, $\ln(1-t) \leqslant -t$, donc $p(t) \geqslant -\ln t$ et par conséquent, pour x dans I,

Inégalité de concavité.

$$t^{-x}p(t) \geqslant -t^{-x}\ln t.$$

Donc

$$\begin{aligned} F(x) &\geqslant -\int_0^1 t^{-x}\ln t\,dt \\ &= -\Big[\frac{t^{-x+1}}{-x+1}\ln t\Big]_0^1 + \int_0^1 \frac{t^{-x}}{1-x}\,dt = \frac{1}{(1-x)^2}. \end{aligned}$$

Le crochet est nul car $\ln t$ tend vers 0 en 1 et $t^{-x+1}\ln t$ tend vers 0 en 0.

Comme la quantité minorante tend vers $+\infty$ lorsque x tend vers 1 par valeurs inférieures, $F(x)$ tend aussi vers $+\infty$.

II.C.2. Le calcul demandé a été effectué dans la question précédente et a permis d'obtenir l'égalité

L'intégrabilité de G résulte de calculs déjà faits.

$$\int_0^1 t^{-x}|\ln t|\,dt = \frac{1}{(1-x)^2}.$$

II.C.3. On a

$$F(x) - G(x) = \int_0^1 t^{1-x}\frac{p(t)+\ln t}{t}\,dt = \int_0^1 t^{1-x}q(t)\,dt,$$

avec $q(t) = \frac{p(t)+\ln t}{t} = \frac{\ln(1-t)+t}{t^2}\ln t$. La fonction q est continue sur $]0,1[$.

▷ Au voisinage de 0, le développement asymptotique

$$\ln(1-t) = -t - \frac{t^2}{2} + o(t^2)$$

montre que $q(t) \sim -\frac{1}{2}\ln t$.

▷ Au voisinage de 1, $q(t) \sim \ln t \ln(1-t) \sim (t-1)\ln(1-t)$, donc $q(t) \to 0$.

Ainsi, q est intégrable sur $]0,1[$.

Posons à présent $\phi(x,t) = t^{1-x}q(t)$. Pour tout $t \in]0,1[$, la fonction $x \mapsto \phi(x,t)$ est continue sur $\mathbb{R}$. De plus, pour tout $(x,t) \in [0,1] \times]0,1[$, on a la condition de domination

$$|\phi(x,t)| \leqslant |q(t)|$$

où la fonction majorante est intégrable sur $]0,1[$ et indépendante de x.

Par conséquent, $\int_0^1 \phi(x,t)\,dt$ définit une fonction continue de x sur $[0,1]$. En particulier, lorsque x tend vers 1 par valeurs inférieures,

On utilise [**5**].

$$F(x) - G(x) \to \int_0^1 \phi(1,t)\,dt = \int_0^1 q(t)\,dt.$$

II.C.4. Puisque $F(x) \underset{1^-}{\longrightarrow} +\infty$, l'égalité $F(x) - G(x) = O(1)$, qui résulte de **II.C.3**, entraîne que $F(x) - G(x) = o(F(x))$, puis que $F(x) \sim G(x)$. Mais $G(x)$, qui est définie comme l'intégrale d'une fonction continue strictement positive sur $]0,1[$, est strictement positive. L'équivalent ci-dessus s'écrit donc encore

$$\frac{F(x)}{G(x)} \underset{1^-}{\longrightarrow} 1.$$

II.D. Posons $\psi(x,t) = t^{-x}p(t)$. On a immédiatement, pour $(x,t) \in I \times]0,1[$,

$\frac{d}{dt} t^{-x} = -t^x \ln t.$

$$\frac{\partial^n \psi}{\partial x^n}(x,t) = (-\ln t)^n t^{-x} p(t).$$

Soit $a < 1$ et $x \in]-\infty, a[$. On a la majoration

$$\left|\frac{\partial^n \psi}{\partial x^n}(x,t)\right| \leqslant |\ln t|^n t^{-a} p(t),$$

car $t^{-x} = e^{-x \ln t}$ et $-\ln t$ est positif pour $t \in]0,1[$. On a donc obtenu une condition de domination pour toutes les dérivées partielles $\frac{\partial^n \psi}{\partial x^n}(x,t)$, qui sont d'autre part continues par rapport à $t \in]0,1[$ et par rapport à $x \in]-\infty, a[$.

Décroissance de $u \mapsto t^u$ pour $t \in]0,1[$.

Le théorème de dérivation avec condition de domination entraîne que F est de classe $\mathcal{C}^\infty$ sur $]-\infty, a[$ et que

On utilise [**6**].

$$F^{(n)}(x) = \int_0^1 (-\ln t)^n t^{-x} p(t)\,dt.$$

Ces assertions restent vraies sur I.

Le caractère $\mathcal{C}^\infty$ est une propriété locale.

II.E. ▷ Tout d'abord, Ω est bien un ouvert de $\mathbb{R}^2$ car c'est l'image réciproque, par l'application continue $(x,y) \mapsto x$, de la demi-droite ouverte $]-\infty, 1[$.

Une fonction de plusieurs variables $\mathcal{C}^\infty$ est *a priori* définie sur un ouvert.

▷ Posons, pour n entier naturel,

$$\psi_n(x,y,t) = t^{-x-iy}p(t)(-\ln t)^n.$$

Pour $t \in]0,1[$, $(x,y) \mapsto \psi_n(x,y,t)$ est de classe $\mathcal{C}^\infty$ sur $\mathbb{R}^2$ comme produit de fonctions de classe $\mathcal{C}^\infty$: par exemple, $e^{-x\ln t}$ est la composée de exp, de classe $\mathcal{C}^\infty$ sur $\mathbb{R}$, avec $(x,y) \mapsto -x\ln t$, de classe $\mathcal{C}^\infty$ sur $\mathbb{R}^2$. De plus,

Utilisation massive des théorèmes généraux.

$$\frac{\partial \psi_n}{\partial x}(x,y,t) = \psi_{n+1}(x,y,t) \ ; \ \frac{\partial \psi_n}{\partial y}(x,y,t) = i\psi_{n+1}(x,y,t).$$

▷ Pour (x,y) fixé dans Ω, étudions l'intégrabilité sur $]0,1[$ de $t \mapsto \psi_n(x,y,t)$. La fonction est continue sur $]0,1[$.

• Au voisinage de 0, on a la majoration

$$\left|\psi_n(x,y,t)\right| \leqslant |\ln t|^n t^{-x} p(t).$$

Or

$$|\ln t|^n t^{-x} p(t) \underset{0}{\sim} |\ln t|^{n+1} t^{-x}.$$

L'intégrabilité a été fournie en **II.A**.

Donc $t \mapsto \psi_n(x,y,t)$ est intégrable au voisinage de 0.

• Au voisinage de 1, on a l'équivalent

$$\left|\psi_n(x,y,t)\right| \underset{1}{\sim} |\ln t|^{n+1} |\ln(1-t)| \underset{1}{\sim} (1-t)^{n+1} |\ln(1-t)|.$$

Par conséquent, $\psi_n(x,y,t)$ tend vers 0 lorsque t tend vers 1.

• Finalement, $t \mapsto \psi_n(x,y,t)$ est intégrable sur $]0,1[$.

▷ Posons à présent $\Psi_n(x,y) = \int_0^1 \psi_n(x,y,t)\,dt$ et montrons que, pour tout n, $\frac{\partial \Psi_n}{\partial x}(x,y,t)$ existe et vaut

$$\int_0^1 \psi_{n+1}(x,y,t)\,dt = \Psi_{n+1}.$$

On ne fait ici que calculer une dérivée partielle, donc qu'étudier une fonction d'une variable réelle.

La fonction $t \mapsto \psi_n(x,y,t)$ est intégrable sur $]0,1[$. La fonction $x \mapsto \psi_n(x,y,t)$ est de classe $\mathcal{C}^1$ sur $]-\infty, a[$, de dérivée $\frac{\partial \psi_n}{\partial x}(x,y,t)$ égale à $\psi_{n+1}(x,y,t)$.

Cette dernière fonction de t est intégrable sur $]0,1[$, et l'on a la condition de domination

La fonction dominante n'est autre que la fonction dominée, évaluée en une valeur indépendante de x.

$$\left|\frac{\partial \psi_n}{\partial x}(x,y,t)\right| \leqslant \left|\psi_{n+1}(a,y,t)\right|,$$

où la fonction dominante est intégrable et indépendante de x. Il en résulte que $\frac{\partial \Psi_n}{\partial x}(x,y,t)$ existe lorsque $x < a$ et vaut $\Psi_{n+1}(x,y) = \int_0^1 \psi_{n+1}(x,y,t)\,dt$.

On utilise à nouveau [6].

Ceci étant vrai pour tout $a < 1$, le résultat est encore valide pour $x < 1$.

La dérivabilité d'une fonction de la variable réelle est une propriété locale.

• Le calcul est analogue s'agissant de la dérivée partielle par rapport à y, à ceci près que la condition de domination est valable pour $y \in \mathbb{R}$.

Le calcul dans ce cas est plus simple que dans le premier cas.

On obtient ainsi

$$\frac{\partial \Psi_n}{\partial y}(x,y) = i\Psi_{n+1}(x,y).$$

▷ Montrons à présent que Ψ_n est continue sur Ω. Soit $(x,y) \in]-\infty, a[\times\mathbb{R}$. On dispose de la domination

$$|\psi_n(x,y,t)| \leqslant |\psi_n(a,0,t)|,$$

où la fonction dominante, indépendante de (x,y), est intégrable sur $]0,1[$.

Un théorème de continuité des intégrales dépendant d'un paramètre montre que Ψ_n est continue sur $]-\infty, a[\times\mathbb{R}$. Elle l'est donc sur $\Omega =]-\infty, 1[\times\mathbb{R}$, puisque chaque point de cet ensemble admet un voisinage de la forme $]-\infty, a[\times\mathbb{R}$.

Dans l'alinéa précédent, on a aussi montré que les dérivées partielles sont continues par rapport à chacune des variables, mais c'est sans intérêt.

On utilise à nouveau **[5]**.

▷ Puisque $\Psi_0 = F$, une récurrence immédiate qui s'appuie sur les résultats précédents montre que F est de classe $\mathcal{C}^n$ sur Ω pour tout n, et que les dérivées partielles s'obtiennent par une dérivation sous le signe de l'intégrale. En particulier, pour $k+l=n$,

$$\frac{\partial^{k+l} F}{\partial x^k \partial y^l}(x,y) = \int_0^1 (-\ln t)^n i^l t^{-z} p(t)\, dt.$$

On utilise une troisième fois **[6]**.

II.E.2. Grâce à **II.E.1**, on a

$$\frac{\partial F}{\partial y}(x,y) = \int_0^1 -it^{-z} p(t) \ln t\, dt = i\frac{\partial F}{\partial x}(x,y).$$

II.E.3. Toujours grâce à **II.E.1**, on a

$$\frac{\partial^2 F}{\partial y^2}(x,y) = -\int_0^1 (\ln t)^2 t^{-z} p(t)\, dt = -\frac{\partial^2 F}{\partial x^2}(x,y).$$

Donc $\frac{\partial^2 F}{\partial x^2} + \frac{\partial^2 F}{\partial y^2} = 0$.

F est dite « harmonique ».

II.F.1. On utilise sur $\mathbb{R}^2$ la norme euclidienne canonique, que l'on notera $|\ |$, qu'elle s'applique à un couple de réels ou à un complexe.

Puisque F est de classe $\mathcal{C}^1$ sur Ω, elle y est différentiable et admet donc au voisinage du point $z = x+iy$ le développement limité

$$\begin{aligned} F(x+h,y+k) &= F(x,y) + h\frac{\partial F}{\partial x}(x,y) + k\frac{\partial F}{\partial y}(x,y) + |(h,k)|\varepsilon(h,k) \\ &= F(x,y) + h\frac{\partial F}{\partial x}(x,y) + ik\frac{\partial F}{\partial x}(x,y) + |(h,k)|\varepsilon(h,k), \end{aligned}$$

la dernière égalité résultant de la question **II.E.2**. Ici, $\varepsilon(h,k)$ tend vers 0 lorsque (h,k) tend vers 0.

Une fonction différentiable en a est une fonction qui admet au voisinage de a un développement limité à l'ordre 1.

Venant aux notations complexes et posant $z_n = z + (h_n + ik_n)$, on obtient, en appliquant l'égalité précédente à h_n et k_n,

$$F(z_n) = F(z) + \frac{\partial F}{\partial x}(x,y)(z - z_n) + |(h_n, k_n)|\varepsilon(h_n, k_n),$$

soit

$$F(z_n) = F(z) + \frac{\partial F}{\partial x}(x,y)(z - z_n) + |z - z_n|\varepsilon(z - z_n).$$

Divisons les deux membres par $z - z_n$. On obtient

$$\frac{F(z_n) - F(z)}{z_n - z} = \frac{\partial F}{\partial x}(x,y) + \varepsilon(z_n - z).$$

Comme $z_n - z$ tend vers 0 lorsque n tend vers ∞, on en déduit que $\frac{F(z_n)-F(z)}{z_n - z}$ admet la limite $\frac{\partial F}{\partial x}(x,y)$ lorsque n tend vers ∞.

II.F.2. ▷ Nous avons prouvé dans la question **II.F.1** que si G est une fonction complexe de classe $\mathcal{C}^1$ sur Ω telle que $\frac{\partial G}{\partial y}(x,y) = i\frac{\partial G}{\partial x}(x,y)$, alors $DG(x,y)$ existe et vaut $\frac{\partial G}{\partial x}(x,y)$.

Il est inutile de redémontrer ce résultat dans le cas général.

▷ Montrons par récurrence sur k le résultat annoncé et l'égalité

$$D^k F(x,y) = \frac{\partial^k F}{\partial x^k}(x,y).$$

Ils sont vrais pour $k = 1$. Supposons-les vrais pour k. Posons $G(x,y) = \frac{\partial^k F}{\partial x^k}(x,y)$. Alors G est de classe $\mathcal{C}^1$ et

$$\frac{\partial G}{\partial y}(x,y) = \frac{\partial^{k+1} F}{\partial y \partial x^k}(x,y) = i\int_0^1 (-\ln t)^{n+1} t^{-z} p(t)\, dt = i\frac{\partial G}{\partial x}(x,y).$$

Ainsi, $D^{k+1}F(x,y)$ existe et vaut $\frac{\partial^{k+1} F}{\partial x^{k+1}}(x,y)$.

II.G.1. Puisque, pour tout v complexe,

$$e^v = \sum_{n=0}^{+\infty} \frac{v^n}{n!},$$

on a, pour tout u complexe,

$$t^{-u} = e^{-u \ln t} = \sum_{n=0}^{+\infty} \frac{(-\ln t)^n}{n!} u^n.$$

Cette série entière de la variable u est donc de rayon de convergence $+\infty$.

II.G.2. On a, pour $z \in \Omega$,

$$F(z) = \int_0^1 \sum_{n=0}^{+\infty} \frac{(-\ln t)^n}{n!} p(t) z^n \, dt.$$

Les fonctions $t \mapsto \frac{(-\ln t)^n}{n!} p(t) z^n$ sont intégrables sur $]0, 1[$, grâce à **II.D** appliqué à l'étude $F^{(n)}(x)$ en $x = 0$. De plus,

$$\left|\frac{(-\ln t)^n}{n!} p(t) z^n\right| = \frac{(-\ln t)^n}{n!} p(t) |z|^n.$$

Pour $|z| < 1$, la positivité de la série de terme général $\frac{(-\ln t)^n}{n!} p(t)|z|^n$ et l'intégrabilité de sa somme, égale à $t^{-|z|} p(t)$, entraînent que la série $\left\{\int_0^1 \frac{(-\ln t)^n}{n!} p(t)|z|^n \, dt\right\}$ est convergente.

On utilise à nouveau [3].

Puisque la série de terme général $\int_0^1 \left|\frac{(-\ln t)^n}{n!} p(t) z^n\right| dt$ est convergente, on a finalement, pour $|z| < 1$,

On utilise [7].

$$F(z) = \sum_{n=0}^{+\infty} \int_0^1 \frac{(-\ln t)^n}{n!} p(t) z^n \, dt = \sum_{n=0}^{+\infty} c_n z^n.$$

II.G.3. ▷ Nous savons déjà, grâce à la question **II.G.2.**, que le rayon de convergence R de la série entière $\{c_n z^n\}$ est supérieur ou égal à 1.

▷ Supposons par l'absurde que ce rayon de convergence soit strictement plus grand que 1.

La fonction $\sum_{n=0}^{+\infty} c_n z^n$ est alors continue dans le disque ouvert $D(0, R)$ et en particulier tend vers une limite finie lorsque z tend vers 1 en restant dans $]-1, 1[$. Or, pour ces valeurs de z, la somme de la série entière est $F(z)$: cela contredit le résultat de la question **II.C.1**.

On utilise [8].

▷ Finalement, $R = 1$.

II.H.1. Effectuons dans l'intégrale $\int_0^1 \frac{(-\ln t)^n}{n!} p(t) \, dt$ qui définit c_n le changement de variable $t = e^{-u}$. On obtient

$$c_n = -\frac{1}{n!} \int_0^{+\infty} u^{n+1} \ln(1 - e^{-u}) \, du = \frac{1}{n!} I_n.$$

Grâce à une intégration par parties dans laquelle on primitive u^{n+1}, on a

$$I_n = -\frac{1}{n+2} \Big[u^{n+2} \ln(1 - e^{-u})\Big]_0^{+\infty} +$$

$$\frac{1}{n+2} \int_0^{+\infty} \frac{u^{n+2} e^{-u}}{1 - e^{-u}} \, du = \frac{1}{n+2} \int_0^{+\infty} \frac{u^{n+2} e^{-u}}{1 - e^{-u}} \, du,$$

Intégration par parties dans laquelle deux des trois quantités écrites existent.

car le contenu du crochet est nul : en 0, $\ln(1 - e^{-u}) \sim \ln u$, donc $u^{n+2} \ln(1 - e^{-u})$ tend vers 0 et en $+\infty$, $\ln(1 - e^{-u}) \sim -e^{-u}$, donc $u^{n+2} \ln(1 - e^{-u})$ tend aussi vers 0.
Donc

$$(n+2) I_n - \int_0^{+\infty} u^{n+2} e^{-u} \, du = \int_0^{+\infty} \frac{u^{n+2} e^{-2u}}{1 - e^{-u}} \, du,$$

ou encore, puisque $\int_0^{+\infty} u^{n+2}e^{-u}\,du = \Gamma(n+3) = (n+2)!$,

$$(n+2)I_n - (n+2)! = \int_0^{+\infty} \frac{u^{n+2}e^{-2u}}{1-e^{-u}}\,du = \int_0^{+\infty} u^{n+1}e^{-u}\frac{ue^{-u}}{1-e^{-u}}\,du.$$

$\Gamma(x) = \int_0^{+\infty} e^{-t}t^{x-1}dt.$

Or $\frac{ue^{-u}}{1-e^{-u}}$ définit une fonction continue sur $]0,+\infty[$, tendant vers 0 en 0 et en $+\infty$ et, par conséquent, bornée par M sur $]0,+\infty[$. Donc

$$0 \leqslant (n+2)I_n - (n+2)! \leqslant M(n+1)!\ .$$

Une fonction continue sur $]a,b[$ bornée au voisinage de a et de b est bornée sur $]a,b[$.

Finalement, $(n+2)I_n-(n+2)! = o\big((n+2)!\big)$, donc $I_n \sim (n+1)!$ et $c_n \sim n$.

II.H.2. Pour $|z| = 1$, la suite $(c_n z^n)$ ne tend pas vers 0. La série $\{c_n z^n\}$ est donc divergente.

Le terme général d'une série convergente tend vers 0.

III.A.1. On prolonge par continuité la fonction donnée en lui attribuant la valeur -1 en 0. On sait que, pour $u \in]-1,1[$, on a

$$\ln(1+u) = \sum_{n=1}^{+\infty} \frac{(-1)^{n-1}}{n}u^n,$$

la série entière ayant 1 pour rayon de convergence. Par conséquent, pour $t \in]-1,1[$, on a

$$\ln(1-t) = -\sum_{n=1}^{+\infty} \frac{t^n}{n}$$

et

$$\frac{\ln(1-t)}{t} = -\sum_{n=1}^{+\infty} \frac{t^{n-1}}{n} = -\sum_{n=0}^{+\infty} \frac{t^n}{n+1},$$

cette égalité étant encore valide pour $t = 0$. Le rayon de convergence de la série entière $\left\{\frac{t^n}{n+1}\right\}$ est égal à 1.

III.A.2. Puisque $|t^{n-z}\ln t| \leqslant t^{-x}|\ln t|$ avec $x = \mathfrak{Re}\, z < 1$, nous savons depuis **II.C.2** que la fonction $t \mapsto t^{n-z}\ln t$ est intégrable sur $]0,1[$.

Calculons son intégrale $u_n(z)$ en l'intégrant par parties, et en remarquant pour cela qu'une primitive de t^{n-z} est $\frac{t^{n-z+1}}{n-z+1}$. Il vient

Voir la remarque au début du **II**.

Le premier crochet est évidemment nul.

$$u_n(z) = \Big[\frac{t^{n-z+1}}{n-z+1}\ln t\Big]_0^1 - \int_0^1 \frac{t^{n-z}}{n-z+1}\,dt = -\Big[\frac{t^{n-z+1}}{(n-z+1)^2}\Big]_0^1 = -\frac{1}{(n-z+1)^2}.$$

III.A.3. Partons de la définition de F qui fournit, grâce à la question **III.A.1**,

$$
\begin{aligned}
F(z) &= \int_0^1 t^{-z} \ln t \frac{\ln(1-t)}{t}\, dt \\
&= -\int_0^1 t^{-z} \ln t \Big(\sum_{n=0}^{+\infty} \frac{t^n}{n+1}\Big)\, dt = -\int_0^1 \sum_{n=0}^{+\infty} \frac{t^{n-z}\ln t}{n+1}\, dt.
\end{aligned}
$$

Pour intervertir le signe de l'intégrale et celui de la somme, il suffit de montrer que la série $\left\{\int_0^1 \left|\frac{t^{n-z}\ln t}{n+1}\right| dt\right\}$ est convergente. Or, si $x = \mathfrak{Re}\, z$,

On utilise à nouveau [7].

$$
\int_0^1 \left|\frac{t^{n-z}\ln t}{n+1}\right| dt \;=\; -\int_0^1 \frac{t^{n-x}\ln t}{n+1}\, dt \;=\; \frac{1}{(n-x+1)^2}.
$$

C'est donc bien le cas et l'on peut finalement écrire

$$
F(z) = -\sum_{n=0}^{+\infty} \frac{u_n(z)}{n+1} = \sum_{n=0}^{+\infty} \frac{1}{(n+1)(n-z+1)^2} = \sum_{n=1}^{+\infty} \frac{1}{n(n-z)^2}.
$$

III.B.1. Puisque les fonctions $u \mapsto \frac{1}{n(n-u)^2}$ sont intégrables et positives, il suffit de montrer que la série $\left\{\int_{-\infty}^{x} \frac{1}{n(n-u)^2}\, du\right\}$ est convergente pour en déduire l'égalité

On utilise encore [3].

$$
\sum_{n=1}^{+\infty} \int_{-\infty}^{x} \frac{1}{n(n-u)^2}\Big)\, du = \int_{-\infty}^{x} \Big(\sum_{n=1}^{+\infty} \frac{1}{n(n-u)^2}\Big)\, du
$$

Or

$$
\int_{-\infty}^{x} \frac{1}{n(n-u)^2}\, du = \Big[\frac{1}{n(n-u)}\Big]_{-\infty}^{x} = \frac{1}{n(n-x)},
$$

et la série $\left\{\frac{1}{n(n-x)}\right\}$ est bien convergente.
Par conséquent, grâce à **III.A.3**,

$$
\int_{-\infty}^{x} F(u)\, du = \sum_{n=1}^{+\infty} \frac{1}{n(n-x)}.
$$

▷ On a en particulier $\phi(0) = \sum\limits_{n=1}^{+\infty} \frac{1}{n^2}$. Pour calculer la somme S_4 de cette série, nous partons de la somme

L'auteur de l'énoncé a dû changer sa série d'épaule, car ce n'est pas celle qui est annoncée dans l'avertissement.

$$
S_1 = \sum_{p\geqslant 0} \frac{1}{(2p+1)^2} = \frac{\pi^2}{8}
$$

selon le calcul fait en **I.A.3**. Or

Propriétés élémentaires des familles sommables.

$$
\begin{aligned}
S_4 = \sum_{n\geqslant 1} \frac{1}{n^2} &= \sum_{n\geqslant 1, n \text{ pair}} \frac{1}{n^2} + \sum_{n\geqslant 1, n \text{ impair}} \frac{1}{n^2} \\
&= \sum_{p\geqslant 1} \frac{1}{(2p)^2} + \sum_{p\geqslant 0} \frac{1}{(2p+1)^2} = \frac{1}{4}S_4 + S_3.
\end{aligned}
$$

Donc $\frac{3}{4}S_4 = S_3$ et $S_4 = \frac{\pi^2}{6}$.

III.B.2. Si $x < 1$,

$$0 \leqslant \sum_{n=2}^{+\infty} \frac{1}{n(n-x)} \leqslant \sum_{n=2}^{+\infty} \frac{1}{n(n-1)}.$$

Donc $\phi(x) = \frac{1}{1-x} + O(1)$ au voisinage de 1^- et, par suite, $\phi(x) \sim \frac{1}{1-x}$.

III.C.1. ▷ Nous avons déjà vu que F est continue sur Ω. Il en résulte que H, somme de la série $\left\{\frac{1}{n(n-iy)^2}\right\}$, est continue sur $\mathbb{R}$.

On sait que, si de plus la série $\left\{\int_{\mathbb{R}} \left|\frac{1}{n(n-iy)^2}\right| dy\right\}$ converge, la somme $H(y)$ de la série $\left\{\int_{\mathbb{R}} \frac{1}{n(n-iy)^2}\, dy\right\}$ définit une fonction intégrable sur $\mathbb{R}$ et que l'on peut calculer son intégrale en intervertissant le signe de sommation avec celui de dérivation.

On utilise [7] pour la troisième fois.

Or

$$\int_{\mathbb{R}} \left|\frac{1}{n(n-iy)^2}\right| dy = \int_{\mathbb{R}} \frac{dy}{n(n^2+y^2)} = \left[\frac{1}{n^2} \arctan \frac{y}{n}\right]_{-\infty}^{+\infty} = \frac{\pi}{n^2}.$$

$\int \frac{dt}{a^2+t^2} = \frac{1}{a} \arctan \frac{t}{a}$.

Ainsi, H est intégrable sur $\mathbb{R}$, d'intégrale donnée par les égalités

$$\int_{\mathbb{R}} H(y)\, dy = \int_{\mathbb{R}} \Big(\sum_{n \geqslant 1} \frac{1}{n(n-iy)^2}\Big)\, dy$$

$$= \sum_{n \geqslant 1} \int_{\mathbb{R}} \frac{1}{n(n-iy)^2}\, dy = \sum_{n \geqslant 1} \left[-\frac{i}{n(n-iy)}\right]_{-\infty}^{+\infty} = 0.$$

La dérivée d'une fonction rationnelle complexe de la variable réelle est donnée par la dérivée formelle. Il est possible que la démonstration de cette propriété soit attendue par le correcteur.

▷ La définition de $F(z)$ sous forme intégrale fournit

$$|H(y)| = \Big|\int_0^1 t^{-iy} p(t)\, dt\Big| \leqslant \int_0^1 p(t)\, dt = c.$$

Il en résulte que, sur $\mathbb{R}$, $|H(y)|^2 \leqslant c|H(y)|$ et donc que H^2 est intégrable.

III.C.2. Puisque la famille $\left((mn)^{-\alpha}(m+n)^{-\beta}\right)$ est positive, sa sommabilité équivaut à la finitude, pour chaque n, de $S_n = \sum_{m \geqslant 1} (mn)^{-\alpha}(m+n)^{-\beta}$ et à la finitude de $\sum_{n \geqslant 1} S_n$.

On utilise [9].

Il s'agit donc d'estimer dans un premier temps S_n.

Puisque

$$(mn)^{-\alpha}(m+n)^{-\beta} \underset{m \to +\infty}{\sim} n^{-\alpha} m^{-\alpha-\beta},$$

il est nécessaire que $\alpha + \beta > 1$, hypothèse que nous ferons désormais. Cela permet d'étudier, au lieu de S_n, la somme $S'_n = \sum_{m \geqslant m_0} (mn)^{-\alpha}(m+n)^{-\beta}$ et la finitude de $\sum_{n \geqslant 1} S'_n$, puisque, pour m fixé, $\sum_{n \geqslant 1} (mn)^{-\alpha}(m+n)^{-\beta} < +\infty$.

▷ Posons $f_{b,n}(t) = (nt)^{-\alpha}(t+n+b)^{-\beta}$. Chacune des deux fonctions $t \mapsto t^{-\alpha}$ et $(t+n+b)^{-\beta}$ est monotone, cette monotonie ne dépendant pas de n mais seulement du signe de α et de β. Nous pouvons encadrer $f_{b,n}(m)$ par deux intégrales, l'encadrement dépendant de ces signes. Estimons l'intégrale qui nous sera utile.

Soit $a > 0$. On a, grâce au changement de variable $t = (n+b)u$,

$$\int_a^{+\infty} f_{b,n}(t)\,dt = \int_a^{+\infty} (nt)^{-\alpha}(t+n+b)^{-\beta}\,dt$$
$$= n^{-\alpha}(n+b)^{-\alpha-\beta+1} \int_{\frac{a}{n+b}}^{+\infty} u^{-\alpha}(u+1)^{-\beta}\,du.$$

La fonction sous le signe de l'intégrale est intégrable au voisinage de $+\infty$.

Au voisinage de 0, on a l'équivalent

$$u^{-\alpha}(u+1)^{-\beta} \sim u^{-\alpha}.$$

Introduisons une formulation destinée à abréger. Disons que deux suites positives (u_n) et (v_n) sont « du même ordre » lorsqu'il existe des constantes strictement positives c et d telles que

$$cu_n \leqslant v_n \leqslant dv_n \text{ pour } n \text{ assez grand.}$$

• Si $\alpha = 1$, l'intégrale est divergente. Comme la fonction intégrée est positive, le théorème de primitivation des équivalents entraîne que

On utilise [10].

$$\int_a^{+\infty} f_{b,n}(t)\,dt \sim -n^{-2\alpha-\beta+1} \ln \frac{a}{n+b} \sim n^{-\beta-1} \ln n.$$

• Si $\alpha > 1$, on a pour les mêmes raisons

$$\int_a^{+\infty} f_{b,n}(t)\,dt \sim n^{-2\alpha-\beta+1} \Big[\frac{u^{-\alpha+1}}{-\alpha+1}\Big]_{\frac{a}{n+b}}^{+\infty} \sim \frac{a^{-\alpha+1}}{\alpha-1} n^{-\alpha-\beta}.$$

• Si $\alpha < 1$, l'intégrale est convergente. On a donc

On utilise [11].

$$\int_a^{+\infty} f_{b,n}(t)\,dt \sim K n^{-2\alpha-\beta+1}.$$

▷ À présent, procédons à l'encadrement, en disjoignant les cas.

• Supposons d'abord $\alpha \geqslant 0$ et $\beta \geqslant 0$. On a alors, pour $m \geqslant 2$,

$$\int_m^{m+1} f_{0,n}(t)\,dt \leqslant f_{0,n}(m) \leqslant \int_{m-1}^{m} f_{0,n}(t)\,dt.$$

Par somme,

$$\int_2^{+\infty} f_{0,n}(t)\,dt \leqslant S'_n \leqslant \int_1^{+\infty} f_{0,n}(t)\,dt.$$

Nous avons donc la discussion suivante :

•• Si $\alpha = 1$, $S'_n \sim n^{-\beta-1} \ln n$ et donc la famille est sommable lorsque $\beta > 0$.

•• Si $\alpha > 1$, S'_n est de l'ordre de $n^{-\alpha-\beta}$. Il en résulte que la famille est sommable lorsque $\alpha+\beta > 1$.
•• Si $\alpha < 1$, S'_n est de l'ordre de $n^{-2\alpha-\beta+1}$. Il en résulte que la famille est sommable lorsque $2\alpha+\beta > 2$.
• Supposons à présent que $\alpha < 0$ et $\beta \geqslant 0$. On a alors, pour $m \geqslant 2$,

$$\int_{m-1}^{m} n^{-\alpha}t^{-\alpha}(n+t+1)^{-\beta}\,dt \leqslant n^{-\alpha}m^{-\alpha}(m+n)^{-\beta} \leqslant \int_{m}^{m+1} n^{-\alpha}t^{-\alpha}(n+t-1)^{-\beta}\,dt.$$

Par somme,

$$\int_{2}^{+\infty} f_{1,n}(t)\,dt \leqslant S'_n \leqslant \int_{1}^{+\infty} f_{-1,n}(t)\,dt.$$

Puisqu'alors $\alpha < 1$ nécessairement, S'_n est de l'ordre de $n^{-2\alpha-\beta+1}$ et la famille est sommable lorsque $2\alpha+\beta > 2$.
• Supposons enfin $\alpha \geqslant 0$ et $\beta < 0$. On a alors, pour $m \geqslant 2$,

$$\int_{m}^{m+1} n^{-\alpha}t^{-\alpha}(n+t-1)^{-\beta}\,dt \leqslant n^{-\alpha}m^{-\alpha}(m+n)^{-\beta} \leqslant \int_{m-1}^{m} n^{-\alpha}t^{-\alpha}(n+t+1)^{-\beta}\,dt.$$

Par somme,

$$\int_{1}^{+\infty} f_{-1,n}(t)\,dt \leqslant S'_n \leqslant \int_{2}^{+\infty} f_{1,n}(t)\,dt.$$

Nous avons donc la discussion suivante :
•• Si $\alpha = 1$, $S'_n \sim n^{-\beta-1}\ln n$ et donc la famille n'est pas sommable.
•• Si $\alpha > 1$, S'_n est de l'ordre de $n^{-\alpha-\beta}$ et la famille n'est pas sommable si et seulement si $\alpha+\beta > 1$.
•• Si $\alpha < 1$, S'_n est de l'ordre de $n^{-2\alpha-\beta+1}$ et la famille est sommable lorsque $2\alpha+\beta > 2$, ce qui ne se produit jamais.

▷ Résumons la discussion. La famille considérée est sommable exactement lorsque

$$\Big(\beta > 0 \text{ et } 2\alpha+\beta > 2\Big) \text{ ou } \Big(\beta \leqslant 0 \text{ et } \alpha+\beta > 1\Big).$$

III.C.3. ▷ La fonction à intégrer est continue sur $\mathbb{R}$ car ni $y+im$ ni $y-in$ ne s'annule sur $\mathbb{R}$, et est intégrable au voisinage des infinis car elle y est équivalente à $\frac{1}{y^4}$.
• La fraction rationnelle $\frac{1}{(y+im)^2(y-in)^2}$ admet *a priori* la décomposition en éléments simples

$$\frac{A}{(y+im)^2} + \frac{B}{y+im} + \frac{C}{(y-in)^2} + \frac{D}{y-in}.$$

On a $\int_{\mathbb{R}} \frac{1}{(y+im)^2}\,dy = -\left[\frac{1}{y+im}\right]_{-\infty}^{+\infty} = 0$, et de même $\int_{\mathbb{R}} \frac{1}{(y-in)^2}\,dy = 0$.

D'autre part,

$$\int \frac{dy}{y+im} = \int \frac{y-im}{y^2+m^2}\,dy = \frac{1}{2}\ln(y^2+m^2) - im\frac{1}{m}\arctan\frac{y}{m}.$$

Compte tenu de la parité de la première des fonctions du dernier membre, on a donc

$$\int_{-X}^{X} \frac{dy}{y+im} = -2i\arctan\frac{X}{m} \to -i\pi.$$

Lorsque l'on remplace m par $-n$, on obtient

$$\int_{-X}^{X} \frac{dy}{y-in} = 2i\arctan\frac{X}{n} \to i\pi.$$

De ces calculs, il résulte que

$$K_{m,n} = \int_{\mathbb{R}} \frac{dy}{(y+im)^2(y-in)^2} = i\pi(D-B).$$

Le symbole $\int$ est celui de la primitivation.

On s'est contenté de calculer la limite de $\int_{-X}^{X}$ car on sait déjà que l'intégrale existe.

• Reste à achever la décomposition en éléments simples. On calcule A par une évaluation en $-im$, ce qui donne $A = -\frac{1}{(m+n)^2}$. De même, $C = -\frac{1}{(m+n)^2}$.
Une évaluation en ∞ fournit $B+D=0$. Enfin, une évaluation en 0 conduit à l'égalité

$$-\frac{A}{m^2} - \frac{C}{n^2} - i\frac{B}{m} + i\frac{D}{n} = \frac{1}{m^2n^2}.$$

Le détail des calculs semble suffisant.

Finalement,

$$\begin{aligned} iD\left(\frac{1}{m}+\frac{1}{n}\right) &= \frac{1}{m^2n^2} - \frac{1}{(m+n)^2m^2} - \frac{1}{(m+n)^2n^2} \\ &= \frac{2mn}{m^2n^2(m+n)^2}, \end{aligned}$$

et donc

$$D = -i\frac{2m^2n^2}{m^2n^2(m+n)^3} = -\frac{2i}{(m+n)^3}.$$

On obtient en fin de compte

$$K_{m,n} = 2i\pi D = \frac{4\pi}{(m+n)^3}.$$

▷ La question **III.A.3** nous permet d'écrire

$$F(iy) = \sum_{n\geqslant 1} \frac{1}{n(n-iy)^2}$$

et donc

$$\overline{F(iy)} = \sum_{m\geqslant 1} \frac{1}{m(m+iy)^2},$$

chacune de ces deux familles étant sommables.

Le théorème de Fubini relatif au cas quelconque entraîne que

$$|H(y)|^2 = |F(iy)|^2 = \sum_{m,n\geqslant 1} \frac{1}{mn(m+iy)^2(n-iy)^2}.$$

On utilise [12].

▷ • On a

$$\left|\frac{1}{mn(m+iy)^2(n-iy)^2}\right| = \frac{1}{mn(m^2+y^2)(n^2+y^2)}.$$

Montrons que la famille $\left(\int_{\mathbb{R}} \frac{dy}{mn(m^2+y^2)(n^2+y^2)}\right)_{m,n\geqslant 1}$ est sommable.

Puisque

$$(m^2+y^2)(n^2+y^2) = (mn+y^2)^2 + (m-n)^2y^2 \geqslant (mn+y^2)^2,$$

Minime astuce de calcul pour minimiser le calcul.

on a aussi

$$\int_{\mathbb{R}} \frac{dy}{mn(m^2+y^2)(n^2+y^2)} \leqslant \int_{\mathbb{R}} \frac{dy}{mn(mn+y^2)^2} = (mn)^{-\frac{5}{2}} \int_{\mathbb{R}} \frac{du}{(1+u^2)^2},$$

où la dernière égalité résulte du changement de variable $y = u\sqrt{mn}$.

La famille majorante étant sommable, la famille étudiée l'est aussi.

La sommabilité de la famille majorante est une conséquence immédiate de [9].

• Posons $\theta_{m,n}(y) = \frac{1}{mn(m+iy)^2(n-iy)^2}$. On a, sous réserve de justification de l'interversion du signe de somme double avec celui de l'intégrale,

$$\int_{\mathbb{R}} |H(y)|^2\,dy = \int_{\mathbb{R}} \Big(\sum_{m,n\geqslant 1} \theta_{m,n}(y)\Big)\,dy$$
$$= \sum_{m,n\geqslant 1} \int_{\mathbb{R}} \theta_{m,n}(y)\,dy = \frac{1}{4\pi} \sum_{m,n\geqslant 1} \frac{K_{m,n}}{mn} = S(1,3).$$

• Justifions l'interversion admise précédemment. Comme $\mathbb{N}^{*2}$ est dénombrable, on peut indexer la famille $(\theta_{n,m})_{n,m\geqslant 1}$ sous la forme $(\mu_k)_{k\geqslant 0}$. Mais la famille $\left(\int_{\mathbb{R}} |\mu_k|\right)_{k\geqslant 0}$ est sommable puisque la famille $\left(\int_{\mathbb{R}} |\theta_{m,n}|\right)_{m,n\geqslant 1}$ l'est. On peut donc écrire

On utilise une dernière fois [7].

$$\int_{\mathbb{R}} |H(y)|^2\,dy = \int_{\mathbb{R}} \Big(\sum_{m,n\geqslant 1} \theta_{m,n}(y)\Big)\,dy = \int_{\mathbb{R}} \Big(\sum_{k\geqslant 0} \mu_k(y)\Big)\,dy$$
$$= \sum_{k\geqslant 0} \int_{\mathbb{R}} \mu_k(y)\,dy = \sum_{m,n\geqslant 1} \int_{\mathbb{R}} \theta_{m,n}(y)\,dy.$$

III.D.1. ▷ Puisque $\frac{1}{n(n-z)^2} \sim \frac{1}{n^3}$ pour chaque valeur de z qui n'est pas dans $\mathbb{N}^*$, la série $\left\{\frac{1}{n(n-z)^2}\right\}$ converge sur $\tilde{\Omega} = \mathbb{C} - \mathbb{N}^*$. Cet ensemble est un ouvert de $\mathbb{C}$.

Tout sous-ensemble de $\mathbb{Z}$ est un fermé de $\mathbb{C}$ car toute suite convergente d'entiers est stationnaire, donc a sa limite dans l'ensemble.

▷ Posons $u_{n,k}(x,y) = \frac{(k+1)!}{n(n-x-iy)^{k+2}}$. On a de suite

$$\frac{\partial u_{n,k}}{\partial x} = u_{n,k+1} \ ; \ \frac{\partial u_{n,k}}{\partial y} = iu_{n,k+1}.$$

Soit $n_0 \in \mathbb{N}^*$ et P l'intersection du demi-plan $\mathfrak{Re}\, z < n_0$ avec $\tilde{\Omega}$. Notons que, si $z \in P$, $|n-z| \geqslant n - n_0$.

Le côté le plus long du triangle n_0nz est nz car l'angle opposé est obtus.

Pour chaque k, la série $\{u_{n,k}\}_{n\geqslant n_0+1}$ converge normalement sur P car, pour tout (x,y) dans P et tout $n \geqslant n_0+1$,

$$|u_{n,k}(x,y)| \leqslant \frac{(k+1)!}{n(n-n_0)^{k+2}}.$$

De cela, il résulte plusieurs choses :

• tout d'abord, $\sum\limits_{n\geqslant n_0+1} u_{n,k}$ est une fonction continue sur P. Comme la somme finie $\sum\limits_{1\leqslant n\leqslant n_0} u_{n,k}$ est aussi continue sur P, on en déduit que la somme totale $\sum\limits_{n\geqslant 1} u_{n,k}$ est continue sur P. Ceci étant réalisé pour tout n_0, $\sum\limits_{n\geqslant 1} u_{n,k}$ est continue sur $\tilde{\Omega}$.

On utilise [13].

• Ensuite, si l'on fixe y, la fonction $x \mapsto \sum\limits_{n\geqslant n_0+1} u_{n,k}(x,y)$ est dérivable sur $]n_0, +\infty[$, et l'on peut dériver terme à terme la somme de cette série. Les arguments précédents montrent que $x \mapsto \sum\limits_{n\geqslant 1} u_{n,k}(x,y)$ est dérivable sur son domaine de définition, ce qui signifie que $\sum\limits_{n\geqslant 1} u_{n,k}$ admet une dérivée partielle par rapport à x, et que cette dérivée partielle est égale à $\sum\limits_{n\geqslant 1} u_{n,k+1}$.

On utilise [14].

• Le résultat est analogue en ce qui concerne la dérivée partielle par rapport à y, égale à $i\sum\limits_{n\geqslant 1} u_{n,k+1}$.

Puisque $\sum\limits_{n\geqslant 1} u_{n,0}$ n'est autre que F, on en déduit que F est de classe $\mathcal{C}^\infty$ sur $\tilde{\Omega}$. De plus, le calcul des dérivées partielles par dérivation terme à terme conduit aux relations

$$\frac{\partial^k F}{\partial x^k} = i^k \frac{\partial^k F}{\partial y^k}.$$

III.D.2. Nous rectifions l'énoncé en prenant p entier positif. Si u et v sont deux complexes de module supérieur à A, on a

On ne peut guère donner de sens naturel à u^α lorsque u est complexe et α réel. Et une majoration du genre demandé n'existe pas pour p entier <-1.

$$\begin{aligned}|u^{-p} - v^{-p}| &= \frac{|u-v|\,|\sum\limits_{k+l=p-1} u^k v^l|}{|u|^p|v|^p} \\ &\leqslant |u-v| \sum_{k+l=p-1} |u^{k-p}||v^{l-p}| \\ &\leqslant |u-v| \sum_{k+l=p-1} A^{k-p}A^{l-p} \leqslant p|u-v|A^{-p-1}.\end{aligned}$$

Puisque $k-p \leqslant 0$ et $|u| \geqslant A$, $|u|^{k-p} \leqslant A^{k-p}$.

Maintenant, si z et z' vérifient les hypothèses de l'énoncé, on a $|z-n| \geqslant n-n_0 = A$ et $|z'-n| \geqslant n-n_0$. Par conséquent,

$$|(z-n)^{-p} - (z'-n)^{-p}| \leqslant p|z-z'|(n-n_0)^{-p-1}.$$

III.D.3. Nous avons vu lors de la question **II.F.2** que les relations

$$\frac{\partial^p F}{\partial x^p} = i^p \frac{\partial^p F}{\partial y^p}.$$

suffisent à montrer que $D^k F(z)$ existe et est égal à $\frac{\partial^k F}{\partial x^k}$. Donc

$$D^k F(z) = \sum_{n\geqslant 1} \frac{(k+1)!}{n(n-z)^{k+2}}.$$

On n'utilise pas la question précédente.

III.E.1. Dans la définition de c_k,

$$c_k = -\frac{1}{k!}\int_0^1 (-\ln t)^{k+1} \frac{\ln(1-t)}{t}\, dt,$$

remplaçons $-\frac{\ln(1-t)}{t}$ par son développement en série entière $\sum\limits_{n\geqslant 0} \frac{t^n}{n+1}$. Sous réserve de la justification de l'interversion du signe de somme et du signe d'intégrale, il vient

$$\begin{aligned} c_k &= \frac{1}{k!}\int_0^1 (-\ln t)^{k+1} \Big(\sum_{n\geqslant 0} \frac{t^n}{n+1}\Big)\, dt \\ &= \frac{1}{k!}\sum_{n\geqslant 0}\int_0^1 (-\ln t)^{k+1} \frac{t^n}{n+1}\, dt. \end{aligned}$$

Puisque $\int_0^1 (-\ln t)^{k+1} \frac{t^n}{n+1}\, dt$ est positif, l'interversion est bien justifiée. En outre, grâce aux changements de variable $u = -\ln t$, puis $v = (n+2)u$, on a

On utilise [3].

$$\begin{aligned} \int_0^1 (-\ln t)^{k+1} \frac{t^n}{n+1}\, dt &= \frac{1}{n+1}\int_0^{+\infty} u^{k+1} e^{-(n+1)u}\, du \\ &= \frac{1}{(n+1)(n+1)^{k+2}}\int_0^{+\infty} v^{k+1} e^{-v}\, dv \\ &= \frac{1}{(n+1)(n+1)^{k+2}}\Gamma(k+2) = \frac{(k+1)!}{(n+1)(n+1)^{k+2}}. \end{aligned}$$

Finalement,

$$c_k = (k+1)\sum_{n\geqslant 0} \frac{1}{(n+1)(n+1)^{k+2}}.$$

III.E.2. On a, d'après **III.E.1**,

$$c_k = (k+1)\big(1 + \sum_{n\geqslant 1} \frac{1}{(n+1)(n+1)^{k+2}}\big).$$

Si l'on pose $\lambda_n(k) = \frac{1}{(n+1)(n+1)^{k+2}}$, on définit une série $\{\lambda_n\}_{n\geqslant 1}$ de fonctions de la variable entière k, dont le terme général est borné par $\frac{1}{(n+1)^3}$ pour $k \geqslant 0$, et qui converge donc normalement sur $\mathbb{N}$. Lorsque k tend vers $+\infty$, chacun des termes de la somme de cette série tend tend vers 0.

Comme la convergence est uniforme sur un voisinage de $+\infty$, on en déduit que

On utilise **[15]**.

$$\sum_{n\geqslant 1} \frac{1}{(n+1)(n+1)^{k+2}} \underset{k\to+\infty}{\longrightarrow} 0.$$

Par conséquent, $c_k \sim k+1 \sim k$, ce qui est le résultat déjà démontré dans la question **II.H.1**.

Quelques indications

I.B.2. Intégrer par parties.

I.B.4. Exprimer le terme général de la série S_3 en fonction de ceux des séries S_1 et S_2.

II.C.1. Minorer $p(t)$ par $-\ln t$ sur $]0,1[$ et calculer l'intégrale minorante.

II.C.3. Mettre $F(x) - G(x)$ sous forme d'une intégrale continue (en x) sur $[0,1]$.

II.E. Montrer que $\int_0^1 t^{-x-iy} p(t)(-\ln t)^n \, dt$ admet des dérivées partielles par rapport à x et par rapport à y, montrer que ces dérivées partielles sont continues par rapport au couple. Conclure par récurrence.

II.F.1. Faire un développement limité d'ordre 1 et utiliser la relation entre la dérivée partielle par rapport à x et celle par rapport à y.

II.F.2. Appliquer la méthode du **II.F.1**.

III.B.2. Montrer que $\phi(x) \sim \frac{1}{1-x}$.

II.H.1. Faire le changement de variable $t = e^{-u}$, intégrer par parties en primitivant u^{n+1}, calculer $J_n = \int_0^{\infty} u^{n+2} e^{-u} \, du$ et montrer que $(n+2)I_n - \int_0^{\infty} u^{n+2} e^{-u} \, du$ est négligeable devant J_n.

III.C.1. Montrer d'abord l'intégrabilité de H, puis celle de H^2 en remarquant que H est bornée sur $\mathbb{R}$.

III.C.2. Dans un premier temps, sauter la question. Puis la résoudre durant une période de vacances.

III.C.3. Procéder à une décomposition en éléments simples pour calculer $K_{m,n}$. Pour calculer $\int_{\mathbb{R}} |H(y)|^2 \, dy$, exprimer $|H(y)|^2$ sous forme d'une somme double, puis intervertir ce signe de somme avec l'intégrale en remarquant qu'une somme double peut être considérée comme une somme indexée par $\mathbb{N}$.

III.D.1. Montrer que la somme de la série $\{u_{n,k}\}_{n\in\mathbb{N}}$, où $u_{n,k}(x,y) = \frac{(k+1)!}{n(n-x-iy)^{k+2}}$, peut être dérivée partiellement terme à terme. Conclure par récurrence sur k.

III.D.2. Rectifier l'énoncé en supposant p entier naturel.

III.D.3. Appliquer la méthode du **II.F.1**.

Commentaires

Le problème est consacré à l'étude de la fonction F, définie dans le champ complexe par une intégrale paramétrée. À l'occasion de cette étude sont passées en revue toutes les techniques usuelles de l'analyse fonctionnelle élémentaire. Il est évident que ce problème ne peut être convenablement traité que grâce à une complète maîtrise des théorèmes du cours, mais cette condition nécessaire n'est suffisante que pour une partie des questions. Quelques autres réclament l'application de ces théorèmes à des situations moins conventionnelles (notamment, estimation asymptotique d'intégrales paramétrées, interversion des symboles de sommation double et d'intégration, fonctions de plusieurs variables, dérivation au sens complexe, etc.). En outre, certaines questions, sans être difficiles, sont si longues que l'on ne peut aucunement espérer d'un candidat qu'il en vienne à bout, à moins qu'il n'en offre une solution abrégée.

La partie **I** est simple. La section **A** s'occupe de séries de Fourier et ne mérite pas de commentaire particulier. Simplement, dans la question **I.A.1**, je n'ai pas distingué selon la parité de n pour donner la valeur de $S_n f$, distinction qui n'aurait apporté aucune précision au résultat.

Dans la question **I.B.2**, il ne faut évidemment pas oublier d'étudier l'intégrabilité de la fonction L avant d'en calculer l'intégrale. Pour ce faire, j'ai procédé à une intégration par parties directe, toujours possible lorsque deux des trois quantités écrites existent (mais il faut remarquer qu'avec cette règle, l'un des membres peut contenir une intégrale « impropre », quand bien même l'autre contiendrait l'intégrale d'une fonction intégrable). Dans le cas actuel, primitiver $\frac{1}{x^2}$ en $-\frac{1}{x}$ conduit justement à des quantités divergentes. J'ai opté pour la primitive $1-\frac{1}{x}$ qui s'annule en 1 et nous place ainsi dans le cas favorable évoqué précédemment. La technique la plus immédiate reste l'intégration par parties entre 0 et α, sans chausse-trape, puis l'étude de la limite lorsque α tend vers 1. Cette méthode est légèrement plus coûteuse en calculs.

La question **I.B.3** est la première à faire utiliser un théorème d'interversion, celui où les fonctions intégrées sont positives. Il est clair que chercher à utiliser la convergence uniforme aurait conduit soit à une erreur, soit à un raisonnement par découpage exagérément compliqué.

Le théorème d'interversion [3] évoqué ne figure plus dans le programme. Seul figure le théorème **[7]**. On constate cependant que le théorème [7] entraîne immédiatement que l'interversion est légitime dès lors que les u_n sont positives et que $\left\{\int_I u_n\right\}$ converge. Supposons réciproquement que $\varphi = \sum_{n\geqslant 0} u_n$ est intégrable sur I. Puisque la suite des sommes partielles $\left(\sum_{k=0}^{n} u_k\right)_{n\geqslant 0}$ converge vers φ et est dominée par elle, on peut appliquer le théorème de convergence dominée qui, lui, reste au programme, et en déduire (après interversion des signes $\int_I$ et $\sum_{k=0}^{n}$) que $\left\{\int_I u_n\right\}$ converge et que l'interversion est légitime. Le seul problème est que le candidat sera peut-être désormais requis de tenir le raisonnement précédent.

La partie **II** commence par une étude d'intégrabilité. Comme chaque fois qu'il s'agit d'intégrabilité, autant prendre le module de la fonction dès le début. On utilise ici le fait que $|e^z| = e^{\mathfrak{Re}(z)}$ et l'on remarque pour la suite que p est à valeurs positives. Cette étude s'appuie sur l'intégrabilité de $t^\alpha |\ln t|^\beta$ au voisinage de 0. Comme la connaissance de cette intégrabilité, selon les valeurs de α et de β, n'est pas requise par le programme, j'ai préféré refaire l'étude particulière nécessaire.

Pour montrer que F tend vers 0 en $-\infty$ (question **II.B**), j'ai opté pour une majoration directe et d'ailleurs assez immédiate. On aurait pu aussi utiliser le théorème de convergence dominée, en considérant une suite (x_n) de réels négatifs tendant vers $-\infty$ et en posant $f_n(t) = t^{-x_n}p(t)$. En effet, (f_n) converge simplement vers 0 sur $]0,1[$ et est dominée par p, dont on a vu qu'elle est intégrable. On conclut en utilisant une caractérisation séquentielle de la limite.

La question **II.C.1** attire les mêmes remarques que la question **II.B**, à ceci près que, pour montrer que F tend vers $+\infty$ en 1 par un théorème général, il convient de prendre une suite (x_n) tendant vers 1 **en croissant**, de façon à pouvoir appliquer le théorème de convergence monotone lorsque la limite n'est pas intégrable. Il faut ensuite utiliser, après l'avoir établie (elle n'est pas au programme), la caractérisation séquentielle suivante de la limite : si, pour toute suite (x_n) tendant vers 1^- en croissant, $F(x_n)$ tend vers $+\infty$, alors F tend vers $+\infty$ en 1^-.

Une telle méthode serait plus difficile à appliquer dans le cadre des nouveaux programmes, car le théorème de convergence monotone n'y figure plus. On constate cependant que, si (f_n) tend en croissant vers une fonction intégrable f, le théorème de convergence dominée montre directement que $\left(\int_I f_n\right)$ tend vers $\int_I f$. Mais, dans le cas présent, il s'agit de montrer qu'au cas où f n'est pas intégrable, $\left(\int_I f_n\right)$ tend vers $+\infty$. Il faut pour cela emprunter un chemin un peu tortueux : introduire $u_n = f_{n+1} - f_n$, terme général d'une série de fonctions positives, appliquer le résultat que l'on a évoqué dans le commentaire de la question **I.B.3** et déduire de cela que la série $\left\{\int_I u_n\right\}$ est divergente, ce qui conclut.

La section **II.D** fait étudier le caractère $\mathcal{C}^\infty$ d'une intégrale dépendant d'un paramètre. La méthode est la même que celle usuellement utilisée pour montrer le caractère $\mathcal{C}^\infty$ de la fonction Γ. On utilise en particulier une condition de domination **locale**.

La section **II.E** commence à accumuler les petites difficultés. Bien entendu, le principe de la démonstration est simple : il s'agit de montrer que l'on peut dériver partiellement à n'importe quel ordre en se ramenant à un théorème de dérivation d'une intégrale dépendant d'un seul paramètre réel, puis de montrer que les dérivées partielles sont continues du **couple** à l'aide d'un théorème valable, lui, pour les intégrales dépendant d'un paramètre quelconque (dans $\mathbb{R}^2$ en ce qui nous concerne). Cependant, on remarquera que la solution proposée s'appuie sur la forme particulière des dérivées partielles, et peut-être certains candidats ont-ils procédé autrement. Voici les grandes lignes d'une autre méthode possible.

On pose $\Psi(x,y,t) = t^{-x-iy}p(t)$. Pour $t \in \,]0,1[$, $(x,y) \mapsto \Psi(x,y,t)$ est de classe $\mathcal{C}^\infty$ sur $\mathbb{R}^2$ d'après les théorèmes généraux.

Soit n un entier et $(u_1,\dots,u_n)$ une suite de lettres x et y, le nombre d'occurrences de y étant égal à l, avec $0 \leqslant l \leqslant n$. On obtient de suite

$$\frac{\partial^n \Psi}{\partial u_1 \dots \partial u_n}(x,y,t) = (-\ln t)^{n-l}(-i\ln t)^l t^{-x-iy}p(t).$$

Pour (x,y) fixé dans Ω, on montre l'intégrabilité sur $]0,1[$ de $t \mapsto \frac{\partial^n \Psi}{\partial u_1 \dots \partial u_n}(x,y,t)$.

On montre ensuite par récurrence sur n que $\frac{\partial^n F}{\partial u_1 \dots \partial u_n}(x,y,t)$ existe et vaut $\int_0^1 \frac{\partial^n \Psi}{\partial u_1 \dots \partial u_n}(x,y,t)\,dt$.

• Le résultat étant vrai lorsque $n = 0$, supposons-le vrai pour n.

Soit $(u_0,u_1,\dots,u_n)$ une suite de $n+1$ lettres égales à x ou y, avec $u_0 = x$. Fixons y dans $\mathbb{R}$ et un réel $a < 1$, et étudions la fonction $x \mapsto \int_0^1 \frac{\partial^n \Psi}{\partial u_1 \dots \partial u_n}(x,y,t)\,dt$. La fonction $t \mapsto \frac{\partial^n \Psi}{\partial u_1 \dots \partial u_n}(x,y,t)$ est intégrable sur $]0,1[$. La fonction $x \mapsto \frac{\partial^n \Psi}{\partial u_1 \dots \partial u_n}(x,y,t)$ est de classe $\mathcal{C}^1$ sur $]-\infty,a[$, de dérivée $\frac{\partial^{n+1} \Psi}{\partial u_0 \partial u_1 \dots \partial u_n}(x,y,t)$.

On a de plus la la condition de domination

$$\left|\frac{\partial^{n+1} \Psi}{\partial u_0 \partial u_1 \dots \partial u_n}(x,y,t)\right| \leqslant \left|\frac{\partial^{n+1} \Psi}{\partial u_0 \partial u_1 \dots \partial u_n}(a,y,t)\right|,$$

où la fonction dominante est intégrable est indépendante de x.

Il en résulte que $\frac{\partial^{n+1} F}{\partial u_0 \partial u_1 \dots \partial u_n}(x,y)$ existe lorsque $x < a$ et vaut $\int_0^1 \frac{\partial^n \Psi}{\partial u_0 \partial u_1 \dots \partial u_n}(x,y,t)\,dt$.

Ceci étant vrai pour tout $a < 1$, le résultat est encore valide pour $x < 1$.

• Le calcul est analogue lorsque $u_0 = y$, à ceci près que la condition de domination est valable pour $y \in \mathbb{R}$.

On montre enfin la continuité de toutes ces dérivées partielles comme dans le corrigé.

On a montré que F est de classe $\mathcal{C}^\infty$ sur Ω et, en particulier, que

$$\frac{\partial^{k+l} F}{\partial x^k \partial y^l}(x, y) = \int_0^1 (-\ln t)^n i^l t^{-z} p(t)\, dt.$$

On peut néanmoins commettre une erreur dans ce raisonnement : se contenter d'étudier les dérivées partielles $\frac{\partial^n F}{\partial^{n-l} x \partial^l y}(x, y)$ alors que, bien entendu, on ne peut appliquer le théorème de Schwarz avant d'avoir montré que F est de classe $\mathcal{C}^n$!

La question **II.F.3** fait montrer que la fonction F, considérée comme fonction d'une variable complexe, est dérivable (au sens complexe), en ceci que $\frac{F(z+\alpha)-F(z)}{\alpha}$ admet une limite (que l'on note en général $F'(z)$) lorsque l'accroissement complexe α tend vers 0. Une telle fonction est dite holomorphe. L'énoncé propose d'utiliser une suite (z_n) qui ne sert pas à grand chose. Le point essentiel est, outre le caractère différentiable de F, la relation entre les dérivées partielles :

$$\frac{\partial F}{\partial y}(x, y) = i \frac{\partial F}{\partial x}(x, y).$$

Cette relation, appelée relation de Cauchy & Riemann, entraîne l'holomorphie de F : remarque utile pour le traitement de la question **II.F.2** et, plus loin dans le problème, de la question **II.D.3**. On pourrait d'ailleurs aisément montrer, pour une fonction de classe $\mathcal{C}^1$ (au sens de deux variables réelles), l'équivalence entre la relation de Cauchy & Riemann et l'holomorphie de F.

La question **II.H.1** n'est pas complètement évidente. Je me demande d'ailleurs s'il n'y en a pas une réponse plus simple que celle que j'ai fournie. À vrai dire, dans un premier temps, j'en avais donné une solution dont je me suis rendu compte après coup qu'elle faisait l'objet de la question **III.E.2**.

Les premières questions de la partie **III** font utiliser de façon presque immodérée les divers théorèmes d'interversion du signe de sommation et du signe d'intégration. Cependant, la question **III.C.1** pose un problème de nature un peu différente. Il s'agit la dérivation d'une fonction rationnelle de la variable réelle, lorsque ses coefficients sont complexes. Les candidats ont dû considérer comme évident le fait que l'on pouvait dériver comme dans le cas d'une fonction rationnelle à coefficients réels, et j'ai moi-même accepté ce fait dans mon corrigé. Peut-être néanmoins le correcteur en attendait-il une justification. Puisque le résultat est évident pour les polynômes (linéarité) et clair pour le produit de deux fonctions à valeurs complexes (application bilinéaire continue), tout revient à le faire pour

$\psi(x) = \frac{1}{\phi(x)}$, lorsque ϕ est $\mathcal{C}^1$ à valeurs complexes. Mais, dans ce cas, ψ est $\mathcal{C}^1$ comme fonction réelle à valeurs dans $\mathbb{R}^2$, et il suffit de dériver l'identité $\phi(x)\psi(x) = 1$ grâce à la règle sur le produit pour en déduire que $\psi'(x) = -\frac{1}{\phi(x)^2}$.

Quoi qu'il en soit, le raisonnement à ne pas tenir, et pourtant bien tentant, est celui qui consiste à appliquer une composition. En effet, puisqu'il s'agit d'une fonction de $\mathbb{R}$ dans $\mathbb{C}$, il faudrait déjà pouvoir donner un sens à la dérivabilité au sens complexe et montrer qu'une fraction rationnelle est dérivable au sens complexe, sa dérivée étant obtenue par une dérivation formelle (et ensuite montrer un théorème de composition). Cela supposerait complètement acquise la notion d'holomorphie, certes évoquée dans le problème, mais dans une situation différente.

La question **III.C.2** est assez facile à penser : on compare la somme avec une intégrale. Cependant, les nombreux cas à étudier et les multiples petits détails nécessaires à une rédaction scrupuleuse la rendent presque infaisable par écrit et en un temps limité. En revanche, à l'oral, où l'on peut utiliser des raccourcis, une telle question aurait parfaitement été envisageable. Le donneur du sujet aurait de toutes façons pu, sans dommage, supposer α et β positifs, pour ne pas multiplier les études de cas.

*La question **III.C.2** n'aurait pas pu être posée dans ces termes aux concours* 2005*, puisque la notion de famille sommable s'est évanouie des programmes. On aurait dû définir la quantité à étudier comme le résultat de deux sommes de séries emboîtées.*

La question **III.C.3** nécessite en son début une décomposition en éléments simples assez calculatoire. Le candidat n'est probablement pas tenu de donner les détails de tous les calculs. Les étapes intermédiaires devraient suffire, le reste pouvant se faire au brouillon.

Un peu plus tard dans cette même question, on doit montrer que la famille $\left(\int_{\mathbb{R}} \frac{dy}{mn(m^2+y^2)(n^2+y^2)}\right)_{m,n\geqslant 1}$ est sommable. J'ai dans mon corrigé utilisé une petite astuce afin d'éviter le calcul exact de cette intégrale, évidemment possible à l'aide d'une décomposition en éléments simples, mais nettement plus fastidieux.

Dans la fin de la question, il convient d'échanger un signe de sommation double et un signe d'intégration. J'ai utilisé la technique, assez expéditive, qui consiste à se ramener au cas des sommes indexées par $\mathbb{N}$, donc au cas des séries.

Dans le cadre des nouveaux programmes, la méthode précédente aurait été inapplicable. Une autre idée aurait été d'échanger successivement l'intégrale et le signe de somme le plus extérieur, puis l'intégrale et le second signe de somme. Détaillons ce raisonnement.
Il s'agit de justifier les égalités

$$\int_{\mathbb{R}} |H(y)|^2\,dy = \int_{\mathbb{R}} \Big(\sum_{m\geqslant 1}\sum_{n\geqslant 1} \theta_{m,n}(y)\Big)\,dy$$
$$= \sum_{m\geqslant 1}\int_{\mathbb{R}} \Big(\sum_{n\geqslant 1} \theta_{m,n}(y)\Big)\,dy = \sum_{m\geqslant 1}\sum_{n\geqslant 1}\int_{\mathbb{R}} \theta_{m,n}(y)\,dy.$$

et, plus précisément, les deux interversions successivement effectuées.

La première est légitime si la série $\left\{\int_{\mathbb{R}} \big|\sum_{n\geqslant 1} \theta_{m,n}(y)\big|\,dy\right\}$ est convergente, puisque l'on sait déjà que la somme de $\sum_{m\geqslant 1}\sum_{n\geqslant 1} \theta_{m,n}$ est continue. Or

$$\int_{\mathbb{R}} \Big|\sum_{n\geqslant 1} \theta_{m,n}(y)\Big|\,dy \leqslant \int_{\mathbb{R}} \Big(\sum_{n\geqslant 1} |\theta_{m,n}(y)|\Big)\,dy = \sum_{n\geqslant 1}\int_{\mathbb{R}} |\theta_{m,n}(y)|\,dy$$

puisque les fonctions $|\theta_{m,n}(y)|$ sont positives. D'autre part, d'après le théorème de Fubini dans le cas positif et la sommabilité de la famille $\left(\int_{\mathbb{R}} |\theta_{m,n}(y)|\,dy\right)_{m,n\geqslant 1}$, on a

$$\sum_{m\geqslant 1}\sum_{n\geqslant 1}\int_{\mathbb{R}} |\theta_{m,n}(y)|\,dy < +\infty.$$

On a ainsi justifié la première interversion.

Quant à la seconde, elle découle d'une part de la sommabilité, pour chaque m, de la famille $\left(\int_{\mathbb{R}} \theta_{m,n}(y)\,dy\right)_{n\geqslant 1}$ et, d'autre part, de la continuité, pour chaque m, de $\sum_{n\geqslant 1} \theta_{m,n}$.

Cette continuité est elle-même une conséquence de la convergence normale sur $\mathbb{R}$ de la série $\{\theta_{m,n}\}_{n\geqslant 1}$ qui provient de la majoration

$$|\theta_{m,n}(y)| \leqslant \frac{1}{m^3 n^3}$$

démontrée ci-dessus.

Le raisonnement précédent, outre qu'il est compliqué, peut faire trébucher le candidat : il ne faudrait pas oublier de montrer la continuité de la somme intermédiaire.

La question **III.D.1** est l'analogue sommatoire de la question **II.E** qui traite le cas de l'intégrale. Les variantes de démonstration et les remarques afférentes sont essentiellement les mêmes. Le début de la question consiste à prolonger la fonction F en une fonction encore de classe $\mathcal{C}^\infty$. Derrière ceci se cache une propriété beaucoup plus importante du prolongement : il reste holomorphe. On dit que l'on a prolongé « analytiquement » la fonction F à $\tilde{\Omega}$. On peut démontrer qu'un tel prolongement, s'il existe, est unique, ce qui assure son caractère naturel. Le seul caractère $\mathcal{C}^\infty$ du prolongement ne présenterait pas d'intérêt.

La question **III.D.2** comporte une erreur. Outre que u^p n'est pas bien défini pour u complexe (penser à $p = \frac{1}{2}$), la majoration demandée n'existe pas pour p entier négatif. Prenons par exemple $p = -2$, $n_0 = 1$, $n = 2$ et supposons par l'absurde l'existence d'une majoration du type $|(z-2)^2 - (z'-2)^2| \leqslant \rho(|z'-z|)$ pour une certaine fonction ρ, lorsque z et z' sont dans le demi-plan $\mathfrak{Re}\, z \leqslant 1$. En appliquant ceci à z réel $\leqslant 1$ et $z' = z - 1$, on obtient $|2z - 3| \leqslant C$, ce qui est apparaît inexact en faisant tendre z vers $-\infty$.

Dans l'esprit de l'énoncé, la question **III.D.2** est destinée à préparer la question **III.D.3**, qui cependant se traite très facilement par un raisonnement exactement identique à celui tenu dans la question **II.F.1**. C'est ainsi que j'ai procédé.

Les dernières questions n'appellent pas de commentaire particulier, si ce n'est que, dans la question **III.E.2**, j'ai fait appel à un théorème d'interversion de limite et de signe de sommation dans le cas où la série de fonctions converge uniformément sur un voisinage du point en lequel on prend la limite. Il s'agit ici du point $+\infty$.

Théorèmes utilisés

[1] Théorème de Dirichlet. Soit f une fonction complexe T-périodique et de classe $\mathcal{C}^1$ par morceaux sur $\mathbb{R}$. La suite des sommes de Fourier de f converge simplement vers la fonction $x \mapsto \frac{f(x+0)+f(x-0)}{2}$. Cette valeur est égale à $f(x)$ en tout point de continuité de f.

[2] Égalité de Parseval. Soit f une fonction complexe T-périodique et continue par morceaux sur $\mathbb{R}$. Alors

$$\frac{1}{T}\int_0^T |f|^2 = \sum_{n=0}^{+\infty} |c_n(f)|^2 + \sum_{n=-\infty}^{0} |c_n(f)|^2.$$

Si de plus f est à valeurs réelles, on a aussi

$$\frac{2}{T}\int_0^T f^2 = \frac{a_0(f)^2}{2} + \sum_{n\geqslant 1} \big(a_n(f)^2 + b_n(f)^2\big).$$

[3]† Interversion des signes d'intégration et de sommation dans le cas positif. Soit (u_n) une suite de fonctions intégrables et positives sur l'intervalle I. On suppose que $\sum\limits_{n\geqslant 0} u_n$ définit une fonction continue par morceaux sur I.

La convergence de $\left\{\int_I u_n\right\}$ équivaut alors à l'intégrabilité de $\sum\limits_{n\geqslant 0} u_n$. Sous cette hypothèse supplémentaire, on a

$$\int_I \sum_{n\geqslant 0} u_n = \sum_{n\geqslant 0} \int_I u_n.$$

Ce théorème, pourtant d'une simplicité biblique, ne figure pas dans les nouveaux programmes. Il est cependant une conséquence facile du théorème général d'interversion qui, lui, reste au programme.

[4] Soit f une application réelle continue sur le compact non vide K. Alors f est bornée sur K et y atteint ses bornes.

[5] **Continuité d'une intégrale dépendant d'un paramètre sous condition de domination.** Soit f une fonction complexe continue sur $X \times I$, où X est une partie d'un espace vectoriel normé et I un intervalle de $\mathbb{R}$. On suppose que l'on dispose d'une fonction ϕ, intégrable sur I, telle que

$$\forall (x,t) \in X \times I \quad |f(x,t)| \leqslant \phi(t).$$

Alors $x \mapsto \int_I f(x,t)\,dt$ est continue sur X.

[6] **Dérivation d'une intégrale dépendant d'un paramètre, sous condition de domination.** Soit f une fonction complexe continue sur $X \times I$, où X et I sont des intervalles de $\mathbb{R}$. On suppose que $\frac{\partial f}{\partial x}(x,t)$ existe et est continue sur $X \times I$, et que l'on dispose de deux fonctions ϕ_0 et ϕ_1, intégrables sur I, telles que

$$\forall (x,t) \in X \times I \; |f(x,t)| \leqslant \phi_0(t) \; ; \; \left|\frac{\partial f}{\partial x}(x,t)\right| \leqslant \phi_1(t).$$

Alors $x \mapsto \int_I f(x,t)\,dt$ est de classe $\mathcal{C}^1$ sur X. De plus,

$$\frac{\partial}{\partial x} \int_I f(x,t)\,dt = \int_I \frac{\partial f}{\partial x}(x,t)\,dt.$$

[7] **Interversion des signes d'intégration et de sommation dans le cas quelconque.** Soit (u_n) une suite de fonctions complexes intégrables sur l'intervalle I. On suppose que $\sum\limits_{n\geqslant 0} u_n$ définit une fonction continue par morceaux sur I.

Si $\left\{\int_I |u_n|\right\}$ converge, $\sum\limits_{n\geqslant 0} u_n$ est intégrable et de plus

$$\int_I \sum_{n\geqslant 0} u_n = \sum_{n\geqslant 0} \int_I u_n.$$

[8] Soit $\{a_n x^n\}$ une série entière de rayon de convergence $R > 0$. Alors cette série entière converge normalement dans tout disque $D(0,r)$, où $r < R$, et sa somme est continue dans $D(0,R)$.

[9]† Théorème de Fubini dans le cas positif. Soit $(a_{i,j})_{(i,j)\in I\times J}$ une famille de réels positifs ou nuls. Les trois assertions ci-dessous sont équivalentes :

(i) la famille $(a_{i,j})_{(i,j)\in I\times J}$ est sommable ;

(ii) pour chaque j, la famille $(a_{i,j})_{i\in I}$ est sommable, et la famille $\big(\sum_{i\in I} a_{i,j}\big)_{j\in J}$ est sommable ;

(iii) pour chaque i, la famille $(a_{i,j})_{j\in J}$ est sommable, et la famille $\big(\sum_{j\in J} a_{i,j}\big)_{i\in I}$ est sommable.

En outre, si l'une des conditions précédentes est réalisée, on a

$$\sum_{(i,j)\in I\times J} a_{i,j} = \sum_{j\in J}\sum_{i\in I} a_{i,j} = \sum_{i\in I}\sum_{j\in J} a_{i,j}.$$

[10]† Équivalent d'une intégrale partielle. Soit f et g des fonctions réelles continues par morceaux sur l'intervalle I admettant $a \notin I$ comme borne. On suppose que f est positive et d'intégrale divergente au voisinage de a et que $f \underset{a}{\sim} g$. Alors, si $b \in I$, $\int_b^x f \underset{x\to a}{\sim} \int_b^x g$.

[11]† Équivalent d'un reste d'intégrale. Soit f et g des fonctions réelles continues par morceaux sur l'intervalle I admettant $a \notin I$ comme borne. On suppose que f est positive et d'intégrale convergente au voisinage de a et que $f \underset{a}{\sim} g$. Alors $\int_a^x f \underset{x\to a}{\sim} \int_a^x g$.

[12]† Théorème de Fubini dans le cas quelconque. Soit $(a_{i,j})_{(i,j)\in I\times J}$ une famille de complexes. On suppose que la famille $(a_{i,j})_{(i,j)\in I\times J}$ est sommable. Alors

▷ pour chaque j, la famille $(a_{i,j})_{i\in I}$ est sommable, et la famille $\big(\sum_{i\in I} a_{i,j}\big)_{j\in J}$ est sommable ;

▷ pour chaque i, la famille $(a_{i,j})_{j\in J}$ est sommable, et la famille $\big(\sum_{j\in J} a_{i,j}\big)_{i\in I}$ est sommable.

De plus,

$$\sum_{(i,j)\in I\times J} a_{i,j} = \sum_{j\in J}\sum_{i\in I} a_{i,j} = \sum_{i\in I}\sum_{j\in J} a_{i,j}.$$

[13] Soit $\{u_n\}$ une série uniformément convergente de fonctions de X dans l'espace vectoriel normé E et $a \in X$. Si chacune des u_n est continue en a, $\sum_{n=0}^{+\infty} u_n$ est aussi continue en a.

[14] Dérivation terme à terme d'une série de fonctions. Soit $\{u_n\}$ une série de fonctions complexes de classe $\mathcal{C}^1$ sur l'intervalle I de $\mathbb{R}$, simplement convergente sur I. On suppose en outre que $\{u_n'\}$ converge uniformément sur tout segment de I. Alors $\sum_{n=0}^{+\infty} u_n$ est de classe $\mathcal{C}^1$ sur I, de dérivée égale à $\sum_{n=0}^{+\infty} u'_n$.

[15] Interversion d'un symbole limite et d'un signe de sommation en cas de convergence uniforme. Soit $\{u_n\}$ une série uniformément convergente de fonctions définies sur le sous-ensemble Y de X et à valeurs dans l'espace vectoriel normé E, et a adhérent à Y. Si chaque fonction u_n admet une limite $l_n \in E$ en a et si la série $\{l_n\}$ converge, alors $\sum_{n=0}^{+\infty} u_n$ admet en a la limite $\sum_{n=0}^{+\infty} l_n$.

Centrale-Supélec 2004. Deuxième épreuve

Concours Centrale-Supélec 2004

Épreuve : Mathématiques II **Filière MP**

Objectif du problème

Cette introduction est destinée à expliquer le type des résultats obtenus dans le problème. Ce dernier ne commence qu'à partir du I.
Dans la démonstration en 1994 du « dernier théorème » de Fermat par Andrew Wiles, les « courbes elliptiques » jouent un rôle central par le biais de l'action du groupe $SL_2(\mathbb{Z})$ sur le demi-plan ouvert $\mathcal{H} = \{z \in \mathbb{C} \ : \ \mathcal{I}m(z) > 0\}$.
En effet, il se trouve que l'ensemble des courbes elliptiques sur le corps $\mathbb{C}$ est en bijection (à un $\mathbb{C}$-isomorphisme près) avec l'ensemble des réseaux de $\mathbb{C}$ (à une similitude près), lui-même en bijection avec l'ensemble des orbites du demi-plan $\mathcal{H}$ sous l'action de $SL_2(\mathbb{Z})$. Ce sont quelques propriétés de ces deux derniers ensembles que nous proposons d'étudier dans ce problème.

Partie I - Matrices carrées d'ordre 2 à coefficients entiers

Soit $\mathcal{M}_2(\mathbb{Z})$ l'ensemble des matrices $\begin{bmatrix} a & b \\ c & d \end{bmatrix}$ carrées d'ordre 2 à coefficients dans l'anneau $\mathbb{Z}$ des entiers relatifs.
Dans les parties I, II, III, les lettres a, b, c, d désignent des éléments de $\mathbb{Z}$. On pose :

$$I_2 = \begin{bmatrix} 1 & 0 \\ 0 & 1 \end{bmatrix}.$$

I.A - Démontrer que l'ensemble $\mathcal{M}_2(\mathbb{Z})$ est un anneau.

I.B -
I.B.1) Démontrer que l'ensemble $GL_2(\mathbb{Z})$ des éléments de $\mathcal{M}_2(\mathbb{Z})$ inversibles dans $\mathcal{M}_2(\mathbb{Z})$ est un groupe pour la multiplication, appelé le groupe des unités de l'anneau $\mathcal{M}_2(\mathbb{Z})$.

I.B.2) Montrer que $\begin{bmatrix} a & b \\ c & d \end{bmatrix} \in GL_2(\mathbb{Z})$ si et seulement si $|ad - bc| = 1$.

I.C - On pose

$$SL_2(\mathbb{Z}) = \left\{ \begin{bmatrix} a & b \\ c & d \end{bmatrix} \in \mathcal{M}_2(\mathbb{Z}) \ : \ ad - bc = 1 \right\}.$$

I.C.1) Montrer que $SL_2(\mathbb{Z})$ est un groupe pour la multiplication des matrices.

I.C.2) Déterminer l'ensemble des couples $(c, d) \in \mathbb{Z} \times \mathbb{Z}$ tels que la matrice $\begin{bmatrix} 3 & 5 \\ c & d \end{bmatrix}$ appartienne à $SL_2(\mathbb{Z})$.

I.C.3) Déterminer l'ensemble des couples $(c, d) \in \mathbb{Z} \times \mathbb{Z}$ tels que la matrice $\begin{bmatrix} 3 & 5 \\ c & d \end{bmatrix}$ appartienne à $GL_2(\mathbb{Z})$.

I.C.4) Quelle est la condition nécessaire et suffisante portant sur le couple (a, b) de $\mathbb{Z} \times \mathbb{Z}$ pour qu'il existe une matrice $\begin{bmatrix} a & b \\ c & d \end{bmatrix}$ appartenant à $GL_2(\mathbb{Z})$?

I.D - Soient S et T les éléments de $SL_2(\mathbb{Z})$ définis par

$$S = \begin{bmatrix} 0 & -1 \\ 1 & 0 \end{bmatrix} \text{ et } T = \begin{bmatrix} 1 & 1 \\ 0 & 1 \end{bmatrix}.$$

Pour chacune des trois matrices T, S et TS, répondre aux questions suivantes :

I.D.1) La matrice est-elle diagonalisable, ou à défaut trigonalisable, dans $\mathcal{M}_2(\mathbb{C})$? Donner une forme réduite éventuelle ainsi qu'une matrice de passage.

I.D.2) La matrice est-elle diagonalisable, ou à défaut trigonalisable, dans $\mathcal{M}_2(\mathbb{R})$? Donner une forme réduite éventuelle ainsi qu'une matrice de passage.

I.E - On cherche les matrices A de $SL_2(\mathbb{Z})$ telles que

$$A^2 = \begin{bmatrix} 1 & 0 \\ 0 & 1 \end{bmatrix} = I_2.$$

I.E.1) Soit A une telle matrice. Montrer que A est diagonalisable dans $\mathcal{M}_2(\mathbb{R})$ et préciser les formes réduites diagonales possibles de A.

I.E.2) En déduire l'ensemble des matrices solutions A.

I.F - On cherche les matrices A de $SL_2(\mathbb{Z})$ telles que

$$A^2 = \begin{bmatrix} -1 & 0 \\ 0 & -1 \end{bmatrix}.$$

I.F.1) Soit A une telle matrice. Montrer que A est diagonalisable dans $\mathcal{M}_2(\mathbb{C})$ et calculer la trace $Tr(A)$ de A.

I.F.2) Donner la forme générale des matrices solutions A en fonction des trois paramètres a, b et c et d'une relation liant ces trois paramètres.

I.G -

I.G.1) Démontrer que si deux matrices U et V de $\mathcal{M}_2(\mathbb{R})$ sont semblables en tant que matrices de $\mathcal{M}_2(\mathbb{C})$, alors elles sont semblables dans $\mathcal{M}_2(\mathbb{R})$.

1.G.2) En déduire que les matrices A de $SL_2(\mathbb{Z})$ solutions de l'équation : $A^2 = \begin{bmatrix} -1 & 0 \\ 0 & -1 \end{bmatrix}$ sont semblables dans $\mathcal{M}_2(\mathbb{R})$ à la matrice $S = \begin{bmatrix} 0 & -1 \\ 1 & 0 \end{bmatrix}$.

Partie II - Réseaux de $\mathbb{C}$

On note $\mathcal{H}$ le demi-plan ouvert défini par $\mathcal{H} = \{z \in \mathbb{C} \ : \ Im(z) > 0\}$.
$\mathcal{B} = (\alpha, \beta)$ étant une base de $\mathbb{C}$ considéré comme plan vectoriel réel, on appelle réseau engendré par $\mathcal{B}$ l'ensemble $\Lambda_{\mathcal{B}} = \mathbb{Z}\alpha + \mathbb{Z}\beta = \{u\alpha + v\beta \ ; \ (u, v) \in \mathbb{Z}^2\}$.
Pour simplifier les notations, un réseau sera généralement désigné par la lettre Λ, sans préciser quelle base $\mathcal{B}$ de $\mathbb{C}$ l'engendre.

II.A -

II.A.1) De quelle structure algébrique est doté un réseau Λ ?

II.A.2) Démontrer que tout réseau Λ peut être engendré par une base $\mathcal{B} = (\alpha, \beta)$ de $\mathbb{C}$ telle que $\frac{\alpha}{\beta} \in \mathcal{H}$.

II.A.3) Démontrer que pour tout quadruplet $(a, b, c, d) \in \mathbb{Z}^4$ et pour tout $z \in \mathbb{C}$ tel que $cz + d \neq 0$, on a

$$Im\Big(\frac{az+b}{cz+d}\Big) = \frac{ad - bc}{|cz+d|^2} Im(z).$$

II.B -

II.B.1) Démontrer que si deux bases $\mathcal{B} = (\omega_1, \omega_2)$ et $\mathcal{B}' = (\omega_1', \omega_2')$ de $\mathbb{C}$ telles que

$$\frac{\omega_1}{\omega_2} \in \mathcal{H} \text{ et } \frac{\omega_1'}{\omega_2'} \in \mathcal{H}$$

engendrent le même réseau Λ, alors il existe une matrice

$$\begin{bmatrix} a & b \\ c & d \end{bmatrix} \in SL_2(\mathbb{Z}) \text{ telle que } \begin{bmatrix} \omega_1' \\ \omega_2' \end{bmatrix} = \begin{bmatrix} a & b \\ c & d \end{bmatrix} \begin{bmatrix} \omega_1 \\ \omega_2 \end{bmatrix}.$$

II.B.2) Étudier la réciproque.

II.C - On considère un réseau Λ engendré par une base $\mathcal{B} = (\omega_1, \omega_2)$ de $\mathbb{C}$ telle que

$$\frac{\omega_1}{\omega_2} \in \mathcal{H}.$$

Déterminer l'ensemble des couples $(c, d) \in \mathbb{Z}^2$ tels que $\mathcal{B}' = (\omega_1', \omega_2')$ avec $\omega_1' = 3\omega_1 + 5\omega_2$ et $\omega_2' = c\omega_1 + d\omega_2$ soit une base de $\mathbb{C}$ engendrant également le réseau Λ.

II.D - Pour tout complexe $\tau \in \mathbb{C} \setminus \mathbb{R}$, on note Λ_τ le réseau engendré par la base $(\tau, 1)$ de $\mathbb{C}$. On suppose que $\tau \in \mathcal{H}$. Trouver la condition nécessaire et suffisante pour qu'un élément $\tau' \in \mathcal{H}$ vérifie $\Lambda_{\tau'} = \Lambda_\tau$.

Partie III - Similitudes directes de centre O laissant stable un réseau

Si Λ est un réseau et z un nombre complexe, on pose $z\Lambda = \{z\rho \ ; \ (\rho \in \Lambda)\}$.
On dit que deux réseaux Λ et Λ' sont semblables s'il existe $\lambda \in \mathbb{C}^*$ tel que $\Lambda' = \lambda\Lambda$.

III.A -

III.A.1) Démontrer que tout réseau Λ est semblable à un réseau Λ_τ où $\tau \in \mathcal{H}$.

III.A.2) Démontrer que deux réseaux Λ_τ et $\Lambda_{\tau'}$, où $(\tau, \tau') \in \mathcal{H} \times \mathcal{H}$, sont semblables si et seulement si il existe une matrice

$$\begin{bmatrix} a & b \\ c & d \end{bmatrix} \in SL_2(\mathbb{Z}) \text{ telle que } \tau' = \frac{a\tau + b}{c\tau + d}.$$

La fin de la partie III montre qu'il existe des similitudes directes de centre O, autres que des homothéties, laissant stable un réseau donné Λ.

III.B - Soit Λ un réseau.

III.B.1) Indiquer, sans faire de démonstration, le lien existant entre l'ensemble $S(\Lambda) = \{z \in \mathbb{C} \ ; \ z\Lambda \subset \Lambda\}$ et l'ensemble des similitudes directes σ de centre O laissant stable le réseau Λ, c'est-à-dire telles que $\sigma(\Lambda) \subset \Lambda$.

III.B.2) Quel est l'ensemble des homothéties de centre O laissant stable le réseau Λ ? En déduire l'ensemble $S(\Lambda) \cap \mathbb{R}$.

III.B.3) De quelle structure algébrique est doté l'ensemble $S(\Lambda)$?

III.B.4) $\mathcal{B} = (\omega_1, \omega_2)$ étant une base de $\mathbb{C}$, on pose $\tau = \frac{\omega_1}{\omega_2}$. Comparer les ensembles $S(\Lambda_\mathcal{B})$ et $S(\Lambda_\tau)$.

III.B.5) Quelle relation d'inclusion existe-t-il entre les ensembles $S(\Lambda_\tau)$ et Λ_τ ?

III.C - τ étant un complexe de $\mathbb{C} \setminus \mathbb{R}$, on considère le réseau Λ_τ engendré par la base $(\tau, 1)$ de $\mathbb{C}$.

III.C.1) On suppose que l'ensemble $S(\Lambda_\tau)$ n'est pas réduit à $\mathbb{Z}$. Montrer que τ est alors racine d'un polynôme du second degré à coefficients dans $\mathbb{Z}$.

III.C.2) Réciproquement, on suppose que τ est racine non réelle d'un polynôme $P(X) = uX^2 + vX + w$ du second degré à coefficients u, v, w dans $\mathbb{Z}$.

a) Montrer que $S(\Lambda_\tau)$ n'est pas contenu dans $\mathbb{R}$.

b) Que dire des ensembles $S(\Lambda_\tau)$ et Λ_τ si $u = 1$?

Partie IV - Action du groupe Γ des homographies associées à $SL_2(\mathbb{Z})$ sur l'ensemble $\mathcal{H}$

Dans cette dernière partie, on étudie l'action de ce groupe Γ sur l'ensemble $\mathcal{H}$. On introduit au IV.D un sous-ensemble fondamental $\mathcal{F}$ de $\mathcal{H}$. On montre aux questions IV.E et IV.F que Γ est engendré par les homographies s et t associées aux matrices S et T introduites au I.D et qu'un système de représentants des orbites de Γ est constitué par les points de $\mathcal{F}$.

À toute matrice

$$\begin{bmatrix} a & b \\ c & d \end{bmatrix}$$

de $SL_2(\mathbb{Z})$ on associe l'application $g \ : \ \mathcal{H} \to \mathbb{C}$ définie par : $\forall \tau \in \mathcal{H}\ g(\tau) = \frac{a\tau+b}{c\tau+d}$.

IV.A -
IV.A.1) Montrer que l'on a $g(\mathcal{H}) \subset \mathcal{H}$. On identifie dorénavant g avec l'application de $\mathcal{H}$ vers $\mathcal{H}$ qu'elle induit. Lorsque A parcourt $SL_2(\mathbb{Z})$, l'application correspondante g de $\mathcal{H}$ vers $\mathcal{H}$ décrit un ensemble noté Γ. Dans la suite de cette question on s'intéresse aux propriétés de la surjection

$$\Phi \ : \left\{ \begin{array}{ccc} SL_2(\mathbb{Z}) & \to & \Gamma \\ A & \mapsto & g \end{array} \right.$$

IV.A.2) Montrer que $\Phi(A) \circ \Phi(A') = \Phi(AA')$. En déduire que la loi $\circ$ de composition des applications est une loi interne sur Γ.

IV.A.3) Pour tout $A \in SL_2(\mathbb{Z})$, montrer que $\Phi(A)$ est une bijection de $\mathcal{H}$ sur $\mathcal{H}$ et que l'on a $[\Phi(A)]^{-1} = \Phi(A^{-1})$. En déduire que $(\Gamma, \circ)$ est un groupe.

IV.A.4) Montrer que $[\Phi(A) = id_{\mathcal{H}}] \Leftrightarrow [A = \pm I_2]$.

IV.A.5)
a) Résoudre l'équation $\Phi(A') = \Phi(A)$.
b)En utilisant les matrices S et T définies en I.D, vérifier que le groupe $(\Gamma, \circ)$ n'est pas commutatif.

IV.B -
IV.B.1) Montrer que le cercle $\mathcal{C}(\omega, R)$ de centre $\omega \in \mathbb{C}$ et de rayon $R > 0$ a pour équation

$$|z|^2 - (\omega\overline{z} + \overline{\omega}z) + |\omega|^2 = R^2.$$

À quelle condition nécessaire et suffisante ce cercle est-il inclus dans $\mathcal{H}$?

IV.B.2) On appelle s l'application de $\mathcal{H}$ vers $\mathcal{H}$ associée à la matrice

$$S = \begin{bmatrix} 0 & -1 \\ 1 & 0 \end{bmatrix}$$

définie au I.D, c'est-à-dire l'élément $s = \Phi(S)$ de Γ. Déterminer l'image par s d'un cercle $\mathcal{C}(\omega, R)$ inclus dans $\mathcal{H}$.

IV.C -
IV.C.1) Trouver l'image par s d'une droite $\mathcal{D}$ incluse dans $\mathcal{H}$, c'est-à-dire d'une droite $\mathcal{D}$ d'équation $y = \beta$, avec $\beta > 0$.

IV.C.2) Trouver l'image par s d'une demi-droite $\mathcal{D}_+$ d'équation $\left\{ \begin{array}{ccc} x & = & \alpha \\ y & > & 0 \end{array} \right.$, où $\alpha \in \mathbb{R}$, incluse dans $\mathcal{H}$.

IV.D - On introduit le sous-ensemble $\mathcal{F}$ de $\mathcal{H}$, défini par

$$\mathcal{F} = \Big\{ \tau \in \mathcal{H} \ : \ |\tau| \geqslant 1, \ |Re(\tau)| \leqslant \frac{1}{2} \Big\}.$$

On appelle t l'application de $\mathcal{H}$ vers $\mathcal{H}$ associée à la matrice

$$T = \begin{bmatrix} 1 & 1 \\ 0 & 1 \end{bmatrix}$$

définie au I.D, c'est-à-dire l'élément $t = \Phi(T)$ de Γ. Représenter graphiquement l'ensemble $\mathcal{F}$ et ses images $t(\mathcal{F})$ et $t^{-1}(\mathcal{F})$ par les applications t et t^{-1}.

IV.E - On note G le sous-groupe de Γ engendré par l'ensemble $\{s,t\}$. Soit τ un élément de $\mathcal{H}$.

IV.E.1) Montrer qu'il existe un élément $g_0 \in G$ tel que

$$(\forall g \in G) \; Im(g(\tau)) \leqslant Im(g_0(\tau)).$$

IV.E.2) On pose alors $\tau' = g_0(\tau)$. Démontrer qu'il existe un entier $m \in \mathbb{Z}$ tel que

$$|Re(t^m(\tau'))| \leqslant \frac{1}{2}.$$

IV.F - On peut démontrer le résultat suivant, que l'on admettra ici : si $\tau \in \mathcal{F}$ et si pour un élément $g \in \Gamma$, avec $g \neq id_{\mathcal{H}}$, on a $g(\tau) \in \mathcal{F}$ alors τ est un point frontière de $\mathcal{F}$, autrement dit on a

$$Re(\tau) = \pm\frac{1}{2} \text{ ou } |\tau| = 1.$$

En utilisant ce résultat ainsi que ceux de la section IV.E, démontrer que $G = \Gamma$.

Indication : on pourra considérer un point τ intérieur à F (c'est-à-dire $\tau \in \overset{\circ}{F}$) et son image $g(\tau)$ par $g \in \Gamma$.

Appréciation du problème

On peut peut aisément poser ce problème en classe de MPSI, à condition d'en retrancher les parties **I.E**, **I.F** et **I.G**, parties qui n'ont aucune incidence sur les autres et qui font appel à des notions élémentaires de réduction des matrices. Pour le reste, les notions suivantes sont supposées connues :

– groupe, anneau, matrice, déterminant ;
– arithmétique dans $\mathbb{Z}$;
– corps des complexes comme espace euclidien réel.

Cette épreuve, dont la nature essentiellement algébrique est teintée de géométrie, est longue et de difficulté faible.

Corrigé détaillé

I.A. Montrons que $\mathcal{M}_2(\mathbb{Z})$ est un sous-anneau de $\mathcal{M}_2(\mathbb{R})$. L'ensemble $\mathcal{M}_2(\mathbb{Z})$ contient la matrice nulle. Si A et B sont dans $\mathcal{M}_2(\mathbb{Z})$, $A - B$ est dans $\mathcal{M}_2(\mathbb{Z})$, ainsi que AB. Enfin, I_2 appartient à $\mathcal{M}_2(\mathbb{Z})$.

Mais $\mathcal{M}_2(\mathbb{Z})$ n'est pas une sous-$\mathbb{R}$-algèbre de $\mathcal{M}_2(\mathbb{R})$.

I.B.1. ▷ Par définition, A appartient à $\mathrm{GL}_2(\mathbb{Z})$ lorsque A est à coefficients dans $\mathbb{Z}$ et admet dans $\mathcal{M}_2(\mathbb{R})$ une inverse A^{-1} elle-même à coefficients dans $\mathbb{Z}$.

$\mathrm{GL}_2(\mathbb{Z})$ n'est pas égal à $\mathcal{M}_2(\mathbb{Z}) \cap \mathrm{GL}_2(\mathbb{R})$.

▷ Montrons que $\mathrm{GL}_2(\mathbb{Z})$ est un sous-groupe de $\mathrm{GL}_2(\mathbb{R})$. L'ensemble $\mathrm{GL}_2(\mathbb{Z})$ contient I_2. Si A et B sont dans $\mathrm{GL}_2(\mathbb{Z})$, AB est dans $\mathcal{M}_2(\mathbb{Z})$ d'après **I.A**, AB est inversible dans $\mathcal{M}_2(\mathbb{R})$ et $(AB)^{-1} = B^{-1}A^{-1}$ appartient à $\mathcal{M}_2(\mathbb{Z})$, toujours d'après la question **I.A**. Donc $\mathrm{GL}_2(\mathbb{Z})$ est stable par produit. Enfin, A^{-1} est bien dans $\mathrm{GL}_2(\mathbb{Z})$, car c'est une matrice à coefficient entiers dont l'inverse dans $\mathcal{M}_2(\mathbb{R})$ est elle aussi à coefficients entiers.

I.B.2. Soit $A \in \mathcal{M}_2(\mathbb{Z})$.

▷ Si $A \in \mathrm{GL}_2(\mathbb{Z})$, l'égalité $AA^{-1} = I_2$ conduit à

$$(\det A)(\det A^{-1}) = 1.$$

Comme $\det A$ et $\det A^{-1}$ sont des entiers, ils sont nécessairement égaux à 1 ou -1. Comme $\det A = ad - bc$, on a bien $|ad - bc| = 1$.

▷ Supposons que $\det A = \pm 1$. Alors $A \in \mathrm{GL}_2(\mathbb{R})$ et

$$A^{-1} = \frac{1}{\det A}\begin{pmatrix} d & -b \\ -c & a \end{pmatrix}.$$

Donc $A^{-1} \in \mathcal{M}_2(\mathbb{Z})$, ce qui entraîne que $A \in \mathrm{GL}_2(\mathbb{Z})$.

I.C.1. D'après **I.B.2**, l'application déterminant va de $\mathrm{GL}_2(\mathbb{Z})$ vers le groupe multiplicatif $\{-1, 1\}$. Comme c'est un morphisme de groupes, son noyau, égal par définition à $\mathrm{SL}_2(\mathbb{Z})$, est un sous-groupe de $\mathrm{GL}_2(\mathbb{Z})$.

Le noyau d'un morphisme de groupes est un sous-groupe (distingué) du groupe de départ.

I.C.2. L'équation proposée, à l'inconnue (c, d) dans $\mathbb{Z}^2$, s'écrit $3d - 5c = 1$. On peut la récrire $3d - 5c = 3 \times 2 - 5 \times 1$ ou encore $3(d-2) = 5(c-1)$.

Nécessairement, 3 divise $5(c-1)$, donc $c-1$, car 3 et 5 sont premiers entre eux. Il existe donc un entier relatif k tel que $c = 1 + 3k$, et alors $d = 2 + 3k$. Réciproquement, tout couple $(1+3k, 2+3k)$, avec $k \in \mathbb{Z}$, répond à la question.

On utilise [1].

I.C.3. Il s'agit de déterminer les $(c, d) \in \mathbb{Z}^2$ tels que $3d - 5c = 1$ ou bien $3(-d) - 5(-c) = 1$.

D'après **I.C.2**, leur ensemble est la réunion de $\{(1+3k, 2+3k)\}_{k \in \mathbb{Z}}$ et de $\{(-1+3k, -2+3k)\}_{k \in \mathbb{Z}}$.

Ces deux ensembles sont évidemment disjoints.

I.C.4. ▷ Si $\begin{pmatrix} a & b \\ c & d \end{pmatrix}$ appartient à $\mathrm{GL}_2(\mathbb{Z})$, $ad - bc = \pm 1$ d'après **I.B.2**. Donc, nécessairement, a et b sont premiers entre eux.

On utilise [2], d'abord dans sa condition suffisante, puis dans sa condition nécessaire.

▷ Si, réciproquement, a et b sont premiers entre eux, il existe d'après le théorème de Bezout deux entiers c et d tels que $ad-bc=1$. La matrice $\begin{pmatrix} a & b \\ c & d \end{pmatrix}$ appartient à $\mathrm{SL}_2(\mathbb{Z})$, donc à $\mathrm{GL}_2(\mathbb{Z})$.

I.D.1. Étudions les trois matrices données.

▷ Le polynôme caractéristique $\chi_S(X)$ de S est égal à $X^2+1=(X+i)(X-i)$. Puisque χ_S est simplement scindé dans $\mathbb{C}[X]$, S est diagonalisable dans $\mathcal{M}_2(\mathbb{C})$. Cherchons un vecteur propre $U=\begin{pmatrix} x \\ y \end{pmatrix}$ associé à la valeur propre i. On a les équivalences

On utilise [3].

$$SU=iU \Longleftrightarrow \begin{cases} -y=ix \\ x=iy \end{cases} \Longleftrightarrow x=iy.$$

Donc $U=\begin{pmatrix} i \\ 1 \end{pmatrix}$ convient. Puisque S est à coefficients réels, le vecteur conjugué $V=\begin{pmatrix} -i \\ 1 \end{pmatrix}$ est un vecteur propre associé à la valeur propre conjuguée $-i$. La matrice

$SU=\lambda U \Rightarrow \overline{S}\,\overline{U} =\overline{\lambda U}$.

$$P=\begin{pmatrix} i & -i \\ 1 & 1 \end{pmatrix}$$

est une matrice, nécessairement inversible, telle que

$$P^{-1}SP=\mathrm{diag}(i,-i).$$

▷ On a $\chi_T(X)=(X-1)^2$, donc χ_T est scindé et admet 1 pour unique racine. Comme T n'est pas égale à I_2, elle ne lui est pas semblable. Elle n'est donc pas diagonalisable. Elle est en revanche déjà triangulaire supérieure. La matrice de I_2 est une matrice de passage.

▷ On calcule d'abord $TS=\begin{pmatrix} 1 & -1 \\ 1 & 0 \end{pmatrix}$, puis

$$\chi_{TS}(X)=X^2-X+1=(X+j)(X+j^2).$$

Puisque χ_{TS} est simplement scindé dans $\mathbb{C}[X]$, TS est diagonalisable. Cherchons un vecteur propre $U=\begin{pmatrix} x \\ y \end{pmatrix}$ associé à la valeur propre $-j$. On a les équivalences

On utilise à nouveau [3].

$$SU=-jU \Longleftrightarrow \begin{cases} x-y=-jx \\ x=-jy \end{cases} \Longleftrightarrow x=-jy,$$

puisque les deux équations sont liées. Donc $U=\begin{pmatrix} -j \\ 1 \end{pmatrix}$ convient. Puisque S est à coefficients réels, le vecteur conjugué $V=\begin{pmatrix} -j^2 \\ 1 \end{pmatrix}$ est un vecteur propre associé à la valeur propre

$-j^2$. Si l'on pose

$$P = \begin{pmatrix} -j & -j^2 \\ 1 & 1 \end{pmatrix},$$

on obtient une matrice, nécessairement inversible, telle que $P^{-1}SP = \text{diag}(-j, -j^2)$.

I.D.2. On reprend l'étude du **I.D.1** tout en l'utilisant.

▷ Puisque $\chi_S(X) = X^2 + 1 = (X + i)(X - i)$, χ_S n'est pas scindé dans $\mathbb{R}[X]$, donc S n'est pas trigonalisable ni, *a fortiori*, diagonalisable dans $\mathcal{M}_2(\mathbb{R})$.

Le polynôme caractéristique d'une matrice trigonalisable de $\mathcal{M}_n(\mathbb{K})$ est scindé dans $\mathbb{K}[X]$.

▷ Le même raisonnement que celui tenu en **I.D.2** montre que T n'est pas diagonalisable dans $\mathcal{M}_2(\mathbb{R})$, mais y est trigonalisable.

▷ Puisque χ_{TS} n'est pas scindé dans $\mathbb{R}[X]$, TS n'est pas trigonalisable dans $\mathcal{M}_2(\mathbb{R})$.

I.E.1. Puisque le polynôme $X^2 - 1$, simplement scindé dans $\mathbb{R}$, annule A, A est diagonalisable dans $\mathcal{M}_2(\mathbb{R})$.

On utilise [**4**].

De plus, les valeurs propres de A sont racines de $X^2 - 1$, donc sont dans l'ensemble $\{-1, 1\}$. Il y a donc *a priori* quatre formes réduites pour A, mais une permutation des deux vecteurs d'une base propre nous conduit aux formes possibles suivantes : I_2, $-I_2$ et $\text{diag}(1, -1)$.

La formulation « **les** formes réduites » est un peu ambiguë.

I.E.2. Les matrices I_2 et $-I_2$ sont évidemment solutions. Une matrice solution A qui n'est égale à aucune des deux précédentes ne leur est pas semblable, donc est semblable à $\text{diag}(1, -1)$. Par conséquent, $\det A = -1$, ce qui n'est pas. Il y a donc exactement les deux solutions I_2 et $-I_2$.

I.F.1. Si $A^2 + I_2 = 0$, A est annulée par le polynôme $X^2 + 1 = (X + i)(X - i)$, qui est simplement scindé dans $\mathbb{C}[X]$. En outre, l'ensemble de ses valeurs propres est inclus dans $\{i, -i\}$ et, étant stable par conjugaison, est égal à $\{i, -i\}$. En particulier, A est diagonalisable dans $\mathcal{M}_2(\mathbb{C})$ et sa trace est nulle.

Si le polynôme P annule la matrice A, les valeurs propres de A sont parmi les racines de P.

I.F.2. Soit A une matrice solution du problème. Nécessairement, A$= \begin{pmatrix} a & b \\ c & -a \end{pmatrix}$, avec $a^2 + bc = -1$.

Si réciproquement A est une matrice de $\mathcal{M}_2(\mathbb{Z})$ vérifiant ces conditions, elle est bien dans $\text{SL}_2(\mathbb{Z})$ et un calcul immédiat montre que $A^2 = -I_2$.

I.G.1. Supposons l'existence de $P \in \text{GL}_2(\mathbb{C})$ telle que $PV = UP$. Posons $P = P_1 + iP_2$, P_1 et P_2 étant dans $\mathcal{M}_2(\mathbb{R})$. Alors, par identification des parties réelle et imaginaire,

$$P_1V = UP_1 \ ; \ P_2V = UP_2. \qquad (1)$$

Posons $\varphi(\lambda) = \det(P_1 + \lambda P_2)$. On définit ainsi sur $\mathbb{C}$ une fonction polynomiale non nulle puisque, $P_1 + iP_2 = P$ étant inversible par hypothèse, $\varphi(i) \neq 0$.

Le polynôme associé est donc non nul, et φ ne peut alors être identiquement nulle sur $\mathbb{R}$, puisque $\mathbb{R}$ est infini. Par conséquent, il existe un réel α tel que $\varphi(\alpha) \neq 0$. Si l'on pose $Q = P_1 + \alpha P_2$, on obtient une matrice réelle inversible. En outre, en utilisant les relations (1), on a aussi $QV = UQ$.

Un polynôme non nul de $\mathbb{K}[X]$ n'admet qu'un nombre fini de racines.

I.G.2 D'après **I.G.1**, il suffit de montrer que A et S sont semblables dans $\mathcal{M}_2(\mathbb{C})$. Puisque elles ont toutes deux un carré égal à $-I_2$, elles sont, d'après **I.F.1**, semblables sur $\mathbb{C}$ à $\mathrm{diag}(i, -i)$.

II.A.1. L'ensemble Λ est un sous-groupe additif de $\mathbb{C}$, car il contient 0 et est stable par somme et par passage à l'opposé.

$\Lambda_{\mathcal{B}}$ est en fait le sous-groupe additif de $\mathbb{C}$ engendré par α et β.

II.A.2. Si $\mathcal{B} = (\alpha, \beta)$ est une base de $\mathbb{C}$ sur $\mathbb{R}$, il en va de même de la famille $(-\alpha, \beta)$, qui d'autre part engendre le même réseau que $\mathcal{B}$. Comme $\beta \neq 0$, on peut considérer $\frac{\alpha}{\beta}$, qui n'est pas réel puisque (α, β) est libre. Donc, ce complexe ou son opposé a une partie imaginaire strictement positive.

II.A.3. On a

$$\mathfrak{Im}\frac{az+b}{cz+d} = \mathfrak{Im}\frac{(az+b)(c\overline{z}+d)}{|cz+d|^2}$$
$$= \frac{1}{|cz+d|^2}\mathfrak{Im}(ac|z|^2 + adz + bc\overline{z} + bd) = \frac{ad-bc}{|cz+d|^2}\mathfrak{Im}\, z.$$

II.B.1. Posons $W = \begin{pmatrix} \omega_1 \\ \omega_2 \end{pmatrix}$ et $W' = \begin{pmatrix} \omega_1' \\ \omega_2' \end{pmatrix}$. Puisque ω_i' est dans $\Lambda_{\mathcal{B}}$, on peut écrire

$$\omega_1' = a\omega_1 + b\omega_2 \; ; \; \omega_2' = c\omega_1 + d\omega_2, \qquad (2)$$

avec $(a, b, c, d) \in \mathbb{Z}^4$, égalités qui s'écrivent matriciellement $W' = AW$ avec $A = \begin{pmatrix} a & b \\ c & d \end{pmatrix} \in \mathcal{M}_2(\mathbb{Z})$. On obtient de même une égalité $W = BW'$ avec $B \in \mathcal{M}_2(\mathbb{Z})$. Il en résulte que $(I_2 - BA)W = 0$. Si $I_2 - BA = C = \begin{pmatrix} a' & b' \\ c' & d' \end{pmatrix}$, cette dernière égalité entraîne que

$$a'\omega_1 + b'\omega_2 = 0 \; ; \; c'\omega_1 + d'\omega_2 = 0,$$

donc que $C = 0$, puisque $\mathcal{B}$ est libre. Par conséquent, $BA = I_2$ et $A \in \mathrm{GL}_2(\mathbb{Z})$.

Pour montrer que $A \in \mathrm{SL}_2(\mathbb{Z})$, il suffit de montrer que son déterminant est strictement positif. Si l'on reprend les égalités

(2), que l'on divise membre à membre en tenant compte de la non-nullité des ω_i et des ω'_i, on obtient

$$\frac{\omega'_1}{\omega'_2} = \frac{a\frac{\omega_1}{\omega_2} + b}{c\frac{\omega_1}{\omega_2} + d}.$$

D'après **II.A.3**, la partie imaginaire du second membre possède le signe de $\det A$. Donc $\det A > 0$.

II.B.2. Supposons que $\mathcal{B}$ et $\mathcal{B}'$ sont deux bases de $\mathbb{C}$ telles qu'existe $A \in \mathrm{SL}_2(\mathbb{Z})$ vérifiant $W' = AW$. Soit $z = x\omega'_1 + y\omega'_2 \in \Lambda'_{\mathcal{B}}$, avec $(x, y) \in \mathbb{Z}^2$. On peut écrire

$$z = x\big(a\omega_1 + b\omega_2\big) + y\big(c\omega_1 + d\omega_2\big)$$

grâce à (2) qui exprime exactement l'égalité $W' = AW$.
Il apparaît alors que $z \in \Lambda_{\mathcal{B}}$. Donc $\Lambda'_{\mathcal{B}} \subset \Lambda_{\mathcal{B}}$. L'inclusion inverse provient du fait que $W = A^{-1}W'$ et que $A^{-1} \in \mathcal{M}_2(\mathbb{Z})$.

II.C. $\triangleright$ Supposons d'abord $\frac{\omega'_1}{\omega'_2} \in \mathcal{H}$. D'après **II.B.1** et **II.B.2**, $\mathcal{B}'$ engendre le même réseau que $\mathcal{B}$ si et seulement si $\mathcal{B}'$ est une base de $\mathbb{C}$ telle qu'existe $A \in \mathrm{SL}_2(\mathbb{Z})$ vérifiant $W' = AW$.

$\triangleright$ Si $\frac{\omega'_1}{\omega'_2} \notin \mathcal{H}$, alors $\frac{\omega'_1}{-\omega'_2} \in \mathcal{H}$ car $\frac{\omega'_1}{\omega'_2} \notin \mathbb{R}$. Le changement de (c, d) en $-(c, d)$ montre que la condition cherchée est l'existence de $A \in GL$, de déterminant -1, telle que $W' = AW$.

$\triangleright$ Finalement, l'ensemble des (c, d) cherché est donc l'ensemble des $(c, d) \in \mathbb{Z}^2$ tels que $A = \begin{pmatrix} 3 & 5 \\ c & d \end{pmatrix} \in \mathrm{GL}_2(\mathbb{Z})$ soit, d'après la question **II.B.2**, la réunion de $\{(1 + 3k, 2 + 3k)\}_{k\in\mathbb{Z}}$ et de $\{(-1 + 3k, -2 + 3k)\}_{k\in\mathbb{Z}}$.

II.D. Remarquons que, si $\tau \in \mathcal{H}$, la famille $(\tau, 1)$ est libre puisqu'alors τ n'est pas réel. Soit τ' un élément de $\mathcal{H}$. Écrivons

$$\tau' = a\tau + b \ ; \ 1 = c\tau + d.$$

D'après **II.C**, $\Lambda_\tau = \Lambda_{\tau'}$ si et seulement si $|ad - bc| = 1$. La deuxième relation et la liberté de $(\tau, 1)$ fournissent $c = 0$ et $d = 1$. Il en résulte que $a = \pm 1$. Puisque $\tau' \in \mathcal{H}$, $a = 1$. Ainsi, $\tau' = \tau + b$ où $b \in \mathbb{Z}$. La réciproque est claire.

III.A.1. Soit Λ le réseau engendré par la base (α, β) de $\mathbb{C}$, que l'on peut d'après **II.A.2** supposer vérifier $\tau = \frac{\alpha}{\beta} \in \mathcal{H}$. Ainsi,

$$\Lambda = \{a\alpha + b\beta\}_{(a,b)\in\mathbb{Z}^2} = \beta\{a\tau + b\}_{(a,b)\in\mathbb{Z}^2} = \beta\Lambda_\tau.$$

III.A.2. Remarquons au préalable que, si $\tau \in \mathcal{H}$ et $(c,d) \in \mathbb{Z}^2$, $c\tau + d \neq 0$.

De plus, les hypothèses $\tau' = \frac{a\tau+b}{c\tau+d}$, $\begin{pmatrix} a & b \\ c & d \end{pmatrix} \in \mathrm{SL}_2(\mathbb{Z})$ et $\tau \in \mathcal{H}$ équivalent, par un calcul simple et grâce à **II.A.3**, à

$$\tau = \frac{-d\tau'+b}{c\tau'-a} \ ; \ \begin{pmatrix} -d & b \\ c & -a \end{pmatrix} \in \mathrm{SL}_2(\mathbb{Z}) \ ; \tau' \in \mathcal{H}.$$

▷ Supposons d'abord que $\tau' = \frac{a\tau+b}{c\tau+d}$, avec $A = \begin{pmatrix} a & b \\ c & d \end{pmatrix} \in \mathrm{SL}_2(\mathbb{Z})$. Cette égalité entraîne que

$$\begin{pmatrix} \tau' \\ 1 \end{pmatrix} = \frac{1}{c\tau+d} A \begin{pmatrix} \tau \\ 1 \end{pmatrix} = \lambda A \begin{pmatrix} \tau \\ \lambda \end{pmatrix}$$

si $\lambda = \frac{1}{c\tau+d}$.

Puisque $A \in \mathrm{SL}_2(\mathbb{Z})$ et que $\frac{\tau}{1}$ ainsi que $\frac{\lambda\tau'}{\lambda}$ sont dans $\mathcal{H}$, on sait d'après **II.B.2** que Λ_τ est égal au réseau engendré par $(\lambda\tau', \lambda)$, manifestement égal à $\lambda\Lambda_{\tau'}$.

▷ Supposons $\Lambda_{\tau'} = \lambda\Lambda_\tau$. Puisque ce dernier réseau est égal au réseau engendré par $(\lambda\tau, \lambda)$, **II.B.1** nous apprend qu'il existe $A = \begin{pmatrix} a & b \\ c & d \end{pmatrix} \in \mathrm{SL}_2(\mathbb{Z})$ telle que

$$\tau' = a\lambda\tau + b\lambda \ ; \ 1 = c\lambda\tau + d\lambda.$$

En divisant ces deux égalités membre à membre et en utilisant $\lambda \neq 0$, on obtient

$$\tau' = \frac{a\tau+b}{c\tau+d}.$$

III.B.1. Il existe un isomorphisme du groupe $(\mathbb{C}^*, .)$ vers le groupe des similitudes directes de centre O muni de la composition, celui qui à z donne la similitude directe $u \mapsto uz$. Par cet isomorphisme, l'ensemble $S(\Lambda)$ est en bijection avec l'ensemble des similitudes directes de centre O laissant Λ stable.

Interprétation géométrique des nombres complexes. Nous répondons d'avance à la question **III.B.3**.

III.B.2. Soit $\mathcal{B} = (\alpha, \beta)$ une base de $\mathbb{C}$ engendrant le réseau Λ, avec $\frac{\alpha}{\beta} \in \mathcal{H}$. Soit z un réel non nul tel que $z\Lambda \subset \Lambda$. Alors

$$\exists (a,b,c,d) \in \mathbb{Z}^4 \quad z\alpha = a\alpha + b\beta \quad \text{et} \quad z\beta = c\alpha + d\beta.$$

Comme la famille (α, β) est libre sur $\mathbb{R}$, $a = z$. Donc $z \in \mathbb{Z}$. Réciproquement, pour tout entier z non nul, $z\Lambda \subset \Lambda$. Il en résulte que $S(\lambda) \cap \mathbb{R} = \mathbb{Z}^*$.

III.B.3. L'isomorphisme évoqué dans la question **III.B.1** confère à $S(\Lambda)$ une structure de groupe pour la loi de composition.

On a anticipé la réponse à cette question.

III.B.4. $\triangleright$ Soit z un complexe. Si $z \in S(\Lambda_{\mathcal{B}})$, $z\tau = z\frac{\omega_1}{\omega_2} = \frac{a\omega_1+b\omega_2}{\omega_2} = a\tau+b$, où $(a,b) \in \mathbb{Z}^2$. D'autre part, $z\omega_2 = c\omega_1 + d\omega_2$, donc $z = c\tau + d$ avec $(c,d) \in \mathbb{Z}^2$. Donc $z\tau$ et z sont dans Λ_τ, ce qui prouve que $z \in S(\Lambda_\tau)$. Finalement, $S(\Lambda_{\mathcal{B}}) \subset S(\Lambda_\tau)$.

$\triangleright$ Soit z un complexe dans $S(\Lambda_\tau)$. On a donc $z\tau = a\tau + b$ et $z = c\tau + d$, où $(a,b,c,d) \in \mathbb{Z}^4$, et par conséquent $z\omega_1 = z\tau\omega_2 = (a\tau + b)\omega_2 = a\omega_1 + b\omega_2$, $z\omega_2 = (c\tau + d)\omega_2 = c\omega_1 + d\omega_2$. Donc $z \in S(\Lambda_{\mathcal{B}})$. Finalement, $S(\Lambda_{\mathcal{B}}) = S(\Lambda_\tau)$.

III.B.5. Si $z \in S(\Lambda_\tau)$, $z1 \in \Lambda_\tau$. Donc $S(\Lambda_\tau) \subset \Lambda_\tau$.

III.C.1. Soit z un élément non entier de $S(\Lambda_\tau)$. Alors

$$z\tau = a\tau + b \ ; \ z = c\tau + d$$

avec $(a, b, c, d) \in \mathbb{Z}^4$. Par division membre à membre de ces égalités, on obtient $\tau = \frac{a\tau+b}{c\tau+d}$ et donc $c\tau^2 + (d-a)\tau - b = 0$. On doit avoir $c \neq 0$, faute de quoi $z = d \in \mathbb{Z}$. Donc τ est bien racine d'une équation du second degré à coefficients dans $\mathbb{Z}$.

III.C.2.a. L'égalité $u\tau^2 + v\tau + w = 0$ entraîne que $\tau = \frac{-v\tau - w}{u\tau}$. Posons $z = u\tau$. Alors $z1 \in \Lambda_\tau$ et $z\tau = -v\tau - w \in \Lambda_\tau$. Donc $z \in S(\Lambda_\tau)$. Mais $z \notin \mathbb{R}$, puisque $\tau \notin \mathbb{R}$. Donc $S(\Lambda_\tau)$ n'est pas contenu dans $\mathbb{R}$.

III.C.2.b. Supposons $u = 1$. Le calcul précédent montre que $z = \tau$ est dans $S(\Lambda_\tau)$. Comme d'autre part $1 \in S(\Lambda_\tau)$, $\Lambda_\tau \subset S(\Lambda_\tau)$. D'après **III.B.5**, $\Lambda_\tau = S(\Lambda_\tau)$.

IV.A.1. Remarquons au préalable que, si $\tau \in \mathcal{H}$, $c\tau + d \neq 0$ avec les hypothèses faites. En effet, dans le cas contraire, $c \neq 0$ conduit à la rationalité de τ, alors que τ n'est pas réel. Donc $c = 0$ reste la seule éventualité, qui conduit à $d = 0$, ce qui contredit $ad - bc = 1$.
L'inclusion $g(\mathcal{H}) \subset \mathcal{H}$ provient alors immédiatement du résultat de la question **II.A.3**.

Intervient ici le seul fait que τ n'est pas réel.

IV.A.2. Avec des notations évidentes,

$$AA' = \begin{pmatrix} a & b \\ c & d \end{pmatrix}\begin{pmatrix} a' & b' \\ c' & d' \end{pmatrix} = \begin{pmatrix} aa' + bc' & ab' + bd' \\ ca' + dc' & cb' + dd' \end{pmatrix}$$

et

$$\Phi(A) \circ \Phi(A')(\tau) = \Phi(A)(\frac{a'\tau' + b'}{c'\tau' + d'})$$
$$= \frac{a\frac{a'\tau'+b'}{c'\tau'+d'} + b}{c\frac{a'\tau'+b'}{c'\tau'+d'} + d} = \frac{(aa' + bc')\tau + (ab' + bd')}{(ca' + c'd)\tau + (cb' + dd')}.$$

Donc $\Phi(A) \circ \Phi(A') = \Phi(AA')$.
Comme Φ est surjective sur Γ, deux homographies quelconques se mettent sous la forme $\Phi(A)$ et $\Phi(A')$, avec A et A' dans

Φ est un morphisme pour la multiplication.

$\mathrm{SL}_2(\mathbb{Z})$. Leur composée $\Phi(A) \circ \Phi(A') = \Phi(AA')$ appartient donc à Γ.

IV.A.3. On a clairement $\Phi(I_2) = id_{\mathcal{H}}$. Si $\Phi(A)$ est un élément de Γ, avec $A \in \mathrm{SL}_2(\mathbb{Z})$, on a, d'après **IV.A.2**,

$$\Phi(A) \circ \Phi(A^{-1}) = \Phi(A^{-1}) \circ \Phi(A) = \Phi(I_2) = id_{\mathcal{H}}.$$

Donc $\Phi(A)$ et bijective et son application réciproque est $\Phi(A^{-1})$. Il résulte de tout cela que Γ est un sous-groupe des permutations de $\mathcal{H}$.

IV.A.4. Soit $A \in \mathrm{SL}_2(\mathbb{Z})$. Dire que $\Phi(A) = id_{\mathcal{H}}$, c'est exactement dire que, pour tout $\tau \in \mathcal{H}$, $\frac{a\tau+b}{c\tau+d} = \tau$, soit encore $c\tau^2 + (d-a)\tau - b = 0$. Comme $\mathcal{H}$ est infini, cette identité équivaut encore à $c = b = d - a = 0$, donc $A = \pm I_2$ compte tenu de l'égalité $ad - bc = 1$.

IV.A.5.a. Si A et A' sont dans $\mathrm{SL}_2(\mathbb{Z})$, on a

$$\Phi(A) = \Phi(A') \Leftrightarrow \Phi(A'A^{-1}) = id_{\mathcal{H}} \Leftrightarrow A'A^{-1} = \pm I_2 \Leftrightarrow A' = \pm A.$$

IV.A.5.b. Calculons ST et TS :

$$ST = \begin{pmatrix} 0 & -1 \\ 1 & 1 \end{pmatrix} \ ; \ TS = \begin{pmatrix} 0 & -1 \\ 1 & 0 \end{pmatrix}.$$

Puisque $TS \neq \pm ST$, Γ n'est pas commutatif.

« groupe commutatif » est synonyme de « groupe abélien ».

IV.B.1. Une équation du cercle $\mathcal{C}(\omega, R)$ est $|z - \omega| = R$ soit encore, par élévation au carré,

$$|z|^2 - 2\mathfrak{Re}(\overline{z}\omega) + |\omega|^2 = R^2,$$

ou encore

$$|z|^2 - (\overline{z}\omega + z\overline{\omega}) + |\omega|^2 = R^2.$$

Le cercle est inclus dans $\mathcal{H}$ si et seulement si l'ordonnée $\mathfrak{Im}(\omega)$, distance (« algébrique ») de son centre à l'axe des x, est $> R$.

IV.B.2. Il s'agit de déterminer l'image par $s : z \mapsto -\frac{1}{z}$ du cercle $\mathcal{C}(\omega, R)$ lorsque $\mathfrak{Im}(\omega) > R$. Puisque s est involutive, une équation de cette image est donnée par

$$\frac{1}{|z|^2} - (\overline{z}\omega + z\overline{\omega}) + |\omega|^2 = R^2,$$

soit encore

$$|z|^2 + \frac{\omega z}{|\omega|^2 - R^2} + \frac{\overline{\omega z}}{|\omega|^2 - R^2} + \frac{1}{|\omega|^2 - R^2} = 0.$$

Puisque $|\omega|^2 - R^2 \neq 0$, on obtient un cercle. Grâce à **IV.B.1**, on constate que son centre est le point $-\frac{\overline{\omega}}{|\omega|^2 - R^2}$ et son rayon R' vaut $\frac{R}{|\omega|^2 - R^2}$.

IV.C.1. La droite $\mathcal{D}$ a pour équation $z - \overline{z} = 2i\beta$. Son image par s a donc pour équation $|z|^2 - \frac{z}{2i\beta} + \frac{\overline{z}}{2i\beta} = 0$. On obtient à nouveau un cercle, de centre $-\frac{1}{2i\beta}$, de rayon $\frac{1}{2\beta}$.

IV.C.2. La demi-droite $\mathcal{D}_+$ a pour équation, dans $\mathcal{H}$, $z + \overline{z} = 2\alpha$. Comme $\mathcal{H}$ est globalement invariant par s, son image par s a donc pour équation, dans $\mathcal{H}$, $z + \overline{z} = -2\alpha|z|^2$. Distinguons deux cas.

▷ Si $\alpha = 0$, il s'agit du demi-axe des y.

▷ Si $\alpha \neq 0$, il s'agit du cercle de centre $-\frac{1}{2\alpha}$ et de rayon $\frac{1}{2|\alpha|}$, privé de l'origine.

IV.D. L'ensemble $\mathcal{F}$ est une demi-bande, comprise entre les droites d'équations $x = \frac{1}{2}$ et $x = -\frac{1}{2}$, limitée vers le bas par un arc du cercle unité.

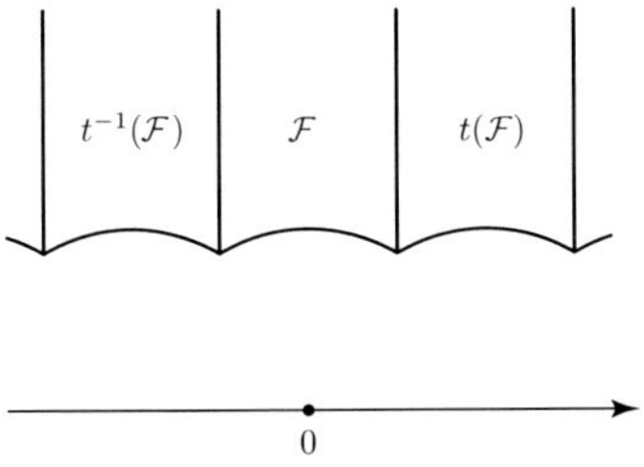

IV.E.1. D'après **II.A.3**, si $g = \Phi(A)$ avec $A = \begin{pmatrix} a & b \\ c & d \end{pmatrix}$, on a, pour $g \in G$,

$$\mathfrak{Im}\, g(\tau) = \frac{1}{|c\tau + d|^2}\mathfrak{Im}\, \tau.$$

Par conséquent, $g \mapsto g(\tau)$ réalise son maximum si et seulement si $|c\tau + d|^2$ réalise son minimum.

Lorsque g décrit G, cette fonction positive admet un infimum μ. L'ensemble des g tels que $|c\tau + d|^2 \leqslant \mu + 1$ est non vide. D'autre part, posant $\tau = x + iy$, $|c\tau + d|^2 = (cx + d)^2 + c^2y^2$. La condition $|c\tau + d|^2 \leqslant \mu + 1$ implique donc que $|c| \leqslant \frac{\mu+1}{y}$, puis $|d| \leqslant (\mu + 1)(1 + \frac{|x|}{y})$. Il en résulte que l'ensemble des couples (c, d) correspondants est fini, donc que $g \mapsto |c\tau + d|^2$ ne prend qu'un nombre fini de valeurs inférieures à $\mu + 1$. En particulier, elle atteint son minimum sur l'ensemble des $g \in G$ tels que $|c\tau + d|^2 \leqslant \mu + 1$.

Ce minimum est aussi un minimum sur G tout entier.

IV.E.2. Posons $\tau' = x' + iy'$. Alors $\mathfrak{Re}\big(t^m(\tau')\big) = x' + m$. Soit p entier le plus proche de x'. On a clairement $|x' - p| \leqslant \frac{1}{2}$. Si l'on choisit $m = -p$, on a bien $|x' + m| \leqslant \frac{1}{2}$.

p est unique, sauf dans le cas où $x' - \frac{1}{2} \in \mathbb{Z}$.

IV.E.3. Posons $\tau'' = t^m(\tau') = x'' + iy'$. Par définition de τ', puisque $st^m \in G$, on a

$$\mathfrak{Im}\big(st^m(\tau')\big) \leqslant \mathfrak{Im}\tau',$$

donc

$$\mathfrak{Im}\Big(-\frac{1}{x''+iy'}\Big) \leqslant y'.$$

Donc $\frac{y'}{x''^2+y'^2} \leqslant y'$, et comme $y' > 0$, $x''^2+y'^2 \geqslant 1$. Finalement, $|\tau''| \geqslant 1$ et donc $\tau'' \in \mathcal{F}$.

IV.F. Considérons l'élément $\tau = 2i$ qui appartient bien à $\mathring{\mathcal{F}}$, et soit $g \in \Gamma$. Le résultat admis indique que $g(\tau) \notin \mathcal{F}$. D'après **IV.E.3**, il existe un élément h de G, à savoir $t^m g_0$, tel que $h(g(\tau)) \in \mathcal{F}$. Le résultat admis indique que $hg = Id_{\mathcal{H}}$, donc que $h = g^{-1}$ appartient à G. Ainsi, $G \subset \Gamma$. L'inclusion inverse étant évidente, on a l'égalité des deux groupes.

Quelques indications

I.G.1. Poser $PU = VP$ avec $\in \mathrm{GL}_2(\mathbb{C})$, écrire $P = P_1 + iP_2$ avec P_1, P_2 réelles et montrer l'existence d'un réel α tel que $P_1 + \alpha P_2$ soit inversible.

IV.E.1. Montrer que $\mathfrak{Im}\big(g(\tau)\big)$ ne prend qu'un nombre fini de valeurs inférieures à un réel donné.

Commentaires

Ce problème est constitué de questions pratiquement indépendantes les unes des autres qui, à deux exceptions près, ne présentent aucune difficulté. Si les toutes dernières questions présentent un intérêt mathématique réel, elles ne justifient en rien l'explication préliminaire, qui d'ailleurs ne peut être comprise par aucun candidat.

La question **I.A** peut être traitée de deux façons très différentes. Soit, comme dans l'énoncé, on montre que $\mathcal{M}_2(\mathbb{Z})$ est un sous-anneau de $\mathcal{M}_2(\mathbb{R})$, ce qui limite considérablement les vérifications nécessaires. Soit l'on décide de montrer que, muni des lois naturelles, $\mathcal{M}_2(\mathbb{Z})$ est un anneau, ce qui suppose de vérifier, sans en omettre aucune, les propriétés suivantes : $(M, +)$ est un groupe abélien ; $(M, .)$ est un monoïde (non abélien en général) ; la multiplication est bilatèrement distributive par rapport à l'addition. De façon générale, lorsque A est un anneau, $\mathcal{M}_n(A)$ est aussi un anneau.

La même alternative se présente dans la question **I.B.1**. Avec les notations de l'énoncé, $\mathrm{GL}_2(\mathbb{Z})$ n'est autre que l'ensemble des éléments inversibles de l'anneau $\mathcal{M}_2(\mathbb{Z})$, et l'ensemble des éléments inversibles d'un anneau (pas forcément commutatif) est toujours un groupe multiplicatif. Dans le cas présent, cet ensemble étant un sous-ensemble de $\mathrm{GL}_2(\mathbb{R})$, j'ai préféré utiliser une caractérisation des sous-groupes.

Dans la question **I.B.2**, on caractérise les éléments de $\mathrm{GL}_2(\mathbb{Z})$ comme ceux de déterminant ± 1. De façon générale, si A est un anneau commutatif, les éléments inversibles de $\mathcal{M}_n(A)$ sont les matrices dont le déterminant est un élément inversible de A. Par exemple, les éléments inversibles de $\mathcal{M}_n(\mathbb{K}[X])$ sont les matrices dont le déterminant est une constante non nulle. La démonstration générale est la même que celle proposée dans le cadre particulier des matrices de taille 2 à coefficients entiers.

Le noyau du morphisme « déterminant » est le sous-groupe des matrices de déterminant 1, « groupe spécial linéaire ». Si l'on se donne la première ligne d'une matrice à coefficients entiers, un développement par rapport à cette ligne permet de calculer le déterminant de cette matrice comme une combinaison linéaire à coefficients entiers des coefficients de la première ligne. Si ce déterminant vaut 1, on voit que le pgcd des termes de la première ligne vaut 1 lui aussi. Le problème fait démontrer la réciproque dans le cas particulier des matrices de taille 2. La recherche de tous les (c, d) constituant la seconde ligne conduit à une équation affine : les couples (c, d) solutions sont les points à coordonnées entières qui sont sur la droite d'équation $ax - by = 1$. La résolution de cette équation est très classique.

Évidemment, s'il s'agit de matrices de taille n, il est moins évident de montrer l'existence d'une matrice de $\mathrm{SL}_n(\mathbb{Z})$ ayant $(a_1, \ldots, a_n)$ pour première ligne, sachant que ces entiers sont premiers dans leur ensemble. Pour ce faire, posons $d = \mathrm{pgcd}(a_1, \ldots, a_{n-1})$ et écrivons une relation de Bezout $du - a_n v = 1$. Si $a_i = da'_i$ pour $i = 1, \ldots, n-1$, une hypothèse de récurrence nous permet de construire une matrice $[B(i,j)]$ de taille $n-1$, de première ligne $(a'_1, \ldots, a'_{n-1})$ et de déterminant 1. Considérons alors la matrice

$$\begin{pmatrix} da'_1 & da'_2 & \ldots & da'_{n-1} & a_n \\ B(2,1) & B(2,2) & \ldots & B(2,n-1) & 0 \\ \ldots & \ldots & \ldots & \ldots & 0 \\ B(n-1,1) & B(n-1,2) & \ldots & B(n-1,n-1) & 0 \\ va'_1 & va'_2 & \ldots & va'_{n-1} & u \end{pmatrix}.$$

Sa première ligne est constituée des a_i. D'autre part, on calcule son déterminant en le développant par rapport à la dernière colonne. On obtient pour valeur

$$du \det B + (-1)^{n-1}(-1)^{n-2} a_n v \det B = du - a_n v = 1.$$

En effet, le cofacteur de a_n est égal à $v(-1)^{n+1}$ fois le déterminant d'une matrice obtenue à partir de B par une permutation circulaire de longueur $n-1$, donc de signature $(-1)^{n-2}$.

À partir de la question **I.D.1**, la première partie s'éparpille en de tout petits exercices concernant la réduction des matrices de taille 2. La question **I.G.1** n'est pas sans intérêt, mais est parfaitement déplacée dans le contexte présent. Si f est un endomorphisme de $\mathbb{R}^2$ tel que $f^2 = -\mathrm{Id}$, il suffit de choisir un vecteur x non nul arbitraire pour construire une base $(x, f(x))$ de $\mathbb{R}^2$ dans laquelle la matrice de f est égale à S, puisque $f(f(x)) = -x$.

La partie **II** est consacrée aux réseaux de $\mathbb{C}$ considéré comme un $\mathbb{R}$-espace vectoriel de dimension 2. Lorsque l'on considère un groupe abélien (noté additivement) $(G, +)$, on dispose *ipso facto* d'une structure de $\mathbb{Z}$-module, c'est-à-dire d'une loi externe . qui permet de faire le produit (externe) d'un entier k par un élément x de G : kx n'est autre que la somme de k exemplaires de x, avec l'extension évidente lorsque $k < 0$. Les axiomes d'un $\mathbb{Z}$-module sont exactement ceux d'un $\mathbb{K}$-espace vectoriel, à ceci près que le corps $\mathbb{K}$ est remplacé par l'anneau $\mathbb{Z}$. Ce pourrait être n'importe quel anneau commutatif, mais le cas de $\mathbb{Z}$ est particulier car on constate que se donner un groupe abélien ou un $\mathbb{Z}$-module sont choses équivalentes. Cependant, dans le cadre du problème, il est préférable de penser la situation en termes de $\mathbb{Z}$-modules.

Dans ce langage, l'ensemble $\mathbb{Z}\alpha + \mathbb{Z}\beta$ n'est autre que l'ensemble des combinaisons linéaires de α et de β, à coefficients dans $\mathbb{Z}$; c'est donc le sous-$\mathbb{Z}$-module engendré par α et β (mais l'énoncé attend que l'on parle du sous-groupe engendré par α et β). On peut définir un réseau de $\mathbb{R}^n$ comme le $\mathbb{Z}$-module engendré par une famille $(e_1, \dots, e_n)$ libre non seulement sur $\mathbb{Z}$, mais sur $\mathbb{R}$. En effet, la seule liberté sur $\mathbb{Z}$ ne suffit pas pour rendre compte du fait qu'un réseau est formé des sommets d'un quadrillage de $\mathbb{R}^n$. Si $n = 1$, la famille $(1, \sqrt{2})$ est libre sur $\mathbb{Z}$, car $\sqrt{2} \notin \mathbb{Q}$. Pourtant, le sous-groupe de $\mathbb{R}$ engendré par cette famille est un groupe dense dans $\mathbb{R}$, que l'on ne peut guère voir comme un « réseau ».

La partie **II** est plutôt mal posée, car elle fait constamment refaire au candidat des calculs analogues, voire identiques. La section **II.B** fait étudier une condition nécessaire et suffisante pour que deux couples soient une base du même réseau. Assez naturellement, on obtient pour condition le fait que la matrice de la première famille dans la seconde est une matrice de $\mathrm{GL}_2(\mathbb{Z})$. Cette condition se généralise à la dimension n. Si $(e_1, \dots, e_n)$ et $(f_1, \dots, f_n)$ sont deux familles libres sur $\mathbb{R}$, notons en effet P la matrice de la première dans la seconde. Lorsque ces deux familles sont des bases d'un même réseau, P est à coefficients entiers, et de même P^{-1}. Donc $P \in \mathrm{GL}_n(\mathbb{Z})$. Si, réciproquement, cette dernière condition est réalisée, on constate aisément que les $\mathbb{Z}$-modules engendrés par ces deux familles sont égaux : toute combinaison linéaire à coefficients entiers de l'une est aussi combinaison linéaire à coefficients entiers de l'autre.

La partie **III** fait intervenir certaines transformations géométriques du plan complexe, dont les similitudes directes. Il est bien connu qu'une similitude directe de centre 0 s'interprète comme la multiplication par un nombre complexe a non nul. Précisément, $z \mapsto az$ est la similitude directe de centre 0, de rapport $|a|$ et d'angle un argument de a. On obtient toutes les similitudes directes, de centre arbitraire, en composant les précédentes avec une translation. On obtient ainsi les applications $z \mapsto az + b$, avec $a \in \mathbb{C}^*$. Lorsque $a = 1$, il s'agit simplement d'une translation. Si $a \neq 1$, il s'agit d'une véritable similitude directe, dont le centre s'obtient par résolution de l'équation $az + b = z$. Pour revenir au cas des similitudes directes de centre 0, elles forment un groupe isomorphe à $\mathbb{C}^*$: c'est la substance géométrique de la mise d'un complexe sous la forme $re^{i\theta}$. Les similitudes indirectes n'apporteraient rien de véritablement nouveau. Elles s'écrivent $z \mapsto a\overline{z} + b$ et apparaissent comme la composée d'une similitude directe et de $z \mapsto \overline{z}$, c'est-à-dire de la réflexion par rapport à l'axe des x.

Dans la section **III.C**, on recherche les réseaux qui sont stables par une véritable similitude (car les translations de vecteur entier conviennent évidemment). On constate que ce sont les réseaux de la forme $\mathbb{Z} + \mathbb{Z}\tau$, où τ est un nombre complexe algébrique de degré 2, c'est-à-dire racine d'un polynôme de degré 2 et à coefficients entiers. Dans le cas particulier où ce polynôme est unitaire (on dit alors que τ est un entier algébrique), le réseau est en réalité un sous-anneau de $\mathbb{C}$, l'anneau $\mathbb{Z}[\tau]$. C'est le cas par exemple de l'anneau $\mathbb{Z}[j]$, qui joue un rôle important dans l'étude des solutions de l'équation de Fermat $x^3 + y^3 = z^3$.

La partie **IV** s'intéresse véritablement à l'action du groupe des homographies sur le demi-plan de Poincaré $\mathcal{H}$. Dans un premier temps, il est peut-être plus simple de faire agir le groupe des homographies (pas nécessairement associées à des entiers) sur le plan complexe tout entier et même, pour tenir compte de l'existence de pôles, sur $\tilde{\mathbb{C}} = \mathbb{C} \cup \{\infty\}$ (la « sphère de Riemann »). Si $g(z) = \frac{az+b}{cz+d}$, on voit que g réalise une bijection de $\tilde{\mathbb{C}}$ sur lui-même dès que $ad - bc \neq 0$ (l'homographie est constante dans le cas contraire). On peut d'autre part constater que l'application qui, à la matrice $\begin{pmatrix} a & b \\ c & d \end{pmatrix}$ de $\mathrm{GL}_2(\mathbb{Z})$, associe l'homographie g définie par $g(z) = \frac{az+b}{cz+d}$, est un morphisme pour la multiplication. Il en résulte bien que les homographies non constantes forment un sous-groupe du groupe des bijections de $\tilde{\mathbb{C}}$. Le morphisme n'est pas tout à fait injectif : l'égalité $\frac{az+b}{cz+d} = z$ pour tout $z \in \tilde{\mathbb{C}}$ entraîne que $a = d$ et $b = c = 0$, autrement dit que la matrice est scalaire. En d'autres termes, on peut identifier homographies et matrices à un facteur multiplicatif près. Le problème étudie, par le biais des questions **IV.B** et **IV.C**, l'action géométrique du groupe des homographies. Parmi ces transformations, les plus simples sont les similitudes $z \mapsto az+b$, qui sont au programme. On peut ramener l'homographie la plus générale à des homographies simples par le biais de la décomposition suivante (lorsque $c \neq 0$) :

$$\frac{az+b}{cz+d} = \frac{a}{c} + \frac{bc-ad}{c(cz+d)}.$$

La transformation initiale apparaît comme la composée de la similitude $z \mapsto \frac{c}{bc-ad}(cz+d)$, de l'application $z \mapsto \frac{1}{z}$ et de la translation $z \mapsto \frac{a}{c}+z$. La seule étude non évidente est celle de $z \mapsto \frac{1}{z}$, qui s'appelle très naturellement une inversion complexe. Il se trouve que l'inversion géométrique est plutôt définie par $z \mapsto \frac{1}{\overline{z}}$. Elle ne diffère de la précédente que de la symétrie par rapport à l'axe des x, $z \mapsto \overline{z}$, et c'est à elle que nous allons nous attacher. Si $z = re^{i\theta}$, $z' = \frac{1}{\overline{z}} = \frac{1}{r}e^{i\theta}$. Le point image a donc même argument que z, et il est définit par la relation $rr' = 1$. Bien entendu, une inversion n'est pas une application affine. Cependant, elle a cette propriété de transformer une droite ou un cercle en une droite ou un cercle. Cela résulte d'un petit calcul que nous faisons en coordonnées cartésiennes, en posant $z = x+iy$. On a $z' = \frac{x+iy}{x^2+y^2}$, et donc $z = \frac{x'+iy'}{x'^2+y'^2}$ puisqu'une inversion est évidemment involutive. Ainsi, l'équation générale d'un cercle ou d'une droite, qui s'écrit

$$a(x^2+y^2)+bx+cy+d=0,$$

se transforme en

$$a+bx'+cy'+d(x'^2+y'^2)=0.$$

On a ainsi démontré que, de façon générale, une homographie h transforme les cercles et les droites en des cercles ou des droites. Pour trancher entre ces possibilités, il suffit de constater qu'une droite est un cercle passant par ∞, et donc de déterminer si ce point appartient à l'image $h(C)$, donc si le pôle de l'homographie appartient à C. Par exemple, l'homographie $z \mapsto \frac{z+1}{z-i}$ transforme les droites et les cercles passant par i en des droites, les autres droites et cercles étant transformés en des cercles.

Ces propriétés sont brièvement évoquées dans la partie **IV.C**, mais l'essentiel de la partie **IV** porte sur les homographies associées à des éléments de $\mathrm{SL}_2(\mathbb{Z})$, agissant non pas sur la sphère de Riemann, mais sur $\mathcal{H}$. Cette action est utilisée pour montrer que que le groupe Γ est engendré par les deux homographies particulières s et t. Il est plus usuel de démontrer ce résultat directement à l'aide d'opérations élémentaires sur les rangées d'une matrice de $\mathrm{SL}_2(\mathbb{Z})$, qui permettent de montrer que ce dernier groupe est engendré par S et T. Voici comment.

Considérons une matrice $A \in \mathrm{SL}_2(\mathbb{Z})$ et disons que B lui est équivalente lorsqu'il existe P et Q dans le groupe G engendré par S et T telles que $B = PAQ$. Bien entendu, puisque S et T sont dans $\mathrm{SL}_2(\mathbb{Z})$, $B \in \mathrm{SL}_2(\mathbb{Z})$. Il suffit de montrer que A est équivalente à I_2, puisqu'alors

A appartient à G. Parmi toutes les matrices $B = \begin{pmatrix} a & b \\ c & d \end{pmatrix}$ équivalentes à A, choisissons-en une telle que $|c|$ soit minimal. On a $|a| \geqslant |c|$, car la multiplication à gauche par S échange $-c$ et a. Si par l'absurde $c \neq 0$, on peut écrire $a = cq + r$ avec $r < |c|$. La multiplication à gauche par T^{-q} revient à effectuer $L_1 \longleftarrow L_1 - qL_2$, donc à remplacer a par r sans changer c, ce qui entraîne que $|r| \geqslant |c|$ et une contradiction. Ainsi, $c = 0$, puis $ad = 1$ et $a = d = \pm 1$. Comme $S^2 = -I_2$, on peut supposer $a = d = 1$, donc $BT^{-b} = I_2$. Finalement, A est bien équivalente à I_2.

La méthode proposée par le problème est fort différente, et à bien des égards plus intéressante. Elle consiste à déterminer un ensemble $\mathcal{F}$, appelé domaine fondamental, qui contient un élément de chaque orbite dans l'action de G sur $\mathcal{H}$ et, à peu de choses près, un seulement. Cet ensemble est une partie de $\mathcal{H}$ limitée par deux droites et un arc de cercle. On montre dans la question **IV.E** que toute orbite rencontre $\mathcal{F}$. On utilise le résultat suivant : une fonction qui prend un nombre fini non nul de fois des valeurs inférieures à un certain réel atteint son minimum.

En revanche, le fait qu'une orbite ne rencontre l'intérieur de $\mathcal{F}$ qu'en un point est admis par l'énoncé. La démonstration n'en est pas très difficile, mais est un peu compliquée. Il suffit en réalité de montrer le résultat annoncé pour un point particulier de l'intérieur de $\mathcal{F}$, ce qui évite des discussions fastidieuses. Prenons $2i$. Soit $h(z) = \frac{az+b}{cz+d}$ une homographie de Γ telle que $h(2i) = \frac{2ia+b}{2ic+d}$ soit dans $\mathcal{F}$. On a donc $|h(2i)| \geqslant 1$ et $|\mathfrak{Re}(h(2i))| \leqslant \frac{1}{2}$. Par conséquent, $|\mathfrak{Im}(h(2i))| \geqslant \frac{\sqrt{3}}{2}$, soit

$$\frac{2}{|2ci+d|^2} \geqslant \frac{\sqrt{3}}{2}.$$

Cette inégalité conduit immédiatement à $4c^2 + d^2 \leqslant \frac{4}{\sqrt{3}}$, donc $c = 0$ et $d = \pm 1$, puis $h(z) = z + b$. Mais la condition $|\mathfrak{Re}(h(2i))| \leqslant \frac{1}{2}$ impose $b = 0$, soit $h = Id_{\mathcal{H}}$.

Bien que ce problème souffre de quelques redites et d'un éparpillement excessif, il ne manque pas absolument d'intérêt. Quant au théorème de Fermat lui-même, peut-être fera-t-il l'objet de l'épreuve de l'année prochaine, qui sait.

Théorèmes utilisés

[1] **Théorème de Gauss.** Si a, b et c sont des entiers tels que a divise bc et est premier avec b, alors a divise c.

[2] **Théorème de Bézout dans $\mathbb{Z}$.** Deux entiers relatifs a et b sont premiers entre eux si et seulement s'il existe deux entiers u et v tels que $au+bv = 1$.

[3] Une matrice de $\mathcal{M}_n(\mathbb{K})$ dont le polynôme caractéristique est simplement scindé dans $\mathbb{K}$ est diagonalisable dans $\mathbb{K}$.

Concours communs polytechniques 2004. Première épreuve

SESSION 2004

CONCOURS COMMUNS POLYTECHNIQUES

ÉPREUVE SPÉCIFIQUE - FILIÈRE MP

MATHÉMATIQUES 1

Durée : 4 heures

Les calculatrices ***sont interdites.***

***

N.B. Le candidat attachera la plus grande importance à la clarté, à la précision et à la concision de la rédaction.
Si un candidat est amené à repérer ce qui peut lui sembler être une erreur d'énoncé, il le signalera sur sa copie et devra poursuivre sa composition en expliquant les raisons des initiatives qu'il a été amené à prendre.

A propos de l'hypothèse « de classe C^1 par morceaux » du théorème de convergence normale d'une série de Fourier ...

Pour toute fonction $f : \mathbb{R} \to \mathbb{C}$, continue par morceaux et de période 2π, on associe ses coefficients de Fourier exponentiels définis, pour $n \in \mathbb{Z}$, par $c_n(f) = \frac{1}{2\pi}\int_0^{2\pi} f(t)e^{-int}\,\mathrm{d}t$ et ses coefficients de Fourier trigonométriques définis par :

$$a_n(f) = \frac{1}{\pi}\int_0^{2\pi} f(t)\cos(nt)\,\mathrm{d}t \text{ (pour } n \in \mathbb{N}) \text{ et}$$

$$b_n(f) = \frac{1}{\pi}\int_0^{2\pi} f(t)\sin(nt)\,\mathrm{d}t \text{ (pour } n \in \mathbb{N}^*).$$

On pose, pour tout entier naturel p et tout réel x :

$$S_p(f)(x) = \sum_{n=-p}^{p} c_n(f)e^{inx} = \frac{a_0}{2} + \sum_{n=1}^{p}\big(a_n(f)\cos(nx) + b_n(f)\sin(nx)\big).$$

On rappelle le **théorème de convergence normale** :
Si $f : \mathbb{R} \to \mathbb{C}$ est une fonction continue de période 2π et de classe C^1 par morceaux, la série de Fourier de f converge normalement vers la fonction f sur $\mathbb{R}$.
Ainsi, la fonction f est limite uniforme de la suite de polynômes trigonométriques $\big(S_p(f)\big)_{p\in\mathbb{N}}$.

Nous allons étudier ce qui peut se produire si on enlève à ce théorème l'hypothèse « de classe C^1 par morceaux ».
Une première partie démontre des résultats préliminaires.
Une deuxième partie traite d'un exemple où, sans l'hypothèse « de classe C^1 par morceaux », la série de Fourier peut diverger.
Une troisième partie recherche une condition plus faible pour que, sans l'hypothèse « de classe C^1 par morceaux », on puisse quand même assurer que la série de Fourier de f converge uniformément vers la fonction f sur $\mathbb{R}$.

I. Résultats préliminaires

1. Si, dans le théorème de convergence normale ci-dessus, on suppose que la fonction f n'est pas continue mais seulement continue par morceaux sur $\mathbb{R}$:
a. Rappeler le théorème de Dirichlet en précisant de quel type de convergence il s'agit.
b. Cette convergence pourrait-elle être uniforme sur $\mathbb{R}$?

2. On considère la fonction continue $\varphi : \mathbb{R} \to \mathbb{R}$, de période 2π, paire et définie pour $x \in [0, \pi]$ par $\varphi(x) = \sqrt{x}$.
Donner l'allure de la courbe de cette fonction et expliquer pourquoi elle n'est pas de classe C^1 par morceaux sur $\mathbb{R}$.

3. Théorème de Cesàro
Soit (u_n) une suite de complexes qui converge vers le complexe l.
a. Justifier, simplement, en utilisant un théorème de sommation de relations de comparaison, que : $\sum\limits_{k=0}^{n} (u_k - l) = o(n+1)$ au voisinage de $+\infty$.
b. En déduire que la suite $\left(\frac{u_0+u_1+\cdots+u_n}{n+1}\right)$ converge vers l.

4. Soit une fonction $f : \mathbb{R} \to \mathbb{C}$ continue et de période 2π dont la somme de Fourier de rang n est notée $S_n(f)$. Pour n entier naturel non nul, on définit la somme de Fejér de f de rang n, notée $\sigma_n(f)$ comme la moyenne de Cesàro des sommes de Fourier :

$$\sigma_n(f) = \frac{1}{n+1}\big(S_0(f) + S_1(f) + \cdots + S_n(f)\big).$$

On démontre, ***et nous l'admettrons***, le **théorème de Fejér** :
« La suite de polynômes trigonométriques $\big(\sigma_n(f)\big)$ converge uniformément sur $\mathbb{R}$ vers la fonction f ».

Une application :
Si $f : \mathbb{R} \to \mathbb{C}$ est une fonction continue et de période 2π telle que la suite $\big(S_n(f)\big)$ converge simplement sur $\mathbb{R}$, montrer que la suite $\big(S_n(f)\big)$ converge vers la fonction f.

5. Si (u_n) est une suite de réels positifs qui converge vers 0, montrer qu'il existe une suite de réels (d_n) décroissante et de limite nulle telle que, pour tout entier naturel n, $0 \leqslant u_n \leqslant d_n$ (on pourra, par exemple, vérifier que la suite $\left(\sup\{u_k\ ,\ k \geqslant n\}\right)_n$ convient).

II. Un exemple de Série de Fourier divergente (en un point)

On considère la suite de fonctions (f_n) définies sur l'intervalle $[0, \pi]$ pour tout entier naturel non nul n par : $f_n(x) = \frac{1}{n^2} \sin\left[\left(2^{n^3} + 1\right)\frac{x}{2}\right]$.

6. Montrer que la série de fonctions $\sum\limits_{n\geqslant 1} f_n$ converge normalement sur $[0, \pi]$.

On définit alors la fonction f paire, continue, de période 2π sur $\mathbb{R}$ et telle que pour tout réel $x \in [0, \pi]$, $f(x) = \sum\limits_{n=1}^{+\infty} f_n(x)$.

7. On pose, pour p et k entiers naturels,

$$I_{p,k} = \int_0^{\pi} \cos(pt) \sin\left(\frac{2k+1}{2} t\right) \mathrm{d}t$$

et, pour q entier naturel, $T_{q,k} = \sum_{p=0}^{q} I_{p,k}$.

a. Calculer, pour p et k entiers naturels, l'intégrale $I_{p,k}$.

b. Pour q et k entiers naturels, déterminer un réel positif c_k tel que

$$T_{q,k} = c_k + \sum_{j=k-q}^{k+q} \frac{1}{2j+1}$$

et en déduire que, pour tout couple (q, k) d'entiers naturels, $T_{q,k} \geqslant 0$.

c. Déterminer, pour N au voisinage de $+\infty$, un équivalent simple de $\sum\limits_{k=0}^{N} \frac{1}{2k+1}$.

d. En déduire que, pour k au voisinage de $+\infty$, $T_{k,k} \sim \frac{1}{2} \ln k$.

8. Montrer que, pour p entier naturel non nul, $a_p(f) = \frac{2}{\pi} \sum\limits_{n=1}^{+\infty} \frac{1}{n^2} I_{p, 2^{n^3}-1}$.

9. Montrer que, pour p entier naturel non nul,

$$S_{2^{p^3}-1}(f)(0) \geqslant -\frac{a_0(f)}{2} + \frac{2}{\pi p^2} T_{2^{p^3}-1, 2^{p^3}-1}.$$

Conclure que la suite $\big(S_n(f)(0)\big)$ diverge.

III. Fonctions à variation bornée, Théorème de Jordan

Pour deux réels $a < b$ on note $S_{[a,b]}$ l'ensemble des subdivisions de l'intervalle $[a, b]$. Si f est une fonction de $[a, b] \to \mathbb{C}$ et $\sigma = (x_0, x_1, \ldots, x_n) \in S_{[a,b]}$, on note

$$V(\sigma, f) = \sum_{i=0}^{n-1} |f(x_{i+1}) - f(x_i)|.$$

On dira que la fonction f est à variation bornée s'il existe un réel positif M tel que pour toute $\sigma \in S_{[a,b]}$, l'on ait : $V(\sigma, f) \leqslant M$.
On appelle alors **variation totale** de f sur $[a,b]$ le réel positif noté :

$$V([a,b], f) = \sup_{\sigma \in S_{[a,b]}} V(\sigma, f).$$

10. Montrer que la fonction $f : [0,1] \to \mathbb{R}$ définie par $f(0) = 0$ et $f(x) = x\cos\left(\frac{\pi}{2x}\right)$ si $x \neq 0$ est continue et n'est pas à variation bornée sur $[0,1]$.
(on pourra choisir $\sigma = (x_k)_{0 \leqslant k \leqslant n+1}$ subdivision de $[0,1]$:

$$x_0 = 0,\ x_{n+1} = 1 \text{ et } \forall k \in \{1, \ldots, n\},\ x_k = \frac{1}{2(n+1-k)}).$$

11. Exemples généraux.
a. Montrer qu'une fonction $f : [a,b] \to \mathbb{R}$ qui est monotone est à variation bornée sur $[a,b]$ et préciser $V([a,b], f)$.
b. Montrer qu'une fonction $f : [a,b] \to \mathbb{R}$ qui est somme de deux fonctions monotones est à variation bornée sur $[a,b]$.
c. Montrer qu'une fonction $[a,b] \to \mathbb{C}$ qui est continue et de classe $\mathcal{C}^1$ par morceaux est à variation bornée.

12. Soit une fonction f de $[a,b] \to \mathbb{C}$ à variation bornée sur $[a,b]$ et soit $a < c < b$.
Montrer que chacune des restrictions de f aux intervalles $[a,c]$ et $[c,b]$ est à variation bornée et que : $V([a,c], f) + V([c,b], f) \leqslant V([a,b], f)$.
Remarque : on peut même montrer qu'il y a égalité mais ce ne sera pas utile pour ce problème.

13. Soit $f : \mathbb{R} \to \mathbb{C}$ une fonction continue et de période 2π telle que la restriction de f à l'intervalle $[0, 2\pi]$ soit à variation bornée.
Pour n entier relatif et N entier naturel, tous deux non nuls, on utilisera la subdivision $\sigma = (x_k)_{0 \leqslant k \leqslant |n|N}$ de $[0, 2\pi]$ définie, pour k entier compris entre 0 et $|n|N$, par : $x_k = \frac{2\pi k}{|n|N}$.
Pour k entier compris entre 0 et $|n|N$, on notera $V_k(f)$ la variation totale de f sur l'intervalle $[x_{k-1}, x_k]$.
a. Vérifier que :

$$\left|\sum_{k=1}^{|n|N} \int_{x_{k-1}}^{x_k} (f(t) - f(x_k))e^{-int}\,\mathrm{d}t\right| \leqslant \sum_{k=1}^{|n|N} V_k(f)(x_k - x_{k-1}).$$

b. Montrer que :

$$\left|\sum_{k=1}^{|n|N} f(x_k) \int_{x_{k-1}}^{x_k} \mathrm{e}^{-int}\,\mathrm{d}t\right| \leqslant \frac{1}{|n|} V([0, 2\pi], f).$$

c. En déduire que pour tout entier naturel non nul,
$|c_n(f)| \leqslant \frac{1}{2\pi|n|} V([0, 2\pi], f)$.

14. Soit (u_n) une suite de complexes, on pose, pour tout entier naturel n, $S_n = \sum_{j=0}^{n} u_j$ et $\sigma_n = \frac{S_0+S_1+\cdots+S_n}{n+1}$.

On suppose que la suite (σ_n) converge vers un complexe L et on suppose qu'il existe une constante réelle A non nulle telle que, pour tout entier naturel k, $|u_k| \leqslant \frac{A}{k+1}$.

a. Pour n et k entiers naturels non nuls, exprimer, à l'aide des termes de la suite (u_i), l'expression $k(S_n - L) - (n+k)(\sigma_{n+k-1} - L) + n(\sigma_{n-1} - L)$.

b. Soit une suite de réels (d_n) décroissante et de limite nulle telle que, pour tout entier naturel n, $|\sigma_n - L| \leqslant d_n$, montrer que, pour n et k entiers naturels non nuls :

$$|S_n - L| \leqslant (1 + \frac{2n}{k})d_{n-1} + A\frac{k-1}{2(n+2)}.$$

c. L'entier naturel non nul n étant donné, on choisit k tel que $(k-1)^2 \leqslant 4n^2 d_{n-1} < k^2$.

(k-1 est donc la partie entière de $2n\sqrt{d_{n-1}}$).

Montrer que, pour tout entier naturel n non nul, on a :

$|S_n - L| \leqslant d_{n-1} + (1 + A)\sqrt{d_{n-1}}$. Que peut-on en déduire ?

15. Montrer que la série de Fourier d'une fonction $f : \mathbb{R} \to \mathbb{C}$ continue et de période 2π telle que la restriction de f à l'intervalle $[0, 2\pi]$ soit à variation bornée converge uniformément vers la fonction f.

16. Montrer que la série de Fourier de la fonction φ de la question **2.** converge uniformément sur $\mathbb{R}$ vers la fonction φ.

17. *Application*

Montrer que la série de Fourier d'une fonction $f : \mathbb{R} \to \mathbb{C}$, de période 2π et lipschitzienne converge uniformément sur $\mathbb{R}$ vers la fonction f.

Appréciation du problème

Ce problème est consacré aux séries de Fourier. Il est bien guidé en général et, quoiqu'un peu long pour la durée prévue, ne soulève aucune difficulté insurmontable. Pour le traiter, il aura fallu au préalable étudier les rubriques suivantes :

– convergence uniforme, normale ;
– séries de Fourier ;
– sommation des relations de comparaison.

Corrigé détaillé

1.a. Si f est 2π-périodique et $\mathcal{C}^1$ par morceaux, les sommes de Fourier convergent simplement vers la fonction qui en x prend la valeur $\frac{f(x+0)+f(x-0)}{2}$. Cette valeur est égale à $f(x)$ en tous les points de continuité de f.

On utilise [1].

1.b. ▷ Si la suite de fonctions continues $\big(S_p(f)\big)$ converge uniformément, sa limite g est continue sur $\mathbb{R}$.
Puisque $f = g$ en tous les points qui n'appartiennent pas à une subdivision adaptée à f, on a en tout point x, $f(x+0) = g(x+0) = g(x)$ par passage à la limite à droite en x. De même, $f(x-0) = g(x)$. Par conséquent, en modifiant f en les points d'une subdivision adaptée, on obtient une fonction continue.

On utilise [2].

Une subdivision « adaptée » est une subdivision qui intervient dans la définition de « par morceaux ».

▷ Si réciproquement, en modifiant f en les points d'une subdivision adaptée, on obtient une fonction continue, que l'on note g, on constate que g est encore $\mathcal{C}^1$ par morceaux et 2π-périodique sur $\mathbb{R}$.
En outre, $S_p(f) = S_p(g)$, puisque $c_n(f) = c_n(g)$ pour tout n. Par conséquent, $\big(S_p(f)\big)$ converge uniformément vers g sur $\mathbb{R}$.

Si deux fonctions sont égales sauf en un nombre fini de points d'un segment, elles ont même intégrale.

▷ En résumé, la suite $\big(S_p(f)\big)$ peut converger uniformément, même lorsque f n'est pas continue. Précisément, la condition nécessaire et suffisante pour que la suite $\big(S_p(f)\big)$ converge uniformément est que la restriction de f à $[0, 2\pi]$ coïncide avec une fonction continue sauf en un nombre fini de points.

2. On constate d'abord que l'on peut effectivement prolonger φ d'abord par parité sur $[-\pi, \pi]$, puis par 2π-périodicité. La fonction ainsi obtenue est évidemment continue, mais pas de classe $\mathcal{C}^1$ par morceaux, puisque sa dérivée $\frac{1}{2\sqrt{x}}$ n'admet pas de limite à droite en 0.

3.a. Puisque $u_n - l = o(1)$ et que la constante 1 est le terme général positif d'une série divergente, le théorème de sommation des « o » montre que

On utilise [3].

$$\sum_{k=0}^{n} (u_k - l) = o(n+1).$$

3.b. De **3.a**, il découle que

$$\frac{1}{n+1}\sum_{k=0}^{n} u_k = l + o(1);$$

ce que l'on voulait prouver.

4. Soit x un réel. Si $\big(S_p(f)(x)\big)$ converge vers $l(x)$, la suite $\big(\sigma_n(f)(x)\big)$ des moyennes arithmétiques converge aussi vers $l(x)$ d'après **3.b.**. D'après le résultat admis, $l(x) = f(x)$.

5. Puisque la suite u tend vers 0, elle est bornée et l'on peut donc poser

$$d_n = \sup_{k \geqslant n} u_k.$$

On a alors $u_n \leqslant d_n$. La suite d est manifestement décroissante. En outre, soit $\varepsilon > 0$. Il existe N tel que, pour $k \geqslant N$, $u_k \leqslant \varepsilon$. Par conséquent, si $n \geqslant N$, $0 \leqslant d_n \leqslant \varepsilon$, ce qui montre que d tend vers 0.

6. On a $|f_n(x)| \leqslant \frac{1}{n^2}$. La série $\{f_n\}$ converge donc normalement sur $[0,\pi]$. La convergence est par conséquent uniforme. Les f_n étant continues sur $[0,\pi]$, leur somme l'est aussi, ce qui permet bien de construire f répondant aux spécifications de l'énoncé.

On utilise [4].

7.a. Linéarisons l'expression sous le signe de l'intégrale :

$$\cos pt \sin(k+\frac{1}{2})t = \frac{1}{2}\Big(\sin(k+p+\frac{1}{2})t + \sin(k-p+\frac{1}{2})t\Big).$$

$\sin a \cos b = \frac{1}{2}(\sin(a+b)+\sin(a-b))$.

Intégrons entre 0 et π. On obtient, puisque ni $k+p+\frac{1}{2}$ ni $k-p+\frac{1}{2}$ ne peut être nul,

$$\begin{aligned} I_{p,k} &= -\frac{1}{2}\Big[\frac{\cos(k+p+\frac{1}{2})t}{k+p+\frac{1}{2}} + \frac{\cos(k-p+\frac{1}{2})t}{k-p+\frac{1}{2}}\Big]_0^\pi \\ &= \frac{1}{2}\Big(\frac{1}{k+p+\frac{1}{2}} + \frac{1}{k-p+\frac{1}{2}}\Big) = \frac{1}{2p+2k+1} + \frac{1}{2k+1-2p}. \end{aligned}$$

Le résultat du calcul est fourni sous une forme utilisable en **7.b.**

7.b. ▷ On a

$$\begin{aligned} T_{q,k} &= \sum_{p=0}^{q} \frac{1}{2p+2k+1} + \sum_{p=0}^{q} \frac{1}{2k+1-2p} \\ &= \sum_{p=0}^{q} \frac{1}{2k+2p+1} + \sum_{p=-q}^{0} \frac{1}{2k+1+2p} \end{aligned}$$

grâce au changement d'indice $p \leftarrow -p$ dans la seconde somme. Donc

$$T_{q,k} = \frac{1}{2k+1} + \sum_{p=-q}^{q} \frac{1}{2p+2k+1} = \frac{1}{2k+1} + \sum_{p=k-q}^{k+q} \frac{1}{2p+1}$$

grâce cette fois au changement d'indice $p \leftarrow p-k$. C'est l'expression demandée, un fois posé $c_k = \frac{1}{2k+1}$.

▷ Il est clair que $T_{q,k} \geqslant 0$ lorsque $k \geqslant q$. Si maintenant $k < q$, on peut écrire

$$\begin{aligned} T_{q,k} &= \frac{1}{2k+1} + \sum_{p=k-q}^{q-k-1} \frac{1}{2p+1} + \sum_{p=q-k}^{q+k} \frac{1}{2p+1} \\ &= \frac{1}{2k+1} + \sum_{p=q-k}^{q+k} \frac{1}{2p+1} \geqslant 0, \end{aligned}$$

puisque $\sum_{-q+k}^{q-k-1} \frac{1}{2p+1} = 0$ par annulation deux à deux des termes de la somme.

Comparaison d'une somme et d'une intégrale.

7.c. Puisque la fonction $t \mapsto \frac{1}{2t+1}$ décroît sur $\mathbb{R}$, on dispose de l'encadrement

$$\int_k^{k+1} \frac{dt}{2t+1} \leqslant \frac{1}{2k+1} \leqslant \int_{k-1}^{k} \frac{dt}{2t+1}$$

pour $k \geqslant 1$. Par somme,

$$\int_1^{N+1} \frac{dt}{2t+1} \leqslant \sum_{k=1}^{N} \frac{1}{2k+1} \leqslant \int_0^N \frac{dt}{2t+1},$$

donc

$$\frac{1}{2}(\ln(2N+3) - \ln 3) \leqslant \sum_{k=1}^{N} \frac{1}{2k+1} \leqslant \frac{1}{2}\ln(2N+1).$$

Comme $\ln(2N+3) \sim \ln N$, le membre de gauche équivaut $\frac{1}{2}\ln N$, et de même le membre de droite. Finalement,

$$\sum_{k=0}^{N} \frac{1}{2k+1} \sim \frac{1}{2}\ln N.$$

7.d. De l'égalité

$$T_{k,k} = \frac{1}{2k+1} + \sum_{j=0}^{2k} \frac{1}{2j+1},$$

et de **7.c** découlent les équivalences

$$T_{k,k} \sim \frac{1}{2}\ln 2k \sim \frac{1}{2}\ln k.$$

8. On a, par parité de f,

$$a_p(f) = \frac{2}{\pi}\int_0^{\pi} f(t)\cos pt\,dt = \frac{2}{\pi}\int_0^{\pi} \Big(\sum_{n=1}^{\infty} f_n(t)\Big)\cos pt\,dt.$$

En vertu de la majoration $|f_n(t)\cos pt| \leqslant \frac{1}{n^2}$, la série de fonctions $\{f_n(t)\cos pt\}$ converge normalement sur $[0,\pi]$. Par conséquent,

$$\begin{aligned} a_p(f) &= \frac{2}{\pi}\sum_{n=1}^{\infty}\int_0^{\pi} f_n(t)\cos pt\,dt \\ &= \frac{2}{\pi}\sum_{n=1}^{\infty}\frac{1}{n^2}\int_0^{\pi}\sin\Big[2^{n^3-1}+\frac{1}{2}\Big]t\cos pt\,dt = \frac{2}{\pi}\sum_{n=1}^{\infty}\frac{1}{n^2}I_{p,2^{n^3-1}}. \end{aligned}$$

9. On a

$$S_N(f)(0)=\frac{a_0(f)}{2}+\sum_{q=1}^{N}a_q(f)=-\frac{a_0(f)}{2}+\sum_{q=0}^{N}a_q(f)$$

$$=-\frac{a_0(f)}{2}+\sum_{q=0}^{N}\frac{2}{\pi}\sum_{n=1}^{\infty}\frac{1}{n^2}I_{q,2^{n^3-1}}$$

Somme finie de séries convergentes.

$$=-\frac{a_0(f)}{2}+\sum_{n=1}^{\infty}\frac{2}{\pi}\frac{1}{n^2}\sum_{q=0}^{N}I_{q,2^{n^3-1}}=-\frac{a_0(f)}{2}+\sum_{n=1}^{\infty}\frac{2}{\pi}\frac{1}{n^2}T_{N,2^{n^3-1}}.$$

Comme les $T_{q,k}$ sont positifs, on peut donc, pour tout n et pour tout N, minorer $S_N(f)(0)$:

$$S_N(f)(0)\geqslant -\frac{a_0(f)}{2}+\frac{2}{\pi n^2}T_{N,2^{n^3-1}}.$$

Si l'on applique cette minoration à $N=2^{n^3-1}$, on obtient

$$S_{2^{n^3-1}}(f)(0)\geqslant -\frac{a_0(f)}{2}+\frac{2}{\pi n^2}T_{2^{n^3-1},2^{n^3-1}},$$

comme souhaité.
Or, d'après **7.d**,

$$\frac{1}{n^2}T_{2^{n^3-1},2^{n^3-1}}\sim\frac{(n^3-1)\ln 2}{2n^2}$$

et donc $S_{2^{n^3-1}}(f)(0)$ tend vers $+\infty$. Il en résulte que la suite $(S_p(f)(0))$ ne converge pas.

10. ▷ La fonction f est continue sur $]0,1]$ et tend vers 0 en 0 puisque $f(x)=O(x)$. Donc f est continue sur $[0,1]$.

▷ On a, pour $1\leqslant k\leqslant n$,

$$f(x_k)=x_k\cos\pi(n+1-k)=(-1)^{n+k+1}x_k.$$

Par conséquent, pour $1\leqslant k\leqslant n-1$,

$$|f(x_{k+1})-f(x_k)|=x_{k+1}+x_k.$$

Il en résulte les minorations

$$V(\sigma,f)\geqslant\sum_{k=1}^{n-1}|f(x_{k+1})-f(x_k)|=$$

$$x_1+2x_2+\cdots+2x_{n-1}+x_n\geqslant x_1+x_2+\cdots+x_{n-1}+x_n=\sum_{j=1}^{n}\frac{1}{2j}.$$

La quantité minorante tend vers $+\infty$ lorsque n tend vers $+\infty$, comme somme partielle d'une série positive divergente. L'ensemble des $V(\sigma,f)$ n'est donc pas majoré lorsque σ décrit l'ensemble des subdivisions de $[0,1]$.

11.a. ▷ Supposons d'abord f croissante. Pour toute subdivision σ, on a donc

$$V(\sigma, f) = \sum_{i=0}^{n-1} \big(f(x_{i+1}) - f(x_i)\big) = f(x_n) - f(x_0) = f(b) - f(a).$$

Par conséquent, f est à variation bornée, de variation totale égale à $f(b) - f(a)$.

▷ Lorsque f est décroissante, la considération de $-f$ montre que f est à variation bornée, de variation totale égale à $f(a) - f(b)$.

▷ En résumé, la variation totale d'une fonction monotone est $|f(b) - f(a)|$.

11.b. D'après les relations

$$V(\sigma, f+g) = \sum_{i=0}^{n-1} |f(x_{i+1}) - f(x_i) + g(x_{i+1}) - g(x_i)| \leqslant$$
$$\sum_{i=0}^{n-1} |f(x_{i+1}) - f(x_i)| + \sum_{i=0}^{n-1} |g(x_{i+1}) - g(x_i)| =$$
$$V(\sigma, f) + V(\sigma, g) \leqslant V([a,b], f) + V([a,b], g),$$

on constate que la somme de deux fonctions à variation bornée est à variation bornée. C'est le cas en particulier pour la somme de deux fonctions monotones.

11.c. Si l'on note f' une fonction égale à la dérivée de f là où elle existe, et quelconque ailleurs, on sait que l'on a, pour x et y dans $[a,b]$,

$$f(x) - f(y) = \int_y^x f'.$$

Comme l'application f' est continue par morceaux, elle est bornée sur $[a,b]$, par M. Par conséquent, si $x \geqslant y$,

$$|f(x) - f(y)| \leqslant M(x-y).$$

Appliquée aux points d'une subdivision σ, cette majoration montre que

$$V(\sigma, f) = \sum_{i=0}^{n-1} |f(x_{i+1} - f(x_i)| \leqslant M \sum_{i=0}^{n-1} (x_{i+1} - x_i) = M(b-a).$$

Il en résulte que f est à variation bornée, de variation totale inférieure ou égale à $M(b-a)$.

12. Soit $\sigma' = (x_i)_{0 \leqslant i \leqslant n}$ une subdivision de $[a,\, c]$, $\sigma'' = (x_i)_{n \leqslant i \leqslant m}$ une subdivision de $[c,\, b]$ et σ la subdivision $(x_i)_{0 \leqslant i \leqslant n}$ de $[a,b]$. On a

$$\begin{aligned}V(\sigma',f)+V(\sigma'',f)&\\&=\sum_{i=0}^{n-1}|f(x_{i+1})-f(x_i)|+\sum_{i=n}^{m-1}|f(x_{i+1})-f(x_i)|\\&=\sum_{i=0}^{m}|f(x_{i+1})-f(x_i)|\leqslant V([a,b],f).\end{aligned}$$

Il en résulte, d'une part que la restriction de f à chacun des intervalles $[a,c]$ et $[c,b]$ est à variation bornée, d'autre part que, par passage au supremum sur toutes les subdivisions σ' de $[a,c]$, σ'' étant fixée,

$$V([a,c],f)+V(\sigma'',f)\leqslant V([a,b],f).$$

Par un nouveau passage au supremum sur toutes les subdivisions σ'' de $[c,b]$, on obtient

$$V([a,c],f)+V([c,b],f)\leqslant V([a,b],f).$$

13.a. Si $t\in[x_{k-1},x_k]$, $|f(t)-f(x_k)|\leqslant V_k(f)$. Par conséquent,

$$\Big|\sum_{k=1}^{|n|N}\int_{x_{k-1}}^{x_k}\big(f(t)-f(x_k)\big)e^{-int}\,dt\Big|\leqslant$$
$$\sum_{k=1}^{|n|N}\int_{x_{k-1}}^{x_k}\big|f(t)-f(x_k)\big|\,dt\leqslant\sum_{k=1}^{|n|N}V_k(f)(x_k-x_{k-1}).$$

13.b. On calcule

$$f(x_k)\int_{x_{k-1}}^{x_k}e^{-int}\,dt=\frac{f(x_k)}{in}\big(e^{-inx_{k-1}}-e^{-inx_k}\big).$$

Posons $y_k=e^{-inx_k}$. Par somme, on obtient

$$\begin{aligned}\sum_{k=1}^{|n|N}f(x_k)\int_{x_{k-1}}^{x_k}e^{-int}\,dt&=\frac{1}{in}\sum_{k=1}^{|n|N}f(x_k)(y_{k-1}-y_k)\\&=\frac{1}{in}\sum_{k=1}^{|n|N}f(x_k)y_{k-1}-\frac{1}{in}\sum_{k=1}^{|n|N}f(x_k)y_k\\&=\frac{1}{in}\sum_{k=0}^{|n|N-1}f(x_{k+1})y_k-\frac{1}{in}\sum_{k=1}^{|n|N}f(x_k)y_k\end{aligned}$$

grâce au changement d'indice $k\leftarrow k+1$ dans la première somme de l'avant-dernier membre. Si l'on regroupe les deux sommes, en mettant deux termes aberrants à part, on obtient

$$\sum_{k=1}^{|n|N}f(x_k)\int_{x_{k-1}}^{x_k}e^{-int}\,dt$$
$$=\frac{1}{in}\Big(f(x_0)y_0-f(x_{|n|N})y_{|n|N}+\sum_{k=0}^{|n|N-1}\big(f(x_{k+1}-f(x_k)\big)y_k\Big).$$

Mais $x_0 = 0$ et $x_{|n|N} = 2\pi$. Comme f est 2π-périodique, ainsi que $t \mapsto e^{int}$, il vient

$$\sum_{k=1}^{|n|N} f(x_k) \int_{x_{k-1}}^{x_k} e^{-int}\,dt = \frac{1}{in} \sum_{k=0}^{|n|N-1} \big(f(x_{k+1} - f(x_k)\big) y_k.$$

Prenons le module. Comme les y_k sont de module 1, il vient

$$\Big|\sum_{k=1}^{|n|N} f(x_k) \int_{x_{k-1}}^{x_k} e^{-int}\,dt\Big| \leqslant \frac{1}{|n|} V([0, 2\pi], f).$$

13.c. Par application de l'inégalité triangulaire et utilisation de **13.a** et de **13.b**, on obtient

$$\Big|\sum_{k=1}^{|n|N} \int_{x_{k-1}}^{x_k} f(t) e^{-int}\,dt\Big| \leqslant \frac{1}{|n|} V([0, 2\pi], f) + \sum_{k=1}^{|n|N} V_k(f)(x_k - x_{k-1}).$$

Comme $\displaystyle\sum_{k=1}^{|n|N} V_k(f) \leqslant V([0, 2\pi], f)$ d'après **12** et que, d'autre part, $x_k - x_{k-1} = \dfrac{2\pi}{|n|N}$, il découle de la majoration précédente que

$$\Big|\int_0^{2\pi} f(t) e^{-int}\,dt\Big| = \Big|\sum_{k=1}^{|n|N} \int_{x_{k-1}}^{x_k} f(t) e^{-int}\,dt\Big| \leqslant \frac{1}{|n|} V([0, 2\pi], f) + \frac{2\pi}{|n|N} V([0, 2\pi], f).$$

Faisant tendre N vers ∞, il vient, après division par 2π,

$$|c_n(f)| = \frac{1}{2\pi}\Big|\int_0^{2\pi} f(t) e^{-int}\,dt\Big| \leqslant \frac{1}{2\pi|n|} V([0, 2\pi], f).$$

14.a. On calcule

$$\begin{aligned}
&k(S_n - L) - (n+k)(\sigma_{n+k-1} - L) + n(\sigma_{n-1} - L)\\
&\quad= kS_n - (S_0 + S_1 + \cdots + S_{n+k-1}) + (S_0 + S_1 + \cdots + S_{n-1})\\
&\quad= kS_n - (S_n + S_{n+1} + \cdots + S_{n+k-1})\\
&\quad= (S_n - S_{n+1}) + \cdots + (S_n - S_{n+k-1})\\
&\quad= -\Big(u_{n+1} + (u_{n+1} + u_{n+2}) + \cdots + (u_{n+1} \cdots + u_{n+k-1})\Big)\\
&\quad= -\Big((k-1)u_{n+1} + (k-2)u_{n+2} + \cdots + u_{n+k-1}\Big).
\end{aligned}$$

14.b. Bornons le dernier terme des égalités du **14.a** :

$$|(k-1)u_{n+1} + (k-2)u_{n+2} + \cdots + u_{n+k-1}| \leqslant$$
$$A(\frac{k-1}{n+2} + \cdots + \frac{1}{n+k}) \leqslant \frac{A}{n+2}\frac{(k-1)k}{2}.$$

$1+2+\cdots+p = \frac{p(p+1)}{2}$.

Par conséquent,

$$k|S_n - L| \leqslant (n+k)|\sigma_{n+k-1} - L| + n|\sigma_{n-1} - L| + \frac{A}{n+2}\frac{(k-1)k}{2}.$$

Il en résulte

$$k|S_n - L| \leqslant (n+k)d_{n+k-1} + nd_{n-1} + \frac{A}{n+2}\frac{(k-1)k}{2} \leqslant$$
$$(2n+k)d_{n-1} + \frac{A}{n+2}\frac{(k-1)k}{2}$$

puisque la suite (d_n) décroît. L'inégalité demandée en découle, à l'aide d'une division par k.

14.c. Majorons $\frac{2n}{k}$ par $\frac{1}{\sqrt{d_{n-1}}}$, et $\frac{k-1}{2(n+2)}$ par $\frac{k-1}{2n}$, puis par par $\sqrt{d_{n-1}}$. Il vient alors

$$|S_n - L| \leqslant d_{n-1} + (1+A)\sqrt{d_{n-1}}.$$

Comme (d_n) tend vers 0, (S_n) tend vers L.

15. Soit x dans $[0, 2\pi]$.
On fait jouer à $a_n(f)\cos nx + b_n(f)\sin nx$ le rôle de u_n (on pose $u_0 = \frac{a_0(f)}{2}$), à $S_n(f)(x)$ le rôle de S_n et à $\sigma_n(f)(x)$ le rôle de σ_n. D'après le théorème de Fejér, la suite $(\sigma_n(f))$ converge uniformément vers f, donc $\big(\|\sigma_n(f) - f\|_\infty\big)$ tend vers 0. Il existe d'après **5** une suite (d_n), décroissante, tendant vers 0 et majorant la suite précédente.
D'après la question **13**, il existe une constante C, égale à $\frac{V([0,2\pi],f)}{2\pi}$, telle que $|c_n(f)| \leqslant \frac{C}{|n|}$ pour n non nul. Par conséquent, pour $n \geqslant 1$,

$$|a_n(f)| = |c_n(f) + c_{-n}(f)| \leqslant \frac{2C}{n}$$

et l'on dispose d'une majoration identique pour $|b_n(f)|$.
Ainsi, pour $n \geqslant 1$,

$$|a_n(f)\cos nx + b_n(f)\sin nx| \leqslant |a_n(f)| + |b_n(f)| \leqslant \frac{4C}{n} \leqslant \frac{8C}{n+1}.$$

En prenant $A = \max(8C, |a_0(f)|)$, on constate que la suite (u_n) satisfait aux conditions de la question **14**. On en déduit

$$|S_n(f)(x) - f(x)| \leqslant d_{n-1} + (1+A)\sqrt{d_{n-1}}.$$

Ceci étant vérifié pour tout x dans $[0, 2\pi]$, donc dans $\mathbb{R}$, on a montré que

$$\|S_n(f) - f\|_\infty \leqslant d_{n-1} + (1+A)\sqrt{d_{n-1}}.$$

Ceci entraîne la convergence uniforme de $(S_n(f))$ vers f sur $\mathbb{R}$.

16. ▷ La fonction φ, qui est continue sur $\mathbb{R}$ par construction, et qui est croissante sur $[0,\pi]$, est à variation bornée sur ce segment. De même, étant décroissante sur $[\pi,2\pi]$, elle est à variation bornée sur $[\pi,2\pi]$.
Soit à présent une subdivision $(x_i)_{0\leqslant i\leqslant n}$ de $[0,2\pi]$. Puisque la variation selon une subdivision ne diminue pas si l'on ajoute un point à cette subdivision, on peut supposer que $\pi = x_p$ pour majorer $V(\sigma,[0,2\pi])$. Si l'on note σ' la subdivision $(x_i)_{0\leqslant i\leqslant p}$ de $[0,\pi]$ et σ'' la subdivision $(x_i)_{p\leqslant i\leqslant n}$ de $[\pi,2\pi]$, on a

$$V(\sigma,\varphi) = V(\sigma',\varphi) + V(\sigma'',\varphi) \leqslant V([0,\pi],\varphi) + V([\pi,2\pi],\varphi).$$

Comme somme de deux fonctions à variation bornée, φ est à variation bornée sur $[0,2\pi]$ d'après ce qui a été démontré dans la question **11.b**. Il résulte de la question **15** que la série de Fourier de φ converge uniformément sur $\mathbb{R}$ vers φ.

17. Il suffit là encore de montrer que f est à variation bornée, puisque l'on sait qu'étant lipschitzienne, elle est continue. Or, si A est une constante de Lipschitz pour f et σ une subdivision de $[0,2\pi]$,

$$V(\sigma,f) = \sum_{i=0}^{n-1} |f(x_{i+1}) - f(x_i)| \leqslant A \sum_{i=0}^{n-1} (x_{i+1} - x_i) = 2\pi A.$$

Indications

1.a. On prendra garde au fait que f n'est pas supposée normalisée.

7.b. Exprimer $T_{q,k}$ comme somme de deux sommes, poser $j = p + k$ dans l'une et $j = k - p$ dans l'autre.

13.b. Calculer $\int_{x_{k-1}}^{x_k} e^{-int}\, dt$, scinder la somme sous le module, changer d'indice et regrouper.

13.c. Utiliser **13.a** et **13.b**, puis faire tendre N vers ∞ dans la majoration obtenue.

14.b. Exprimer $k(S_n - L)$ à l'aide de σ_{n-1}, σ_{n+k-1} et des termes de la suite u donnés par **14.a**, prendre les valeurs absolues et majorer les $|u_i|$ par $\frac{A}{i+1}$.

Commentaires

Ce problème est entièrement consacré aux séries de Fourier, et relève plutôt de l'analyse « fine » réelle que de l'analyse fonctionnelle. Il est assez long pour donner du travail au candidat pendant quatre heures, d'autant qu'une ou deux questions, sans être difficiles, méritent d'être l'objet d'une peu de réflexion. Il ne suppose pas de maîtrise approfondie du cours sur les séries de Fourier, mais simplement la connaissance du théorème de

Dirichlet dans ses deux versions au programme des classes préparatoires, ou plutôt de l'une d'entre elles seulement puisque l'autre, chose curieuse, est donnée par l'énoncé lui-même !

L'essentiel du problème est consacré à une étude de conditions suffisantes pour que les sommes de Fourier d'une fonction continue et périodique convergent vers cette fonction. Bien entendu, dans toute sa généralité, ce problème est extrêmement difficile et, d'ailleurs, il ne serait pas exact d'affirmer qu'il est bien résolu à l'heure actuelle ni même, probablement, bien posé. L'épreuve n'a pas cette ambition. Elle se contente, après avoir admis le théorème de Fejér (partie **I**), de montrer par un contre-exemple que les sommes de Fourier d'une fonction continue peuvent diverger en un point au moins (partie **II**) puis, dans la partie **III**, d'introduire la notion de fonction à variation bornée et de montrer, dans ce cas, grâce à un théorème de style « taubérien » (nous préciserons le sens de cet adjectif dans la question **14**), que les sommes de Fourier convergent, et même uniformément, vers la fonction.

La question **1.a** demande justement de citer le théorème de convergence simple de Dirichlet dans le cas où la fonction, de classe $\mathcal{C}^1$ par morceaux, n'est par ailleurs que continue par morceaux. Comme elle n'est pas supposée normalisée, il faut prendre garde au fait que les sommes de Fourier tendent alors vers $\frac{f(x+0)+f(x-0)}{2}$, valeur qui coïncide cependant avec $f(x)$ en les points de continuité (et peut-être d'autres). Cette petite difficulté doit être à nouveau prise en compte dans la question **1.b** suivante, qui est posée d'ailleurs de façon un peu curieuse et qui semble, avec son « pourrait-elle ? », attendre une réponse négative. Le corrigé proposé ne répond pas seulement « oui », mais donne par sécurité une condition nécessaire et suffisante pour que, sans conditionnel hypothétique, la réponse soit « oui ».

La question **3** fait démontrer le fort classique théorème de Cesàro qui n'apparaît ici, à juste titre, que comme un cas particulier du théorème de sommation des o. Dans la question **4**, on fait admettre le théorème de Léopold Fejér (un théorème qui date de 1900 et qui redonna un coup de fouet à la théorie des séries de Fourier), théorème qui affirme que la moyenne arithmétique des sommes de Fourier converge uniformément vers la fonction, lorsque cette dernière est supposée continue. Pour l'instant, l'énoncé n'en fait tirer que la conclusion suivante : si la suite $\big(S_n f(x)\big)$ converge, ce ne peut être que vers $f(x)$. C'est un résultat intéressant, car il signale que l'on ne peut pas espérer construire une fonction continue qui ne soit pas la limite simple de ses sommes de Fourier sans faire en sorte que la suite de ces sommes diverge : c'est ce que va faire la partie **II**. On peut tirer une autre conséquence du théorème de Fejér : c'est que $\big(S_n f)(x)\big)$ ne peut pas tendre vers $+\infty$ lorsque f est continue. En attendant, la question **5** consiste en un exercice simple et à la conclusion parfois utile (justement dans la situation traitée en **III**).

La partie **II** est donc consacrée à la construction d'une fonction continue dont la série de Fourier diverge en un point. Pour obtenir ce seul résultat, on doit fournir quelques efforts (moindres pour le candidat que pour du Bois-Reymond qui le premier, en 1873, a construit un tel contre-exemple). En réalité, il existe une méthode, plus conceptuelle, qui permet de montrer que, pour presque toute (en un certain sens) fonction continue, $(S_n f(x))$ diverge pour un grand nombre de valeurs de x. La démonstration n'est pas exagérément difficile et s'appuie sur le théorème de Baire. Construire une exemple explicite est néanmoins intéressant, car on se rend compte qu'il est nécessaire pour cela de considérer une superposition de sinusoïdes ayant une pulsation croissant très vite vers $+\infty$, ce que l'on appelle série trigonométrique lacunaire. Carleson a montré en 1966 que les sommes de Fourier d'une fonction continue ne peuvent pas diverger en tout point, répondant ainsi au résultat de Kolmogorov (1926) énonçant que certaines fonctions intégrables au sens de Lebesgue (mais très discontinues) ont des sommes de Fourier partout divergentes.

La partie **III** fait étudier les fonctions à variation bornée. Ce sont celles dont la somme des oscillations dans un segment reste bornée. On peut donc dire qu'elles ont de faibles oscillations, au contraire de la fonction du **II** par exemple. Pour être plus précis, elles ont peut-être de fortes oscillations, mais alors peu nombreuses. On va constater que c'est une hypothèse convenable pour assurer la convergence uniforme des sommes de Fourier vers la fonction : ce résultat est connu sous le nom de théorème de Dirichlet-Jordan mais est démontré dans ce problème par une méthode due à Hardy.

On commence par faire étudier quelques exemples de fonctions à variation bornée, notamment les fonctions monotones. Cet exemple est intéressant car, réciproquement, on peut voir que toute fonction à variation bornée et à valeurs réelles est différence de deux fonctions croissantes. Il faut d'abord montrer le résultat complet de la question **12**, à savoir l'égalité

$$V([a,c],f) + V([c,b],f) = V([a,b],f).$$

qui est une relation de Chasles. Il est d'ailleurs préférable d'introduite une variation algébrique $V_a^b(f)$ en la définissant comme $V([a,b],f)$ lorsque $a < b$, $-V([b,a],f)$ lorsque $a > b$ et 0 lorsque $a = b$. On obtient alors une relation de Chasles tout à fait générale.

L'inégalité manquante se démontre simplement en partant d'une subdivision de $[a,b]$ et en créant une subdivision de $[a,c]$ et une subdivision de $[c,b]$ par adjonction du point c. On passe ensuite au supremum dans l'inégalité obtenue. Il faut noter que cette égalité est en fait démontrée dans le corrigé de la question **16.**

Si donc f est à variation bornée sur $[a,b]$, on pose $g(x) = V([a,x],f)$. Il est clair que g est croissante. Si $h = f - g$, on constate aussi que h est décroissante car, pour $a \leqslant x \leqslant y$,

$$h(x) - h(y) = V([a,y],f) - V([a,x],f) + f(x) - f(y) = \\ V([x,y],f) + f(x) - f(y) \geqslant 0.$$

Donc $f = g+h$ est la somme d'une fonction croissante et d'une fonction décroissante. Mais il y a plus : g et h sont continues lorsque f l'est. Il suffit bien entendu de montrer que g est continue. Soit a un réel et $\varepsilon > 0$. Il existe b tel que, si $x \in [a,b]$, $|f(x) - f(a)| \leqslant \varepsilon$. Soit V la variation totale de f dans $[a,b]$. Il existe une subdivision $\sigma = (x_i)_{0\leqslant i\leqslant n}$ de ce segment telle que $V(\sigma,f) \geqslant V - \varepsilon$. Soit $\sigma' = (x_i)_{1\leqslant i\leqslant n}$. Puisque $x_1 \in [a,b]$, $V(\sigma',f) \geqslant V - 2\varepsilon$. Soit maintenant σ'' une subdivision quelconque de $[a,x_1]$. On a

$$V(\sigma',f) + V(\sigma'',f) \leqslant V,$$

puisque $\sigma' \cup \sigma''$ est une subdivision de $[a,b]$. Donc

$$V(\sigma'',f) \leqslant V - V(\sigma',f) \leqslant 2\varepsilon.$$

Par passage au supremum, il en résulte que $V([a,x_1],f) \leqslant 2\varepsilon$. Finalement, on a montré que $x \mapsto V([a,x])$ est continue à droite en a. On montrerait de même la continuité à gauche. La continuité en un point c quelconque résulte de l'égalité

$$V([a,x],f) = V([a,c],f) + V([c,x],f).$$

On aurait donc pu, dans la suite du problème, et quitte à considérer les parties réelle et imaginaire de f, supposer f croissante. Cependant, la méthode utilisée dans la question **13** n'en aurait pas été notablement simplifiée.

La question **13** fait montrer que les coefficients de Fourier d'une fonction à variation bornée sont $O(\frac{1}{n})$. C'est cette petitesse des coefficients de Fourier qui permettra de montrer le résultat espéré. D'ailleurs, à ce stade, la continuité de f n'est pas utilisée. En revanche, sa 2π-périodicité l'est. Comme on peut toujours modifier en un point une fonction définie sur $[a,b]$ de façon à pouvoir la prolonger en une fonction $(b-a)$-périodique sur $\mathbb{R}$, on peut affirmer que, pour toute fonction f à variation bornée sur $[a,b]$,

$$\left|\int_a^b f(t)e^{-int}\,dt\right| \leqslant \frac{V([a,b],f) + |f(b) - f(a)|}{(b-a)|n|}.$$

On a ainsi une meilleure idée des hypothèses utilisées.

L'énoncé fait introduire un N qui paraît superflu. Il n'est là que pour améliorer la constante qui figure dans le $O(\frac{1}{n})$, qui est ainsi divisée par 2.

La question **13.b** contient en réalité une transformation d'Abel larvée, qui figure ici sous forme de la scission d'une somme, d'un réindexation et d'un regroupement final.

La question **14** traite le problème suivant : supposant que la moyenne des (S_n) converge, peut-on en déduire qu'elle converge au sens usuel ? La réponse, bien évidemment, est « non » en général puisque le théorème de Cesàro n'admet pas de réciproque aussi brutale. En revanche, une hypothèse supplémentaire sur le terme général de la série (sa petitesse) permet de répondre « oui ». Cette problématique intervient fréquemment dans l'analyse des rapports logiques que nouent les procédés de sommation. On appelle « procédé de sommation » un procédé qui permet d'attribuer à une série une « somme », quand bien même la série divergerait au regard de la définition usuelle de la convergence. Il faut bien comprendre que cette dernière définition, si elle nous paraît naturelle, ne l'est dans une large mesure que par l'usage, et que l'on pourrait définir la somme d'une série par d'autres moyens. Par exemple, considérons la série divergente $\{(-1)^n\}$. Lorsque l'on calcule ses sommes partielles, on obtient alternativement 1 et 0. Il n'est donc pas absurde de lui attribuer pour somme la valeur $\frac{1}{2}$. D'autre part, lorsque l'on calcule $\sum\limits_{n=0}^{+\infty}(-1)^n x^n$ pour $|x|<1$, on obtient $\frac{1}{1+x}$, et lorsque l'on évalue cette dernière expression en $x=1$, on obtient à nouveau $\frac{1}{2}$. Voici deux exemples de procédés de sommation. Le premier est le procédé de Cesàro, le second le procédé d'Abel. Ils sont tous deux consistants avec la sommation usuelle : si la série $\{u_n\}$ converge et a pour somme S au sens usuel, alors chacun des deux procédés somme effectivement la série, avec la même « somme » S. Ces consistances sont des théorèmes de type « abélien ». Ils sont d'ailleurs aisés à démontrer.

Une réciproque nécessite une hypothèse supplémentaire. Par exemple, on peut démontrer assez facilement que, si $\{u_n\}$ peut être sommée par le procédé d'Abel et si $u_n = o\left(\frac{1}{n}\right)$, alors $\{u_n\}$ converge au sens usuel (avec la même somme). C'est le théorème « historique » de Tauber, et il a donné son nom à toute une série de théorèmes qui, partant de l'hypothèse qu'une série est sommable selon un procédé de sommation, et lui en adjoignant une autre, affirment que la série est sommable au sens usuel.

Dans le cas présent, les calculs paraissent magiques et d'ailleurs ils le sont un peu. On peut cependant les éclairer en présentant la démonstration de façon plus simple. Pour $\varepsilon > 0$, on a

$$\frac{1}{n}\sum_{n\leqslant k\leqslant n+n\varepsilon} S_k = \frac{1}{n}\sum_{k\leqslant n(1+\varepsilon)} S_k - \frac{1}{n}\sum_{k\leqslant n} S_k \to \varepsilon L$$

et donc, pour n assez grand,

$$\left|\frac{1}{n\varepsilon}\sum_{n\leqslant k\leqslant n+n\varepsilon} S_k - L\right| \leqslant \varepsilon.$$

D'autre part, si $n \leqslant k \leqslant n + n\varepsilon$, l'hypothèse de majoration des $|u_k|$ fournit $|S_k - S_n| = |\sum_{j=n+1}^{k} u_j| \leqslant A\frac{k-n}{n} \leqslant A\varepsilon$. Par conséquent,

$$\left|\frac{1}{n\varepsilon} \sum_{n\leqslant k\leqslant n+n\varepsilon} S_k - S_n\right| \leqslant A\varepsilon.$$

Il en résulte que, pour n assez grand, $|S_n - L| \leqslant (A+1)\varepsilon$. En réalité, les calculs ci-dessus ne sont pas tout à fait exacts, car on les a effectués comme si $n\varepsilon$ était un entier. Il faut ajouter de ci de là des parties entières.

Le lecteur intéressé pourra trouver dans le livre de J.-P. Kahane et P. G. Lemarié-Rieusset, *Séries de Fourier et ondelettes*, Éd. Cassini, de nombreux renseignements, tant historiques que mathématiques, sur les thèmes abordés par le problème.

Les trois dernières questions sont faciles et d'ailleurs assez mal placées dans le problème. Néanmoins, dans la question **16**, il est vain de chercher à exprimer φ comme différence de deux fonctions à la fois périodiques et monotones, nonobstant le commentaire portant sur la question **11.a**. En effet, les fonctions qui sont à la fois monotones et périodiques sont constantes. En revanche, la « relation de Chasles » sur la variation, citée par l'énoncé dans la question **12**, est le plus court chemin pour montrer que φ est à variation bornée. C'est d'autre part un exercice assez facile que de montrer directement que ses coefficients de Fourier sont $O(\frac{1}{n})$: il suffit d'intégrer par parties.

Ce problème est globalement intéressant, ses défauts de rédaction sont minimes (malgré parfois un manque d'homogénéité dans les exemples et les commentaires de l'énoncé) et la variété des questions devait permettre au candidat de travailler pendant quatre heures sans avoir l'impression de tourner en rond. Cependant, il n'est pas absurde de penser que la relative finesse de certaines questions a pu dérouter un grand nombre de candidats.

Théorèmes utilisés

[1] Théorème de Dirichlet. Soit f une fonction complexe T-périodique et de classe $\mathcal{C}^1$ par morceaux sur $\mathbb{R}$. La suite des sommes de Fourier de f converge simplement vers la fonction $x \mapsto \frac{f(x+0)+f(x-0)}{2}$. Cette valeur est égale à $f(x)$ en tout point de continuité de f.

[2] Soit (f_n) une suite uniformément convergente de fonctions de X dans Y et $a \in X$. Si chacune des f_n est continue en a, la limite de la suite (f_n) est aussi continue en a.

[3] Sommation des équivalents dans une somme partielle. Si (u_n) et (v_n) sont deux suites réelles dont l'une est positive à partir d'un certain indice, si $u_n \sim v_n$, si $\{u_n\}$ diverge, alors

$$\sum_{k=0}^{n} u_k \sim \sum_{k=0}^{n} v_k.$$

[**4**] Soit $\{u_n\}$ une série uniformément convergente de fonctions de X dans l'espace vectoriel normé E et $a \in X$. Si chacune des u_n est continue en a, $\sum\limits_{n=0}^{+\infty} u_n$ est aussi continue en a.

Concours communs polytechniques 2004. Deuxième épreuve

SESSION 2004

CONCOURS COMMUNS POLYTECHNIQUES

ÉPREUVE SPÉCIFIQUE - FILIÈRE MP

MATHÉMATIQUES 2

Durée : 4 heures

Les calculatrices ***sont interdites.***

***

N.B. : Le candidat attachera la plus grande importance à la clarté, à la précision et à la concision de la rédaction.
Si un candidat est amené à repérer ce qui peut lui sembler être une erreur d'énoncé, il le signalera sur sa copie et devra poursuivre sa composition en expliquant les raisons des initiatives qu'il a été amené à prendre.

Fonctions de matrices

Notations

1. Les $\mathbb{R}$-algèbres suivantes sont considérées au cours de ce texte :

▷ L'algèbre $M_n(\mathbb{R})$ des matrices carrées réelles d'ordre n.

▷ Si I est un intervalle de $\mathbb{R}$, d'intérieur non vide, on note C_I^∞ l'algèbre commutative des fonctions de classe $\mathcal{C}^\infty$ de I dans $\mathbb{R}$.

▷ L'algèbre des fonctions polynomiales de I dans $\mathbb{R}$ est usuellement identifiée à l'algèbre $\mathbb{R}[X]$.

2. On y rencontre aussi les $\mathbb{R}$-espaces vectoriels suivants :

▷ L'espace des colonnes réelles à n lignes noté $M_{n,1}(\mathbb{R})$.

▷ L'espace $\mathbb{R}_N[X] = \{P \in \mathbb{R}[X] / \text{degP} \leqslant N\}$, où $N \in \mathbb{N}$.

3. Les notions de convergence dans $M_{n,1}(\mathbb{R})$ et $M_n(\mathbb{R})$ sont relatives aux normes respectives :

▷ $\|X\|_\infty = \underset{1\leqslant k\leqslant n}{\text{Max}} |x_k|$, si $X = {}^t[x_1, \ldots, x_n]$.

▷ $\|M\| = n \underset{1\leqslant i,j\leqslant n}{\text{Max}} |m_{i,j}|$, si $M = [m_{i,j}]_{\substack{1\leqslant i\leqslant n,\\ 1\leqslant j\leqslant n}}$.

Objectifs du problème

Lorsque $P \in \mathbb{R}[X]$ et $A \in M_n(\mathbb{R})$, on sait donner un sens à la matrice $P(A)$ et l'on maîtrise bien le calcul polynomial sur A qui en résulte. En particulier, si M est une matrice de $M_n(\mathbb{R})$, on appelle POLYNÔME MINIMAL de M le polynôme unitaire P de plus bas degré tel que $P(M) = 0$; il est immédiat (et on l'admettra) qu'il s'agit du polynôme minimal de l'endomorphisme u de $\mathbb{R}^n$ dont M est la matrice dans la base canonique de $\mathbb{R}^n$.

Dans un premier temps, ce texte propose de donner un sens à la matrice $f(A)$ POUR TOUTE FONCTION f DE CLASSE $\mathcal{C}^\infty$, et cela moyennant des hypothèses convenables sur la matrice A. Autrement dit, on apprend à maîtriser un certain calcul fonctionnel sur A.
Dans un second temps, on exploite ces résultats pour résoudre un système différentiel linéaire.

Notations fixées pour tout le problème

▷ On considère une matrice A de $M_n(\mathbb{R})$ et l'on SUPPOSE que son polynôme minimal Π_A peut être écrit sous la forme : $\Pi_A(X) = (X - \lambda_1)^{m_1} \ldots (X - \lambda_r)^{m_r}$ avec : $r \geqslant 1$; les λ_j sont des RÉELS distincts ; les m_j sont dans $\mathbb{N}^*$. On note alors $m = \sum_{1\leqslant j\leqslant r} m_j$ le degré de Π_A.

▷ On considère aussi un intervalle I de $\mathbb{R}$, d'intérieur non vide et contenant tous les λ_j.

La matrice A et l'intervalle I sont particularisés dans les divers exemples traités au cours du problème.

Préliminaires

1. Établir que pour X dans $M_{n,1}(\mathbb{R})$ et M dans $M_n(\mathbb{R})$, on a :
$$\|MX\|_\infty \leqslant \|M\|\|X\|_\infty.$$

2. Soit $\mathcal{M}$ un sous-espace vectoriel de dimension $d \geqslant 1$ de $M_n(\mathbb{R})$, et soit $\beta = (B_1, \ldots, B_d)$ une base de $\mathcal{M}$.

a) Montrer que l'on définit une norme $\mathcal{N}$ sur $\mathcal{M}$ en posant $\mathcal{N}(M) = \underset{1\leqslant k\leqslant d}{\text{Max}} |x_k|$, si $M = \sum_{1\leqslant k\leqslant d} x_k B_k$ est la décomposition de l'élément M de $\mathcal{M}$ sur la base β.

b) Justifier l'existence de constantes réelles strictement positives a et b vérifiant :
$$\forall M \in \mathcal{M},\ a\|M\| \leqslant \mathcal{N}(M) \leqslant b\|M\|.$$

c) Soit $(M_p)_{p\in\mathbb{N}}$ une suite d'éléments de $\mathcal{M}$; on note $M_p = \sum_{1\leqslant k\leqslant d} x_p(k)B_k$ la décomposition de M_p sur β. Montrer que la suite $(M_p)_{p\in\mathbb{N}}$ converge vers 0 dans $(M_n(\mathbb{R}), \|\ \|)$ si et seulement si CHAQUE SUITE RÉELLE $(x_p(k))_{p\in\mathbb{N}}$ $(k=1,\ldots,d)$ converge vers 0.

I - Une relation d'équivalence sur C_I^∞

On convient de dire que des fonctions f et g de C_I^∞ « coïncident sur le spectre de A » lorsque : $\forall j \in \{1,\ldots,r\}$, $\forall k \in \{0,\ldots,m_j-1\}$, $f^{(k)}(\lambda_j) = g^{(k)}(\lambda_j)$. Ce que l'on résume par la notation $f \underset{A}{\equiv} g$.
Un exemple : si $\Pi_A(X) = X^2(X+1)$, la notation $f \underset{A}{\equiv} g$ signifie que $f(0) = g(0)$, $f'(0) = g'(0)$ et $f(-1) = g(-1)$.

3. Soient ℓ dans $\mathbb{N}^*$, λ dans I et f dans C_I^∞ vérifiant : $f^{(k)}(\lambda) = 0$ pour $k = 0, 1, 2, \ldots, \ell-1$.

a) Établir l'identité : $\forall x \in I,\ f(x) = \int_\lambda^x \frac{(x-u)^{\ell-1}}{(\ell-1)!} f^{(\ell)}(u)\,du$.

b) En déduire à l'aide d'un changement de variable, l'existence d'une fonction h vérifiant :

(1) $\forall x \in I,\ f(x) = (x-\lambda)^\ell h(x)$;

(2) $h \in C_I^\infty$.

4. Soient f et g dans C_I^∞.

a) On suppose : $\exists h \in C_I^\infty,\ f = g + h\Pi_A$.
En considérant les dérivées successives de $f-g$, établir que $f \underset{A}{\equiv} g$.

b) On suppose $f \underset{A}{\equiv} g$; en exploitant le **3**, justifier l'existence de h dans C_I^∞ vérifiant : $f = g + h\Pi_A$.

5. Soient P et Q dans $\mathbb{R}[X]$; prouver que les conditions suivantes sont équivalentes :

(1) $P \underset{A}{\equiv} Q$;

(2) $\exists H \in \mathbb{R}[X],\ P = Q + H\Pi_A$.

II - Définition de la matrice $f(A)$

A. On considère l'application φ de $\mathbb{R}_{m-1}[X]$ vers $\mathbb{R}^m$ qui associe à un polynôme P le m-uplet :

$$\varphi(P) = \Big(\big(P^{(k_1)}(\lambda_1)\big)_{0\leqslant k_1\leqslant m_1-1}, \ldots, \big(P^{(k_r)}(\lambda_r)\big)_{0\leqslant k_r\leqslant m_r-1} \Big).$$

6. Établir le caractère bijectif de φ.

7. Soit f dans C_I^∞ ; justifier l'existence d'un et d'un seul polynôme P_f de $\mathbb{R}[X]$, de degré inférieur ou égal à $(m-1)$ et tel que : $f \underset{A}{\equiv} P_f$. On convient alors de DÉFINIR la matrice $f(A)$ en posant : $f(A) = P_f(A)$.

B. Quelques exemples

8. On suppose ici que f est polynomiale et l'on écrit :
$\forall x \in I,\ f(x) = \sum\limits_{k=0}^{N} a_k x^k$.
En effectuant une division euclidienne, montrer qu'avec la définition de la question **7**, on obtient le résultat naturel : $f(A) = \sum\limits_{k=0}^{N} a_k A^k$.

9. ICI : $A = \begin{bmatrix} 5 & -4 \\ 4 & -3 \end{bmatrix} \in M_2(\mathbb{R})$ et $I = \mathbb{R}$.

a) Calculer $\Pi_A(X)$.
b) Calculer la matrice $f(A)$ dans chacun des cas suivants :
(1) $f(x) = ax + b$, les réels a et b étant donnés.
(2) $f(x) = \sin(\pi x)$.
(3) $f(x) = (x-1)^2 g(x)$, où la fonction g est donnée dans C_I^∞.

III - Le calcul systématique de $f(A)$

A. Une formule générale

10. En exploitant l'isomorphisme linéaire φ du **II.A**, justifier l'existence et l'unicité de polynômes $Q_{j,k}$ $\big(1 \leqslant j \leqslant r, 0 \leqslant k \leqslant m_j - 1\big)$ vérifiant : pour TOUTE fonction f de C_I^∞, on a : $P_f = \sum\limits_{1 \leqslant j \leqslant r} \ \sum\limits_{0 \leqslant k \leqslant m_j - 1} f^{(k)}(\lambda_j) Q_{j,k}$.
On considère alors les matrices dites « associées » à A :
$Z_{j,k} = Q_{j,k}(A) \quad \big(1 \leqslant j \leqslant r,\ 0 \leqslant k \leqslant m_j - 1\big)$.
11. Montrer que les diverses matrices $Z_{j,k}$ sont linéairement indépendantes et que :
$\forall f \in C_I^\infty,\ f(A) = \sum\limits_{1 \leqslant j \leqslant r} \ \sum\limits_{0 \leqslant k \leqslant m_j - 1} f^{(k)}(\lambda_j) Z_{j,k}$.

B. Deux exemples

12. ICI : $A = \begin{bmatrix} 5 & -4 \\ 4 & -3 \end{bmatrix}$ et $I = \mathbb{R}_+^*$.

a) Justifier l'existence de matrices Z_1 et Z_2 de $M_2(\mathbb{R})$ telles que :
$$\forall f \in C_I^\infty,\ f(A) = f(1) Z_1 + f'(1) Z_2.$$

b) EN DÉDUIRE le calcul de Z_1 et Z_2.

13. ICI : $A = \begin{bmatrix} 1 & -1 & 1 \\ 2 & -2 & 1 \\ 1 & -1 & 0 \end{bmatrix} \in M_3(\mathbb{R})$ et $I = \mathbb{R}$.

a) Présenter sous forme factorisée le polynôme $\Pi_A(X)$. La matrice A est-elle diagonalisable dans $M_3(\mathbb{R})$?
b) Calculer les matrices $Z_{j,k}$ « associées » à A.

IV - Un calcul fonctionnel sur la matrice A

A. Quelques identités bien naturelles

14. Soient f et g dans C_I^∞ et α dans $\mathbb{R}$.
a) Que valent $P_{\alpha f}$ et P_{f+g} ?
b) Justifier l'existence d'un polynôme H de $\mathbb{R}[X]$ tel que : $P_{fg} = P_f P_g + H\Pi_A$.
15. a) Montrer que l'application $S \ : \ f \mapsto f(A)$ de C_I^∞ dans $M_n(\mathbb{R})$ est un morphisme de $\mathbb{R}$-algèbres.

b) Quel est son noyau ?

16. On considère les fonctions cosinus et sinus de $\mathbb{R}$ dans $\mathbb{R}$, puis les fonctions $f_1 \ : \ x \mapsto \sqrt{x}$ et $f_2 \ : \ x \mapsto \frac{1}{x}$ de $\mathbb{R}_+^*$ dans $\mathbb{R}$. On peut ainsi DÉFINIR les matrices $\cos A$, $\sin A$, et même $\sqrt{A}$ et $\frac{1}{A}$ si les λ_j sont dans $\mathbb{R}_+^*$.

a) En exploitant le morphisme S, calculer $(\cos A)^2 + (\sin A)^2$.
b) On suppose ici que les λ_j sont strictement positifs. Reconnaître : $(\sqrt{A})^2$ et $\frac{1}{A}$.

B. Le spectre de $f(A)$

17. Montrer que l'ensemble noté $\mathcal{M}_A = \{f(A)/f \in C_I^\infty\}$ est une sous-algèbre COMMUTATIVE de $M_n(\mathbb{R})$ et préciser sa dimension.
18. Montrer que si un élément de $\mathcal{M}_A$ est inversible dans $M_n(\mathbb{R})$ alors son inverse est aussi dans $\mathcal{M}_A$.
19. Soit f dans C_I^∞ ; établir l'équivalence des énoncés suivants :
(1) $f(A)$ est inversible dans $M_n(\mathbb{R})$.
(2) $\forall j \in \{1, \ldots, r\}\ f(\lambda_j) \neq 0$.

20. Si M est une matrice de $M_n(\mathbb{R})$, on note Λ_M l'ensemble de ses valeurs propres RÉELLES. En exploitant la question **19** comparer les ensembles : Λ_A et $\Lambda_{f(A)}$ où f est donnée dans C_I^∞.

V - Application à la résolution d'un système différentiel

21. Soient $(f_p)_{p\in\mathbb{N}}$ une suite de fonctions de C_I^∞ et f dans C_I^∞. Établir l'équivalence des énoncés suivants :

(1) La suite de matrices $\big(f_p(A)\big)_{p\in\mathbb{N}}$ converge dans $M_n(\mathbb{R})$ vers $f(A)$.

(2) Pour chaque j $(1 \leqslant j \leqslant r)$ et chaque k $(0 \leqslant k \leqslant m_j - 1)$, la suite réelle $\big(f_p^{(k)}(\lambda_j)\big)_{p\in\mathbb{N}}$ converge vers $f^{(k)}(\lambda_j)$.

Lorsque la condition (2) est réalisée, on convient de dire que la suite de fonctions $(f_p)_{p\in\mathbb{N}}$ « converge vers f sur le spectre de A ».

22. Pour t réel, on considère la fonction $f_t : x \mapsto e^{tx}$ de $\mathbb{R}$ dans $\mathbb{R}$. Montrer que : $f_t(A) = \sum\limits_{\ell=0}^{+\infty} \frac{t^\ell}{\ell!} A^\ell$. Il s'agit donc précisément de la matrice usuellement notée $\exp(tA)$.

23. En exploitant les résultats acquis à ce stade du problème, résoudre le système différentiel :

$$\left\{\begin{array}{rcl} \frac{dx}{dt} & = & x - y + z \\ \frac{dy}{dt} & = & 2x - 2y + z \\ \frac{dz}{dt} & = & x - y \end{array}\right. .$$

Appréciation du problème

Cette épreuve, consacrée à l'algèbre linéaire, est mâtinée d'analyse. Elle suppose étudiés

– les polynômes, l'algèbre linéaire élémentaire ;

– la réduction ;

– les espaces vectoriels normés, les suites et séries de matrices, les intégrales dépendant d'un paramètre.

Elle est facile, mais parfois formelle.

Corrigé détaillé

1. Si $Y = MX$, alors, pour tout $i \in [\![1, n]\!]$,

$$|y_i| = \Big|\sum_{j=1}^{n} m_{ij}x_j\Big| \leqslant n\|X\|_\infty \max_{i,j} |m_{ij}| \leqslant \|M\|\|X\|_\infty.$$

En passant au maximum sur tous les i compris entre 1 et n, on obtient que

$$\|Y\|_\infty = \|MX\|_\infty \leqslant \|M\|\|X\|_\infty.$$

Cette inégalité exprime que M, considérée comme application linéaire, est de norme subordonnée $\leqslant \|M\|$.

2.a. Notons $(B_1^*, \ldots, B_d^*)$ la base duale de β, de sorte que $x_k = B_k^*(M)$.
L'application $\mathcal{N}$ est bien définie sur $\mathcal{M}$ et à valeurs positives. De plus, si M et M' sont dans $\mathcal{M}$, alors

$$\forall k \ |B_k^*(M+M')| = |B_k^*(M) + B_k^*(M')| \leqslant$$
$$|B_k^*(M)| + |B_k^*(M')| \leqslant \mathcal{N}(M) + \mathcal{N}(M').$$

$\mathcal{N}$ n'est autre que la norme « maximum des valeurs absolues des coordonnées » dans la base β.

En passant au maximum sur tous les k compris entre 1 et d, on obtient que

$$\mathcal{N}(M+M') \leqslant \mathcal{N}(M) + \mathcal{N}(M').$$

Inégalité triangulaire

D'autre part, si λ est un réel,

$$\forall k \ |B_k^*(\lambda M)| = |\lambda||B_k^*(M)| \leqslant |\lambda|\mathcal{N}(M).$$

En passant au maximum sur tous les k compris entre 1 et d, on obtient que

$$\mathcal{N}(\lambda M) \leqslant |\lambda|\mathcal{N}(M).$$

Pour λ non nul, l'inégalité précédente, appliquée à $\dfrac{1}{\lambda}$ et à λM, entraîne l'inégalité inverse

$$|\lambda|\mathcal{N}(M) \leqslant \mathcal{N}(\lambda M),$$

puis finalement l'égalité

$$\mathcal{N}(\lambda M) = |\lambda|\mathcal{N}(M).$$

On pourrait aussi utiliser l'égalité $\sup_i ax_i = a \sup_i x_i$ lorsque $a \geqslant 0$ et que (x_i) est une famille réelle ayant un supremum.

Positive homogénéité.

Cette égalité est évidente lorsque $\lambda = 0$.
Enfin, si $\mathcal{N}(M) = 0$, tous les $B_k^*(M)$ sont nuls, donc $M = 0$.

Propriété de séparation.

2.b. Sur l'espace vectoriel $\mathcal{M}$, la norme $\mathcal{N}$ et la restriction de la norme $\|.\|$ sont deux normes qui sont équivalentes, puisque $\mathcal{M}$ est de dimension finie. Cette propriété exprime exactement l'existence des réels a et b vérifiant l'encadrement attendu.

On utilise [1].

2.c. ▷ Si chacune des suites $\big(x_p(k)\big)_{p\in\mathbb{N}}$ tend vers 0, la suite $\big(\max_{1\leqslant k\leqslant d} |x_p(k)|\big)_{p\in\mathbb{N}}$ tend aussi vers 0 grâce à l'inégalité

$$\max_{1\leqslant k\leqslant d} |x_p(k)| \leqslant \sum_{k=1}^{d} |x_p(k)|.$$

Donc $\big(\mathcal{N}(M_p)\big)_{p\in\mathbb{N}}$ tend vers 0 et, grâce à l'inégalité $\|M_p\| \leqslant \frac{1}{a}\mathcal{N}(M_p)$ obtenue en **2.b**, la suite $\big(\|M_p\|\big)_{p\in\mathbb{N}}$ tend aussi vers 0.

▷ Si la suite $\big(\|M_p\|\big)_{p\in\mathbb{N}}$ tend vers 0, la suite $\big(\mathcal{N}(M_p)\big)_{p\in\mathbb{N}}$ tend aussi vers 0 grâce à **2.b**. Comme $|x_p(k)| \leqslant \mathcal{N}(M_p)$, les suites $\big(x_p(k)\big)_{p\in\mathbb{N}}$ tendent vers 0.

3.a. Appliquons à f la formule de Taylor & Lagrange avec reste sous forme d'intégrale, entre λ et x. Suit l'égalité

On utilise [2].

$$f(x) = \sum_{k=0}^{\ell-1} \frac{f^{(k)}(\lambda)}{k!}(x-\lambda)^k + \int_\lambda^x \frac{(x-u)^{\ell-1}}{(\ell-1)!} f^{(\ell)}(u)\,du,$$

ce qui, compte tenu de la nullité des $f^{(k)}(\lambda)$ pour $0 \leqslant k \leqslant \ell-1$, conduit à l'égalité demandée.

3.b. Dans l'intégrale figurant au second membre de l'égalité de la question **3.a**, effectuons, pour $x \neq \lambda$, le changement de variable affine $u = \lambda + t(x-\lambda)$, ce qui conduit à

Le changement de variable affine $t \mapsto u$ est construit de façon que λ soit envoyé sur 0 et x sur 1.

$$\int_\lambda^x \frac{(x-u)^{\ell-1}}{(\ell-1)!} f^{(\ell)}(u)\,du = (x-\lambda)^\ell \int_0^1 \frac{(1-t)^{\ell-1}}{(\ell-1)!} f^{(\ell)}\big(\lambda + t(x-\lambda)\big)\,dt.$$

Posons alors, pour tout x dans I,

$$h(x) = \int_0^1 \frac{(1-t)^{\ell-1}}{(\ell-1)!} f^{(\ell)}\big(\lambda + t(x-\lambda)\big)\,dt.$$

L'égalité $f(x) = (x-\lambda)^\ell h(x)$ est vraie sur I. Il suffit de montrer que h est de classe $\mathcal{C}^\infty$ sur I.

L'égalité est vérifiée aussi pour $x=\lambda$.

La fonction $x \overset{\varphi}{\mapsto} (1-t)^{\ell-1} f^{(\ell)}\big(\lambda + t(x-\lambda)\big)$ admet, pour tout i, une dérivée d'ordre i donnée par la relation

$$\varphi^{(i)}(x) = (1-t)^{\ell-1} t^i f^{(\ell+i)}\big(\lambda + t(x-\lambda)\big),$$

et les membres de droite sont continus par rapport au couple (t, x) sur $[0,1] \times I$. Un théorème du cours sur la dérivation des intégrales dépendant d'un paramètre assure que h est de classe $\mathcal{C}^\infty$ sur I.

On utilise [3].

4.a. D'après la formule de Leibniz,

La notation $\binom{k}{p}$ désigne le coefficient binomial C_k^p.

$$f^{(k)} = g^{(k)} + \sum_{p=0}^{k} \binom{k}{p} h^{(k-p)} \Pi_A^{(p)}.$$

Puisque Π_A admet la racine λ_j à l'ordre de multiplicité m_j,

$$\forall j \in [\![1,n]\!]\ \forall k \in [\![0, m_j-1]\!]\quad \forall p \in [\![0,k]\!]\quad \Pi_A^{(p)}(\lambda_j) = 0.$$

Par conséquent, pour tout j et tout $k \leqslant m_j - 1$, $f^{(k)}(\lambda_j) = g^{(k)}(\lambda_j)$. On conclut que $f \underset{A}{\equiv} g$.

4.b. Posons $w = f - g$. Cette fonction, de classe $\mathcal{C}^\infty$ sur I, vérifie, pour tout $j \in [\![1, r]\!]$ et tout $k \in [\![0, m_j - 1]\!]$, l'égalité $w^{(k)}(\lambda_j) = 0$.

Sous ces seules hypothèses, montrons par récurrence sur r l'existence d'une fonction h, de classe $\mathcal{C}^\infty$ sur I, telle que $w(x) = h(x) \prod_{j=1}^{r} (x - \lambda_j)^{m_j}$.

Pour conduire la récurrence, il vaut mieux oublier Π_A.

La question **3** montre le résultat lorsque $r = 1$. Supposons-le vrai pour $r - 1$.

Si $w^{(k)}(\lambda_j) = 0$ pour tout $j \leqslant r$ et pour tout $k \leqslant m_j - 1$, w vérifie *a fortiori* les hypothèses à l'ordre $r - 1$, ce qui permet d'écrire

$$w(x) = h(x) \prod_{j=1}^{r-1} (x - \lambda_j)^{m_j} = h(x)P(x),$$

h étant de classe $\mathcal{C}^\infty$ sur I. Puisque P ne s'annule pas dans un intervalle ouvert voisinage de λ_r, $z = \dfrac{1}{P}$ est de classe $\mathcal{C}^\infty$ et $h = zw$ sur cet intervalle. Grâce à la formule de Leibniz, on obtient, pour tout $k \leqslant m_r - 1$,

$$h^{(k)} = \sum_{p=0}^{k} \binom{k}{p} z^{(k-p)} w^{(p)}.$$

Évaluées en λ_r, et compte tenu des relations $w^{(p)}(\lambda_r) = 0$ pour tout $p \leqslant m_r - 1$, ces égalités montrent que $h^{(k)}(\lambda_r) = 0$ pour $k \leqslant m_r - 1$. On peut donc trouver, à nouveau grâce à **3**, une fonction h_1, de classe $\mathcal{C}^\infty$ sur I, telle que $h(x) = h_1(x)(x - \lambda_r)^{m_r}$.

Finalement,

$$w(x) = h_1(x) \prod_{j=1}^{r} (x - \lambda_j)^{m_j}.$$

On peut montrer facilement que h est unique.

5. Dire que $P \underset{A}{\equiv} Q$, c'est dire que $P - Q$ admet chaque λ_j comme racine de multiplicité au moins m_j, donc que $P - Q$ est divisible par $(X - \lambda_j)^{m_j}$.

Comme les polynômes $(X - \lambda_j)^{m_j}$ sont premiers entre eux deux à deux, l'assertion précédente équivaut à la divisibilité de $P - Q$ par leur produit Π_A.

λ est racine d'ordre au moins m de P si et seulement si les dérivées d'ordre $\leqslant m - 1$ de P s'annulent en λ.
On utilise [4].

6. L'application φ est linéaire de $\mathbb{R}_{m-1}[X]$ dans $\mathbb{R}^m$, tous deux $\mathbb{R}$-espaces vectoriels de dimension finie m. Pour montrer que φ est bijective, il suffit de montrer qu'elle est injective, ou encore que son noyau est nul. Or l'égalité $\varphi(P) = 0$ exprime exactement que $P \underset{A}{\equiv} 0$ donc, d'après **5**, que Π_A divise P. Comme $\deg \Pi_A = m$, cela entraîne que $P = 0$.

Un polynôme de degré $\leqslant m-1$ divisible par un polynôme de degré m est nul.

7. La relation $f \underset{A}{\equiv} P$ équivaut à l'égalité

$$\varphi(P) = \Big(\big(f^{(k_1)}(\lambda_1)\big)_{0 \leqslant k_1 \leqslant m_1 - 1}, \dots, \big(f^{(k_r)}(\lambda_r)\big)_{0 \leqslant k_r \leqslant m_r - 1} \Big).$$

Le second membre est un élément de $\mathbb{R}^m$. Il admet donc dans $\mathbb{R}_{m-1}[X]$ un unique antécédent que l'on note désormais P_f.

8. La division euclidienne de f par Π_A s'écrit

$$f = g + h\Pi_A, \quad \text{avec } g \in \mathbb{R}_{m-1}[X].$$

La division est possible car Π_A n'est pas nul.

h est le quotient, g est le reste.

Par conséquent, $g = P_f$. Évaluée en la matrice A, l'égalité précédente conduit à

$$f(A) = \sum_{k=0}^{N} a_k A^k = P_f(A) + h(A)\Pi_A(A) = P_f(A).$$

Autrement dit, si f est polynomiale, $f(A)$ (au sens habituel) coïncide avec la définition donnée par l'énoncé.

L'énoncé n'aide guère à la clarté, car il utilise la même notation ($f(A)$) pour désigner deux objets dont il faut montrer qu'ils sont finalement égaux !

9.a. Le polynôme caractéristique de A est $(X-1)^2$, et il annule A. De plus, A n'est annulée par aucun polynôme de degré un, puisque cela signifierait que A est une matrice scalaire. Par conséquent, $\Pi_A = (X-1)^2$.

On utilise [5].

9.b. ▷ (1) Si $f(x) = ax + b$, on a grâce à **8**

$$f(A) = aA + bI_2 = \begin{pmatrix} 5a+b & -4a \\ 4a & -3a+b \end{pmatrix}.$$

▷ (2) Si $f(x) = \sin \pi x$, cherchons P_f de degré inférieur ou égal à un assujetti aux conditions

$$P_f(1) = \sin \pi = 0 \ ; \ P_f'(1) = \pi \cos \pi = -\pi.$$

On obtient d'abord $P_f'(X) = -\pi$, puis $P_f(X) = -\pi X + c$ avec $c = \pi$, donc $P_f(X) = \pi(1 - X)$. Finalement,

$$sin \pi A = \pi\,(I_2 - A) = \pi \begin{pmatrix} -4 & 4 \\ -4 & 4 \end{pmatrix}.$$

▷ (3) Si $f(x) = (x-1)^2 g(x)$, le polynôme nul vérifie les propriétés exigées de P_f. Donc $f(A) = 0$.

10. Considérons la base canonique de $\mathbb{R}^m$, que l'on écrit

$$\big((\varepsilon_{1,k_1})_{0\leqslant k_1\leqslant m_1-1},\ldots,(\varepsilon_{r,k_r})_{0\leqslant k_r\leqslant m_r-1}\big),$$

et son image par φ^{-1}, qui constitue une base de $\mathbb{R}_{m-1}[X]$. Posons

$$Q_{j,k_j}=\varphi^{-1}(\varepsilon_{j,k_j}).$$

On a vu en **7** que, pour toute fonction f de C_I^∞,

$$\begin{aligned}P_f&=\varphi^{-1}\Big(\big(f^{(k_1)}(\lambda_1)\big)_{0\leqslant k_1\leqslant m_1-1},\ldots,\big(f^{(k_r)}(\lambda_r)\big)_{0\leqslant k_r\leqslant m_r-1}\Big)\\&=\varphi^{-1}\Big(\sum_{1\leqslant j\leqslant r}\ \sum_{0\leqslant k_j\leqslant m_j-1}f^{(k_j)}(\lambda_j)\varepsilon_{j,k_j}\Big)\\&=\sum_{1\leqslant j\leqslant r}\ \sum_{0\leqslant k_j\leqslant m_j-1}f^{(k_j)}(\lambda_j)Q_{j,k_j}.\end{aligned}$$

Ces égalités montrent l'existence de la famille $(Q_{j,k})$. Quant à l'unicité, elle se démontre de même. En effet, l'égalité

$$P_f=\sum_{1\leqslant j\leqslant r}\ \sum_{0\leqslant k_j\leqslant m_j-1}f^{(k_j)}(\lambda_j)Q_{j,k_j},$$

appliquée à la fonction particulière f égale à $\varphi^{-1}(\varepsilon_{j,k_j})$, polynôme de $\mathbb{R}_{m-1}[X]$ et donc égal à P_f, fournit

$$f=Q_{j,k_j}.$$

Puisque nécessairement $Q_{j,k_j}=\varphi^{-1}(\varepsilon_{j,k_j})$, on a bien unicité des Q_{j,k_j}.

On a regroupé les vecteurs de base par paquets consécutifs de taille m_j.

Pour la clarté, on remplace « k » par « k_j ».

11. Partons de l'égalité

$$P_f=\sum_{1\leqslant j\leqslant r}\ \sum_{0\leqslant k_j\leqslant m_j-1}f^{(k_j)}(\lambda_j)Q_{j,k_j}.$$

Puisque le second membre est un polynôme, nous savons grâce à **8** que

$$f(A)=\sum_{1\leqslant j\leqslant r}\ \sum_{0\leqslant k_j\leqslant m_j-1}f^{(k_j)}(\lambda_j)Q_{j,k_j}(A).$$

Considérons à présent l'égalité

$$\sum_{1\leqslant j\leqslant r}\ \sum_{0\leqslant k_j\leqslant m_j-1}\mu_{j,k_j}Q_{j,k_j}(A)=0.$$

D'après la question **7**, il existe un polynôme f de $\mathbb{R}_{m-1}[X]$ tel que, pour tous les couples (j,k_j), $f^{(k_j)}(\lambda_j)=\mu_{j,k_j}$. L'égalité ci-dessus s'écrit donc

$$\sum_{1\leqslant j\leqslant r}\ \sum_{0\leqslant k_j\leqslant m_j-1}f^{(k_j)}(\lambda_j)Q_{j,k_j}(A)=0,$$

soit $f(A)=0$. Mais $\deg f \leqslant m-1$. Donc $f=0$ par minimalité du degré de Π_A et en conséquence tous les μ_{j,k_j} sont nuls. Cela assure bien l'indépendance des Z_{j,k_j}.

12.a. Il suffit d'appliquer la question **11**, puisqu'ici $r=1$, $\lambda_1=1$ et $m_1=2$.

12.b. En prenant pour f la fonction définie par $f(x)=1$, on obtient $Z_1=P_f(A)=I_2$.
Lorsque $f(x)=x-1$, on obtient $Z_2=P_f(A)=A-I_2=\begin{pmatrix} 4 & -4 \\ 4 & -4 \end{pmatrix}$.

13.a. Le polynôme caractéristique $\chi_A(X)$ de A, qui s'obtient par un développement direct, vaut

$$X^3+X^2=X^2(X+1).$$

D'après le théorème de Cayley & Hamilton, χ_A annule A.

On utilise à nouveau [**5**].

▷ Démontrons la propriété suivante de Π_A : si $f\in\mathbb{R}[X]$ annule A, alors Π_A divise f. Pour cela, posons la division euclidienne de f par Π_A, $f=g+\Pi_A q$, avec $\deg g\leqslant m-1$. L'évaluation en A de cette identité fournit $g(A)=0$, puis $g=0$ par minimalité de m. Ainsi, Π_A divise bien f.

On démontre certaines propriétés utiles du polynôme minimal.

▷ Montrons d'autre part que, si λ est une valeur propre de A, elle est nécessairement racine de Π_A. En effet, il existe X vecteur non nul tel que $AX=\lambda X$, et donc $\Pi_A(A)X=\Pi_A(\lambda)X$, donc $\Pi_A(\lambda)X=0$ et $\Pi_A(\lambda)=0$.

Si $AX=\lambda X$ et Q est un polynôme, $Q(A)X=Q(\lambda)X$.

Revenons à la situation du problème. Comme les valeurs propres de A sont 0 et -1, Π_A est un multiple de $X(X+1)$. Calculons donc

$$A(A+I_n)=\begin{bmatrix} 1 & -1 & 1 \\ 2 & -2 & 1 \\ 1 & -1 & 0 \end{bmatrix}\begin{bmatrix} 2 & -1 & 1 \\ 2 & -1 & 1 \\ 1 & -1 & 1 \end{bmatrix}=\begin{bmatrix} 1 & * & * \\ * & * & * \\ * & * & * \end{bmatrix}.$$

Le résultat n'étant pas nul, Π_A, qui divise χ_A, lui est égal.

En conséquence, A n'est pas diagonalisable car, si elle l'était, elle serait annulée par un polynôme simplement scindé et Π_A, diviseur de ce polynôme, devrait être lui aussi à racines simples.

On utilise [**6**].

13.b. On sait que, pour toute $f\in C_I^\infty$,

$$f(A)=f(0)Z_0+f'(0)Z_1+f(-1)Z_2.$$

Si l'on évalue cette identité successivement avec $f(x)=1$, $f(x)=x$ et $f(x)=x^2$, on obtient le système

$$\left\{\begin{array}{rcl} Z_0+Z_2 & = & I_3 \\ Z_1-Z_2 & = & A \\ Z_2 & = & A^2 \end{array}\right.$$

Le choix des fonctions n'est pas totalement arbitraire, mais n'est ici motivé que par la simplicité du calcul.

qui conduit aux égalités

$$Z_2 = \begin{bmatrix} 0 & 0 & 0 \\ -1 & 1 & 0 \\ -1 & 1 & 0 \end{bmatrix} \; ; \; Z_1 = A + A^2 = \begin{bmatrix} 1 & -1 & 1 \\ 1 & -1 & 1 \\ 0 & 0 & 0 \end{bmatrix} \; ;$$

$$Z_0 = I_3 - A^2 = \begin{bmatrix} 1 & 0 & 0 \\ 1 & 0 & 0 \\ 1 & -1 & 1 \end{bmatrix}.$$

14.a. ▷ Si $f = P_f + \Pi_A q$ avec $q \in C_I^\infty$ et $\deg P_f \leqslant m-1$, on a aussi $\alpha f = (\alpha P_f) + \Pi_A(\alpha q)$ avec $\alpha q \in C_I^\infty$ et $\deg(\alpha P_f) \leqslant m-1$. Par conséquent, $P_{\alpha f} = \alpha P_f$.

▷ Si $f = P_f + \Pi_A q$ et $g = P_g + \Pi_A r$ avec $q, r \in C_I^\infty$, $\deg P_f \leqslant m-1$ et $\deg P_g \leqslant m-1$, on a aussi

$$f + g = (P_f + P_g) + \Pi_A(q + r)$$

avec $q + r \in C_I^\infty$ et $\deg(P_f + P_g) \leqslant m - 1$. Il en résulte que $P_{f+g} = P_f + P_g$.

14.b. On peut écrire $f = P_f + \Pi_A q$ et $g = P_g + \Pi_A r$ avec $q, r \in C_I^\infty$. Donc

$$fg = P_f P_g + \Pi_A(qP_g + rP_f + \Pi_A qr).$$

Grâce à une division euclidienne par Π_A, le polynôme $P_f P_g$ peut s'écrire

$$P_f P_g = T - H\Pi_A,$$

où H et T sont des polynômes tels que, de plus, $\deg T \leqslant m-1$. Donc

$$fg = T + \Pi_A(qP_g + rP_f + \Pi_A qr - H).$$

Il en résulte que $P_{fg} = T = P_f P_g + H\Pi_A$.

15.a. ▷ Tout d'abord, C_I^∞ et $M_n(\mathbb{R})$ sont des algèbres. L'application S est $\mathbb{R}$-linéaire car

$$S(\alpha f) = P_{\alpha f}(A) = \alpha P_f(A) = \alpha S(f)$$

d'après **14.a** et, grâce à la même question,

$$S(f+g) = P_{f+g}(A) = (P_f+P_g)(A) = P_f(A)+P_g(A) = S(f)+S(g).$$

▷ On a, d'après **14.b**,

$$\begin{aligned} S(fg) &= P_{fg}(A) = (P_f P_g)(A) + (H\Pi_A)(A) \\ &= P_f(A)P_g(A) + H(A)\Pi_A(A) = S(f)S(g). \end{aligned}$$

Donc S est un morphisme pour le produit. Comme $S(1) = I_n$, puisque $P_1 = 1$, S est bien un morphisme de $\mathbb{R}$-algèbres.

On vient de définir le morphisme S d'évaluation en A des fonctions de C_I^∞.

15.b. La fonction f est dans $\operatorname{Ker} S$ si et seulement si $P_f(A) = 0$, donc si et seulement si Π_A divise P_f. Comme $\deg P_f \leqslant m-1$, ceci équivaut à l'égalité $P_f = 0$. En d'autres termes, cela signifie que f est le produit de Π_A par une fonction de C_I^∞.

16.a. Puisque $\cos^2 + \sin^2 = 1$, $S(\cos^2 + \sin^2) = \big(S(\cos)\big)^2 + \big(S(\sin)\big)^2 = S(1) = I_n$, soit $(\cos A)^2 + (\sin A)^2 = I_n$.

16.b. ▷ Désignons par x l'application associée au polynôme X. Puisque $f_1^2 = x$, on a $S(f_1)^2 = S(x)$, soit $f_1(A)^2 = A$ ou encore $(\sqrt{A})^2 = A$.

x est donc l'identité de l'intervalle $]0,\infty[$.

▷ De même, $xf_2 = 1$, donc $A.f_2(A) = I_n$. En d'autres termes, $\frac{1}{A} = A^{-1}$.

17. Puisque $\mathcal{M}_A$ n'est autre que l'image par le morphisme S de l'algèbre commutative C_I^∞, c'est encore une algèbre commutative.
Nous avons vu dans la question **11** que la famille des matrices Z_{j,k_j} forme une base de l'espace vectoriel $\mathcal{M}_A$, qui est donc de dimension égale à m, degré du polynôme minimal de A.

$\mathcal{M}_A$, souvent notée $\mathbb{R}[A]$, est l'algèbre des polynômes en A, sous-algèbre de $M_n(\mathbb{R})$ engendrée par A.

18. Soit B un élément de $\mathcal{M}_A$, inversible dans $M_n(\mathbb{R})$. Considérons l'application linéaire $X \mapsto BX$, de $\mathcal{M}_A$ dans $M_n(\mathbb{R})$. Elle arrive en fait dans $\mathcal{M}_A$, puisque ce dernier ensemble est stable par le produit. En outre, elle est injective puisque l'égalité $BX = 0$ entraîne la nullité de X, par multiplication à gauche par B^{-1}. Puisque $\mathcal{M}_A$ est de dimension finie, elle est surjective et il existe, en particulier, une matrice C de $\mathcal{M}_A$ telle que $BC = I_n$.
Ainsi, $C = B^{-1}$ appartient à $\mathcal{M}_A$.

On montre que l'inverse d'une matrice inversible est toujours un polynôme en cette matrice.

19. ▷ Supposons (1), c'est-à-dire que $f(A) = P_f(A)$ est inversible dans $M_n(\mathbb{R})$, donc dans $\mathcal{M}_A$. Soit $g(A) = f(A)^{-1}$, où $g \in \mathbb{R}[X]$. Le polynôme $gP_f - 1$ annule A, donc est divisible par Π_A, et il existe $H \in \mathbb{R}[X]$ tel que

$$gP_f - 1 = H\Pi_A.$$

De cela, il découle pour toute valeur propre λ de A, dont on a vu en **13.a** qu'elle est racine de Π_A, l'égalité

$$P_f(\lambda)g(\lambda) = 1,$$

ce qui implique que $P_f(\lambda) = f(\lambda) \neq 0$.

▷ Supposons (2), c'est-à-dire que $P_f(\lambda) = f(\lambda) \neq 0$ pour toute valeur propre λ de A.

Le fait que $P_f(\lambda) = f(\lambda)$ pour toute valeur propre λ découle de l'égalité qui définit P_f.

Cela entraîne que P_f et χ_A n'ont aucune racine commune, donc qu'ils sont premiers entre eux, ce qui s'écrit

On utilise [**7**].

$$UP_f + V\chi_A = 1.$$

Évaluée en A, cette égalité conduit à $U(A)P_f(A) = I_n$, ce qui montre que $f(A) = P_f(A)$ est inversible.

On utilise encore [**5**].

20. Nous allons montrer par double inclusion l'égalité $\Lambda_{f(A)} = f(\Lambda_A)$.

▷ Soit $\lambda \in \Lambda_A$. Posons $g(x) = f(x) - f(\lambda)$, de sorte que $g(\lambda) = 0$. L'implication (1) ⇒ (2) de la question **19** entraîne, par contraposition, que $g(A) = f(A) - f(\lambda)I_n$ n'est pas inversible, donc que $f(\lambda) \in \Lambda_{f(A)}$.

▷ Soit $\mu \in \Lambda_{f(A)}$. Posons $g(x) = f(x) - \mu$. Puisque $g(A)$ n'est pas inversible, l'implication (2) ⇒ (1) de la question **19** entraîne, par contraposition, qu'il existe j tel que $g(\lambda_j) = 0$. Donc $\mu = f(\lambda_j)$, ce qui montre que $\mu \in f(\Lambda_A)$.

21. Nous avons vu dans les questions **17** et **18** que $\mathcal{M}_A$ est une algèbre dont la famille des $Z_{j,k}$ est une base. Puisque $f_p^{(k)}(\lambda_j)$ est justement la coordonnée de $f_p(A)$ relative à $Z_{j,k}$, la question **2.c** montre l'équivalence cherchée.

22. Posons $f_{t,p}(x) = \sum\limits_{\ell=0}^{p} \frac{t^\ell}{\ell!} x^\ell$. On a donc

$$f_{t,p}(A) = \sum_{\ell=0}^{p} \frac{t^\ell}{\ell!} A^\ell.$$

Pour chaque réel λ et chaque entier $k \leqslant p$,

$$f_{t,p}^{(k)}(\lambda) = \sum_{\ell=k}^{p} \frac{t^\ell}{(\ell-k)!} \lambda^{\ell-k} = t^k \sum_{\ell=0}^{p-k} \frac{t^\ell}{\ell!} \lambda^\ell = t^k f_{t,p-k}(\lambda).$$

Lorsque p tend vers $+\infty$, $t^k f_{t,p-k}(\lambda)$ tend vers $t^k e^{t\lambda} = f_t^{(k)}(\lambda)$. Par application de la question **21**, $\big(f_{t,p}(A)\big)$ tend vers $f_t(A)$, ce qui s'écrit

$$f_t(A) = \sum_{\ell=0}^{+\infty} \frac{t^\ell}{\ell!} A^\ell = \exp(tA).$$

$(f_{t,p}(x))_p$ tend vers e^{tx}, donc $(f_{t,p-k}(x))_p$ aussi (suite extraite).

Définition de l'exponentielle de matrice à l'aide d'une série.

On utilise [8].

23. On sait que la solution générale du système différentiel proposé est $t \mapsto e^{tA}C$, où C est un vecteur colonne constant quelconque et A est la matrice du système, qui n'est autre que celle de la question **13**. Il convient donc de calculer $f_t(A)$ qui, avec les notations de la question **13**, est égale à

$$f_t(0)Z_{1,0} + f_t'(0)Z_{1,1} + f_t(-1)Z_{2,0} = Z_{1,0} + tZ_{1,1} + e^{-t}Z_{2,0}$$

$$= \begin{bmatrix} 1 & 0 & 0 \\ 1 & 0 & 0 \\ 1 & -1 & 1 \end{bmatrix} + t \begin{bmatrix} 1 & -1 & 1 \\ 1 & -1 & 1 \\ 0 & 0 & 0 \end{bmatrix} + e^{-t} \begin{bmatrix} 0 & 0 & 0 \\ -1 & 1 & 0 \\ -1 & 1 & 0 \end{bmatrix}$$

$$= \begin{bmatrix} 1+t & -t & t \\ 1+t-e^{-t} & e^{-t}-t & t \\ 1-e^{-t} & -1+e^{-t} & 1 \end{bmatrix}.$$

Quelques indications

3.b. Faire un changement de variable affine envoyant $[\lambda, x]$ sur $[0, 1]$.

4.b. Faire une récurrence sur r.

10. Considérer l'image de la base canonique de $\mathbb{R}^m$ par φ^{-1}.

Commentaires

Ce problème d'algèbre est consacré à l'introduction d'un calcul portant sur les matrices, visant à étendre aux fonctions de classe $\mathcal{C}^\infty$ les techniques qui permettent, de façon classique, de manipuler des polynômes en une matrice donnée ; l'idée étant justement de se ramener aux polynômes. L'intérêt mathématique de ce calcul reste à préciser, nous y reviendrons un peu plus loin. Du point de vue du concours, si la difficulté de l'épreuve n'excède pas celle que l'on peut espérer voir surmontée par un candidat convenable, il est possible que certaines maladresses de formulation aient rendu ponctuellement la rédaction pénible pour celui-ci.

La partie préliminaire fait établir quelques résultats, utiles dans la cinquième partie, relatifs à l'équivalence de différents modes de convergence dans $M_n(\mathbb{R})$, l'argument décisif étant l'équivalence des normes. La question **2.a** fait montrer que l'application « maximum des valeurs absolues des coordonnées dans une base » d'un espace vectoriel de dimension finie est une norme, résultat qui est au programme, tout au moins dans son esprit, et que l'on utilise plus habituellement dans $\mathbb{R}^m$ muni de la base canonique. J'ai préféré démontrer ce résultat car il est situé au début d'un problème de difficulté modérée. On aurait pu aussi, plus brièvement, évoquer un transport de norme par un isomorphisme linéaire. Je n'aurais pas agi ainsi face à un sujet plus difficile. Remarquons que la question **2.c** pouvait se traiter sans référence explicite à l'équivalence des normes : puisque $x_p(k) = B_k^*(M_p)$ et que B_k^*, application linéaire partant d'un espace vectoriel de dimension finie, est continue, la convergence de (M_p) vers 0 entraîne la convergence des suites $\big(x_p(k)\big)$ vers 0. La réciproque, quant à elle, découle de la continuité de l'application somme.

Les quatre parties suivantes sont consacrées à la définition de $f(A)$ lorsque A est une matrice dont toutes les valeurs propres sont dans I et f est une application à valeurs réelles et de classe $\mathcal{C}^\infty$ sur I. Je me permets de reformuler l'idée de l'énoncé en termes plus algébriques, sous-jacents à une grande partie du problème.

On considère la $\mathbb{R}$-algèbre commutative $\mathcal{C} = C_I^\infty$ et, $A \in M_n(\mathbb{R})$ étant donnée, l'ensemble des multiples de Π_A. Ici, un multiple de Π_A est une fonction de la forme $\Pi_A h$ avec $h \in C_I^\infty$. Cet ensemble, que l'on note naturellement $\mathcal{I} = \Pi_A \mathcal{C}$, est bien sûr un sous-espace vectoriel de $\mathcal{C}$, mais aussi stable par multiplication par un élément quelconque de $\mathcal{C}$. On dit que $\mathcal{I}$ est un **idéal** de $\mathcal{C}$, et c'est d'ailleurs l'idéal engendré par Π_A. On peut définir une relation d'équivalence sur $\mathcal{C}$, celle que l'énoncé note $\underset{A}{\equiv}$, par

$$f \underset{A}{\equiv} g \overset{\text{déf}}{\Longleftrightarrow} f - g \in \mathcal{I}.$$

En réalité, c'est la question **4** qui montre que $\underset{A}{\equiv}$ est identique à la relation que nous venons de définir.

On appelle **classe** de f et l'on note par exemple $\dot{f}$ la classe d'équivalence de f. On remarquera l'analogie avec la congruence « modulo n » dans $\mathbb{Z}$. L'idéal est, dans ce dernier cas, l'ensemble $n\mathbb{Z}$ des multiples de n. Et, de même que l'on considère l'ensemble quotient $\mathbb{Z}/n\mathbb{Z}$ des classes d'équivalence « modulo n », on peut considérer l'ensemble $\mathcal{C}/\mathcal{I}$ des classes d'équivalence « modulo Π_A » ou encore « modulo $\mathcal{I}$ », et munir cet ensemble quotient d'une structure de $\mathbb{R}$-algèbre. Comment ? Il vaudrait mieux dire : dans quel but ? Comme l'on veut transférer le calcul que l'on est capable de faire dans $\mathcal{C}$ (ou dans $\mathbb{Z}$) vers $\mathcal{C}/\mathcal{I}$ (ou vers $\mathbb{Z}/n\mathbb{Z}$), on veut faire en sorte que l'application $f \overset{\sigma}{\mapsto} \dot{f}$, **surjection canonique** de $\mathcal{C}$ sur $\mathcal{C}/\mathcal{I}$, soit un morphisme de $\mathbb{R}$-algèbres. On notera ici une légère différence avec $\mathbb{Z}/n\mathbb{Z}$, où l'on ne considère apparemment que la structure d'anneau. Cette différence n'a rien d'essentiel. Ceci précisé, nous sommes condamnés à définir sur $\mathcal{C}/\mathcal{I}$ les lois suivantes : $\alpha\sigma(f) = \sigma(\alpha f)$; $\sigma(f) + \sigma(g) = \sigma(f + g)$; $\sigma(f)\sigma(g) = \sigma(fg)$. Cependant, ces définitions ne sont pas encore fondées : par exemple, il faut constater que $\sigma(fg)$ ne dépend que de $\sigma(f)$ et $\sigma(g)$. Or, si $\sigma(f) = \sigma(f_1)$ et $\sigma(g) = \sigma(g_1)$, on peut écrire $f = f_1 + i$ et $g = g_1 + j$ avec i, j dans $\mathcal{I}$ et donc

$$fg = f_1 g_1 + (i g_1 + j f_1 + ij).$$

Comme le contenu de la parenthèse est encore dans $\mathcal{I}$, puisque ce dernier est un idéal, on a bien $\sigma(fg) = \sigma(f_1 g_1)$. On vérifie de même que l'addition et le produit par un scalaire sont bien définis. Ces vérifications correspondent aux calculs demandés dans la question **14**.

Cette construction est générale : on peut toujours définir l'algèbre quotient d'une algèbre **commutative** par un idéal. On aurait pu remplacer C_I^∞ par $\mathbb{R}[X]$ et $\Pi_A C_I^\infty$ par $\Pi_A\mathbb{R}[X]$, définissant ainsi l'algèbre quotient $\mathbb{R}[X]/\Pi_A\mathbb{R}[X]$ des polynômes modulo Π_A. Si l'on note cette fois $\hat{f}$ la classe du polynôme f, on constate que l'application $\hat{f} \mapsto \dot{f}$, de $\mathbb{R}[X]/\Pi_A\mathbb{R}[X]$ dans $C_I^\infty/\Pi_A C_I^\infty$, est bien définie car, si $\hat{f} = \hat{f}_1$, alors $f - f_1$ est multiple polynomial de Π_A, donc appartient *a fortiori* à $\Pi_A C_I^\infty$, ce qui montre que $\dot{f} = \dot{g}$. On voit immédiatement, par définition des lois quotients, que l'application précédente est un morphisme, surjectif d'après l'interprétation de la question **7** qui montre que, dans la classe $\dot{f}$, il existe au moins un polynôme. Enfin, si $\dot{f} = \dot{0}$, f est le produit de Π_A par une fonction de C_I^∞ et la question **5** fait démontrer que c'est alors le produit de Π_A par un polynôme, donc que $\hat{f} = \hat{0}$. Ainsi, l'application est injective, et l'on a prouvé que les deux algèbres quotient $\mathbb{R}[X]/\Pi_A\mathbb{R}[X]$ et $C_I^\infty/\Pi_A C_I^\infty$ sont isomorphes.

La dimension sur $\mathbb{R}$ de $\mathbb{R}[X]/\Pi_A\mathbb{R}[X]$ est classiquement connue : c'est le degré de Π_A, ce que l'on obtient aisément par une division euclidienne. C'est donc aussi la dimension de $C_I^\infty/\Pi_A C_I^\infty$.

Venons-en à présent à l'évaluation d'une fonction en la matrice A. Si cette fonction est un polynôme, l'évaluation se fait par un simple calcul algébrique. On sait aussi que l'application $f \mapsto f(A)$ est un morphisme dont le noyau est justement $\Pi_A\mathbb{R}[X]$. On peut alors définir l'application $\hat{f} \mapsto f(A)$, puisque si $\hat{f} = \hat{f}_1$, Π_A divise $f - f_1$ et donc $f(A) = f_1(A)$. On dit que l'évaluation **passe au quotient** ; c'est une situation que nous avons déjà rencontrée ci-dessus. D'ailleurs, l'application $\hat{f} \mapsto f(A)$ est un isomorphisme entre l'algèbre $\mathbb{R}[X]/\Pi_A\mathbb{R}[X]$ et l'algèbre que l'énoncé note $\mathcal{M}_A$, plus classiquement notée $\mathbb{R}[A]$ (algèbre des polynômes en A). En d'autres termes, le calcul polynomial sur A s'identifie au calcul dans $\mathbb{R}[X]/\Pi_A\mathbb{R}[X]$.
Si à présent on remplace $\mathbb{R}[X]$ par C_I^∞, on obtient exactement la même chose, mais il faut noter que ce n'est plus qu'une simple définition (fort naturelle). L'évaluation des fonctions $\mathcal{C}^\infty$ en A se résume au calcul dans $C_I^\infty/\Pi_A C_I^\infty$, c'est-à-dire en somme dans $\mathbb{R}[X]/\Pi_A\mathbb{R}[X]$ puisque les deux algèbres sont isomorphes !

Il en résulte que ce calcul est un calcul formel, qui ne nécessite que la connaissance de Π_A et le calcul polynomial. En ce sens, le problème est intéressant, puisqu'il met en évidence les ressorts du calcul matriciel élémentaire. Son défaut est de mélanger un peu les torchons et les serviettes, et aussi d'utiliser constamment le représentant privilégié P_f de $\dot{f}$, ce qui complique un peu la situation : de la même façon, un calcul dans $\mathbb{Z}/n\mathbb{Z}$ où l'on devrait constamment se ramener au représentant de $\dot{k}$ qui est compris entre 0 et $n - 1$ serait plutôt pénible.

Revenons à l'analyse plus détaillée des questions. Une première remarque s'impose : la notion de polynôme minimal est au programme, mais les propriétés que le candidat pourrait utiliser sans démonstrations ne sont pas claires, et c'est pourquoi j'ai préféré démontrer toutes celles dont j'ai eu besoin, savoir que le polynôme minimal divise tout polynôme annulateur et que toute valeur propre est racine du polynôme minimal.

La question **3** est instructive. Pour simplifier le langage, disons que λ est racine d'ordre ℓ au moins de l'application f lorsque les ℓ premières dérivées de f, à savoir $f, f', \dots, f^{(\ell-1)}$, s'annulent en λ. Grâce à la formule de Taylor & Lagrange avec reste sous forme d'intégrale, on voit que f est divisible (dans C_I^∞) par $(x - \lambda)^\ell$ si et seulement si λ est racine d'ordre ℓ au moins de f. Notons que le quotient peut alors se mettre sous forme d'intégrale.

Par récurrence, on étend cette propriété à la division par un produit fini de termes de la forme $(x-\lambda)^{\ell}$, mais cette fois l'on n'obtient pas de formule explicite. Il en existe certainement une, mais probablement compliquée.

D'ailleurs, dans le cas polynomial, traité dans la question **6**, une formule explicite d'interpolation avec conditions de multiplicité en plusieurs points (interpolation d'Hermite) n'est pas simple, et seuls deux cas offrent des solutions classiques. Celui d'un point avec ordre de multiplicité quelconque (polynôme de Taylor) et celui de plusieurs points avec ordre de multiplicité 1 (polynôme de Lagrange).

Dans la question **9**, j'ai utilisé le théorème de Cayley & Hamilton pour constater que $(A-I_2)^2=0$. Évidemment, on pouvait faire une vérification directe. On remarquera qu'à ce stade, et jusqu'à la question **12** inclusivement, je n'ai pas utilisé de propriété du polynôme minimal, hormis celle qui le définit.

La question **10** donne bien une expression de P_f, mais le calcul de la base de $\mathbb{R}_{m-1}[X]$ formée des Q_{j,k_j} n'est pas fourni.

On peut néanmoins chercher certaines propriétés des matrices Z_{j,m_j-1}, faciles à exprimer, puisque Q_{j,m_j-1} est manifestement proportionnel à $(X-\lambda_j)^{m_j-1}\prod_{i\neq j}(x-\lambda_i)^{m_i}$ et donc

$$Z_{j,m_j-1}=(A-\lambda_j I_n)^{m_j-1}\prod_{i\neq j}(A-\lambda_i I_n)^{m_i}.$$

Il en résulte aisément que le noyau de Z_{j,m_j-1} est $\operatorname{Ker}(A-\lambda_j I_n)$, espace propre associé à la valeur propre λ_j.

À partir de la question **13**, il est plus commode d'utiliser certaines propriétés du polynôme minimal, propriétés que je démontre à ce moment.

Dans la question **13.a**, je montre que A n'est pas diagonalisable à l'aide du polynôme minimal, car l'énoncé le suggère par l'ordre dans lequel sont posées les questions. Cependant, il serait légitime et sans doute plus rapide de se contenter de vérifier que $\operatorname{Ker} A$ est de dimension 1, alors que 0 est de multiplicité 2 dans le polynôme caractéristique. Dans la question **13.b**, j'évalue la formule générale faisant intervenir les Z_{j,k_j} en les matrices I_3, A et A^2. On peut vérifier facilement que,de façon générale, l'évaluation de cette formule en les éléments d'une base de $\mathcal{M}_A$ conduit à un système de Cramer et permet donc le calcul des matrices Z_{j,k_j}. Bien entendu, il suffit de le constater dans ce cas particulier.

Les questions suivantes sont consacrées à démontrer que l'évaluation en A définit un morphisme sur C_I^{∞}. Nous en avons déjà parlé précédemment. La question **18** peut se traiter très rapidement à l'aide du polynôme minimal : puisque A est inversible, 0 n'est pas racine de Π_A (*cf.* la question **13**) et donc A vérifie une égalité du type

$$A^m + p_{m-1}A^{m-1} + \cdots + p_0 I_n = 0 \text{ avec } p_0 \neq 0.$$

Par conséquent, $A^{-1} = -\frac{1}{p_0}\big(A^{m-1} + p_{m-1}A^{m-2} + \cdots + a_1 I_n\big)$.

On aurait pu tout aussi bien utiliser le théorème de Cayley & Hamilton.

J'ai résolu la question **19** par des méthodes polynomiales (identité de Bezout) qui admettent de très nombreuses variantes. On peut par exemple trianguler A, puisque son polynôme minimal (et donc son polynôme caractéristique) est scindé dans $\mathbb{R}$. Il existe ainsi une matrice inversible réelle R telle que $R^{-1}AR$ soit triangulaire supérieure. De plus, les termes diagonaux de cette matrice triangulaire supérieure sont les valeurs propres de A. Les termes diagonaux de $P_f(R^{-1}AR)$ sont de la forme $P_f(\lambda)$, où λ décrit l'ensemble des valeurs propres de f, et ces termes diagonaux sont les valeurs propres de $P_f(R^{-1}AR)$. Comme

$$P_f(R^{-1}AR) = R^{-1}P_f(A)R,$$

ce sont aussi les valeurs propres de $P_f(A) = f(A)$. Cette méthode permet de répondre à la fois à la question **19** et à la question **20**.

J'ai cependant traité la question **20**, comme demandé, par application de la question **19**.

Les dernières questions sont consacrées au calcul de l'exponentielle par les méthodes introduites dans le problème. On peut à ce moment-là s'interroger sur les hypothèses faites par l'énoncé. Rappelons qu'elles disent que A est à spectre réel (en supposant pour simplifier que $I = \mathbb{R}$). Il est un peu ennuyeux que, par exemple, on ne puisse pas calculer par ces méthodes l'exponentielle de la matrice de rotation d'angle $\frac{\pi}{2}$, dont les valeurs propres sont i et $-i$. De fait, le polynôme minimal de cette matrice étant X^2+1, inversible dans $C^\infty_{\mathbb{R}}$, la méthode de division conduirait à l'égalité bizarre $\exp(A) = 0$. En réalité, cela est dû au fait que l'exponentielle doit être considérée comme une fonction de la variable complexe. On pourrait, pour de telles fonctions, supposées **analytiques**, c'est-à-dire localement somme de séries entières, appliquer une méthode de division analogue à celle du problème, qui permettrait d'évaluer une telle fonction en les matrices dont les valeurs propres complexes sont dans le domaine d'analycité de la fonction. Cette étude, possible à un niveau presque élémentaire, est sans doute mathématiquement plus raisonnable que celle proposée par le problème, qui présente néanmoins l'intérêt de rester dans un cadre plus modeste.

On peut finalement, sans surestimer son intérêt, et malgré quelques maladresses de rédaction, considérer ce problème comme un bon problème mêlant algèbre et analyse.

Théorèmes utilisés

[1] **Équivalence des normes.** Soit E un espace vectoriel réel ou complexe, de dimension finie. Toutes les normes sur E sont équivalentes.

[2] **Formule de Taylor & Lagrange avec reste sous forme d'intégrale.** Soit I un intervalle de $\mathbb{R}$, k un entier strictement positif et f une fonction de classe $\mathcal{C}^k$ sur I à valeurs dans un espace vectoriel normé de dimension finie. Si a et x sont dans I, on a

$$f(x) = \sum_{j=0}^{k-1} \frac{f^{(j)}(a)}{j!}(x-a)^j + \frac{1}{(k-1)!}\int_a^x f^{(k)}(t)(x-t)^{k-1}\,dt.$$

[3]† **Dérivation d'une intégrale dépendant d'un paramètre, cas usuel sur un segment.** Soit I un intervalle de $\mathbb{R}$, $[a,b]$ un segment de $\mathbb{R}$, f une fonction continue de $I \times [a,b]$ vers un espace vectoriel normé de dimension finie, admettant une dérivée partielle $\frac{\partial f}{\partial x}$ par rapport à la première variable, elle-même continue sur $I \times [a,b]$.

La fonction $x \overset{F}{\mapsto} \int_a^b f(x,t)\,dt$ est alors de classe $\mathcal{C}^1$ sur I, et sa dérivée est obtenue par une dérivation sous l'intégrale :

$$F'(x) = \int_a^b \frac{\partial f}{\partial x}(x,t)\,dt.$$

Ce théorème est une conséquence aisée du théorème de dérivation avec condition de domination, qui reste au programme. Il suffit de constater que, pour tout segment J inclus dans I, $\frac{\partial f}{\partial x}$ est bornée sur $J \times [a,b]$, ce qui nous place immédiatement dans les conditions du théorème précité

[4] Soit $P_1, \ldots, P_k$ des polynômes de $\mathbb{K}[X]$ premiers entre eux deux à deux et divisant P. Alors $P_1 \cdots P_k$ divise P.

[5] **Théorème de Cayley & Hamilton.** Soit A une matrice de $\mathcal{M}_n(\mathbb{K})$, où $\mathbb{K}$ est un sous-corps de $\mathbb{C}$. Le polynôme caractéristique de A annule A.

[6] Soit A une matrice de $\mathcal{M}_n(\mathbb{K})$, où $\mathbb{K}$ est un sous-corps de $\mathbb{C}$. Pour que A soit diagonalisable dans $\mathbb{K}$, il faut et il suffit que A soit annulée par un polynôme simplement scindé dans $\mathbb{K}[X]$.

[7] **Théorème de Bézout dans $\mathbb{K}[X]$.** Deux polynômes A et B de $\mathbb{K}[X]$ sont premiers entre eux si et seulement s'il existe deux polynômes U et V de $\mathbb{K}[X]$ tels que $AU + BV = 1$.

[8] **Solutions des équations différentielles linéaires vectorielles à coefficients constants d'ordre un.** Soit $A \in \mathcal{M}_n(\mathbb{C})$. La solution générale de l'équation $X' = AX$ est $X(t) = e^{At}C$, où C est un vecteur colonne constant arbitraire.

Achevé d'imprimer sur les presses de l'Imprimerie BARNÉOUD
B.P. 44 - 53960 BONCHAMP-LÈS-LAVAL
Dépôt légal : Novembre 2004 - N° d'imprimeur : 15501
Imprimé en France

[illegible]

[illegible]

Dépôt légal : Novembre [illegible]

Imprimé en France